Eventmanagement

Ulrich Holzbaur • Edwin Jettinger
Bernhard Knauss • Ralf Moser • Markus Zeller

Eventmanagement

Veranstaltungen professionell zum Erfolg führen

Vierte, überarbeitete Auflage

Springer

Prof. Dr. Ulrich Holzbaur
Hochschule Aalen
Beethovenstraße 1
73430 Aalen
Deutschland
ulrich.holzbaur@htw-aalen.de

Dipl.-Wirt.-Ing. (FH) Edwin Jettinger
Steinbeis-Stiftung für Wirtschaftsförderung
Steinbeis GmbH & Co. KG für
Technologietransfer
Willi-Bleicher-Straße 19
70174 Stuttgart
Deutschland

Dipl.-Wirt.-Ing. (FH) Bernhard Knauss
Daimler FleetBoard GmbH
Am Wallgraben 125
70565 Stuttgart
Deutschland

Dipl.-Wirt.-Ing. (FH) Ralf Moser
Voith Paper GmbH & Co. KG
Sankt Pöltener Straße 43
89522 Heidenheim
Deutschland

Dipl.-Wirt.-Ing. (FH) Dr. Markus Zeller
InBev Germany Holding GmbH
Brauerei Beck GmbH & Co. KG
Am Deich 18/19
28199 Bremen
Deutschland

ISBN 978-3-642-12427-3 e-ISBN 978-3-642-12428-0
DOI 10.1007/978-3-642-12428-0
Springer Heidelberg Dordrecht London New York

Die Deutsche Nationalbibliothek verzeichnet diese Publikation in der Deutschen Nationalbibliografie; detaillierte bibliografische Daten sind im Internet über http://dnb.d-nb.de abrufbar.

Einbandentwurf: WMXDesign GmbH, Heidelberg

Gedruckt auf säurefreiem Papier

Springer ist Teil der Fachverlagsgruppe Springer Science+Business Media (www.springer.com)

Vorwort

Das einundzwanzigste Jahrhundert stellt an Organisationen aller Art bedeutende Herausforderungen. Kunden und Stakeholder sind anspruchsvoller geworden – manche sagen verwöhnt – und was früher ein durchschlagender Erfolg war, entlockt in Zeiten von Web 2.0 nur ein müdes Gähnen. Die Unternehmen müssen sich in ihrer Kommunikation auf die neue Zeit einstellen, und für die Organisation von Events werden Aspekte wie Strategie und Nachhaltigkeit immer wichtiger.

Das „alltägliche Event" ist schon fast sprichwörtlich: der Adressat einer Nachricht („Message") erwartet etwas Besonderes – und das immer. Als Anbieter wollen wir ihm etwas Besonderes bieten, ohne dabei die eigenen Ziele und Ansprüche aus den Augen zu verlieren. Das Konzept der Erlebnisorientierung hilft, eine Nachricht besser und nachhaltiger zu vermitteln.

„Ich erinnere mich an keine Veranstaltung, die nicht auch ein Event gewesen wäre – die anderen habe ich alle vergessen." So könnte man das Verhältnis von Veranstaltung und Event charakterisieren: Das besondere Erlebnis führt zu einer nachhaltigen Wirkung der Veranstaltung. Egal ob auf einer eigenen Veranstaltung oder als einer unter vielen, man möchte beim Besucher einen nachhaltigen positiven Eindruck hinterlassen. Zwei Punkte sind dabei entscheidend für den Erfolg:

- Wer wahrgenommen werden will, muss etwas mehr bieten als die anderen und muss dies auch kommunizieren – dabei bedeutet dieses Mehr nicht mehr Show sondern mehr Kundennutzen.
- Wer in guter Erinnerung bleiben will, darf keine Fehler machen und muss auf unvorhergesehene Einflüsse vorbereitet sein. Dazu gehört auch, das Event auf die Anforderungen der Stakeholder abzustimmen.

Event bedeutet, die Veranstaltung durch Erlebnisorientierung und Zusatzeffekte in den Augen der Besucher zu einem einzigartigen Erlebnis zu machen. Das Schlagwort Erlebnisorientierung charakterisiert dabei den Ansatz, eine Veranstaltung gezielt und geplant zu einem emotional ansprechenden Erlebnis für den Besucher zu machen.

Eventmanagement umfasst die Frage, was ein Event auszeichnet und wie man ein Event managt – plant und umsetzt. Als Basis für den Erfolg muss jede Veranstaltung genau geplant und sauber organisiert werden: Hier gilt es, systematisch vorzugehen und Fallen zu vermeiden. Der Zusatznutzen Event greift erst, wenn der Ablauf stimmt und Pannen vermieden werden.

Dabei muss es aber nicht immer das Großevent sein. Jede Veranstaltung, jede Interaktion kann durch den Eventcharakter und durch Erlebnisorientierung gewinnen. „Mehr Event statt mehr Events" ist ein effizienter und effektiver Ansatz, um die Kommunikation zu verbessern. Jede Veranstaltung kann durch Erlebnisorientierung ihre Zielgruppen besser erreichen und damit an Nutzen gewinnen. Intelligentere Eventplanung kann dabei auch nach dem Motto „Klasse statt Masse" Ressourcen sparen und damit zur ökonomischen und ökologischen Nachhaltigkeit beitragen.

Wir haben in diesem Buch unsere Erfahrungen mit Projekt- und Veranstaltungsmanagement, mit Eventmanagement und Eventmarketing zusammengetragen, um einen Leitfaden für alle zu erstellen, die eine Veranstaltung erfolgreicher machen wollen. Der Erfolg der seitherigen Auflagen hat gezeigt, dass diese Zielgruppe einen solchen Leitfaden schätzt. Das Buch ein Gesamtwerk, in dem jeder Autor seine Kernkompetenzen einbringt.

Dr. Markus Zeller ist bei der Brauerei InBev bzw. Beck & Co in aktuellen bzw. früheren Positionen in den Bereichen Eventmanagement, Marketing und Vertrieb tätig und hat 2009 mit einer Arbeit zur Rolle der Gastronomie als Dauerevent und Instrument der Markenkommunikation promoviert.

Die Schwerpunkte von Edwin Jettinger, Steinbeis Stiftung für Wirtschaftsförderung, liegen im Bereich Management und Controlling und auf den rechtlichen und wirtschaftlichen Randbedingungen des Events.

Bernhard Knauss hat aus der Arbeit bei den Firmen InstallShield Software GmbH und Daimler FleetBoard GmbH vielfältige Erfahrungen mit Projektmanagement und Produktpräsentationen gesammelt.

Ralf Moser, Voith Paper GmbH & Co. KG, ist als Vertriebsingenieur mit internationalen Veranstaltungen aktiv.

Den theoretischen Hintergrund und die Erfahrung aus Industrie, Forschung, Beratung und Lehre und aus vielfältigen studentischen Projekten brachte Dr. Ulrich Holzbaur, Professor an der Hochschule Aalen und Leiter des Steinbeis Transferzentrums Angewandtes Management, ein.

Alle Autoren haben neben Erfahrungen aus Firmenprojekten auch vielfältige Erfahrungen aus Events im Sport- und Kulturbereich.

Neben einer ausführlichen Darstellung der für das Eventmanagement wichtigen Bereiche enthält das Buch Checklisten und Beispiele. Um dem Leser auch eine konkrete Handlungsanweisung zu geben, haben wir die Checklisten so strukturiert, dass sie im Sinne eines Workflowmanagement durch das gesamte Projekt führen. Auch die Beispiele, die das breite Spektrum des Eventmanagements aufzeigen, helfen bei der Planung von Events.

Unser Dank gilt allen Personen in Firmen und Organisationen, die uns Einblick in ihr Veranstaltungsmanagement gegeben und damit zur Abrundung des Buchs beigetragen haben, insbesondere Jens Koopmann, Koopmann Concerts und Gastro-Team-Bremen, Rechtsanwalt Oliver Heinz, Kanzlei Heinz & v. Rothkirch, Bremen, und Prof. Dr. Silke Michalski. Das Beispiel City-Events wurde von Melanie Dambacher anhand ihrer Diplomarbeit bei der Stadt Aalen bearbeitet. In die aktuelle

Neuausgabe sind außerdem viele Ideen aus Arbeiten an dem Projekt „Erlebnisorientierung in der tertiären Bildung“ eingeflossen, für anregende Diskussionen sei an dieser Stelle Dr. Margret Klinkhammer, leadership focus, Rudolf Kaufmann, Stadt Aalen, sowie Iris Marx, Monika Theiss und Marko Schrader von der Hochschule Aalen gedankt.

Im Laufe der letzten Jahre haben wir von Lesern und Anwendern Anerkennung und Anregungen für die Anwendung des Buches in verschiedenen Bereichen bekommen. In vielen Abschlussarbeiten an der Hochschule Aalen wurden spezielle Aspekte von Eventmanagement und Erlebnisorientierung umgesetzt, die Erfahrungen daraus sind an verschiedenen Stellen eingeflossen. Auch von Seminarteilnehmern und Studenten kamen wertvolle Anregungen und Ergänzungen. Dies hat uns geholfen, den Leitfaden systematisch zu verbessern.

Für wertvolle Hinweise und die Betreuung danken wir Dr. Martina Bihn und Irene Barrios-Kezic, Springer-Verlag. Unser persönlicher Dank für Anregungen und Korrekturen und für ihre Geduld geht an Martina Holzbaur, Anita Knauß, Cornelia Riebl, Stefanie Jettinger und Silke Moser.

Wir wünschen, dass möglichst viele Anwender im beruflichen, ehrenamtlichen und privaten Bereich Nutzen aus dem Eventkonzept ziehen und ihre Veranstaltungen durch Erlebnisorientierung erfolgreicher werden.

Aalen, im März 2010

Ulrich Holzbaur
Edwin Jettinger
Bernhard Knauss
Ralf Moser
Markus Zeller

Inhalt

Kapitel 1
Einleitung

Events werden als kommerzielle Ereignisse, als Mittel zur Unternehmenskommunikation und zur Aktivierung von Zielgruppen immer wichtiger. Events sind erlebnisorientierte organisierte Ereignisse und einmalige Veranstaltungen mit hohem Risiko. Der gesamte Bogen des Eventmanagements reicht von der Zielsetzung für das Event und der Einbindung in die eigene Unternehmensstrategie bis zur operativen Planung und Durchführung einer Veranstaltung in einem vorgegebenen Rahmen. Dabei ist wichtig, dass im Eventmanagement immer der Kunde im Mittelpunkt steht, wir haben es deshalb viel mehr mit individuellen Entscheidungen, subjektiven Wahrnehmungen und psychologischen Effekten zu tun als in der Betriebswirtschaft oder Technik.

1.1 Veranstaltung und Event

Der Begriff Event wird durch folgende Schlagworte charakterisiert, auf die wir in der Einführung noch ausführlich eingehen werden:

- eine Veranstaltung, die zum Ereignis wird,
- die Einmaligkeit des Ereignisses in der Wahrnehmung der Besucher,
- die positive Wahrnehmung und die Aktivierung der Besucher,
- ausführliche Organisation und geplante Inszenierung.

Typisch für Veranstaltungen im Vergleich zu anderen Aufgaben vergleichbarer Größenordnungen ist:

- Das Ergebnis der Bemühungen ist die Veranstaltung selbst und diese kann weder verschoben noch nachgebessert werden („vorbei ist vorbei“).
- Das Ergebnis ist einmalig („das gibt’s nur einmal, das kommt nicht wieder“) und der Erfolg ist von der subjektiven Wahrnehmung der Besucher anhängig („stell dir vor es ist ein Event und keiner merkt’s“).

U. Holzbaur et al., *Eventmanagement*,
DOI 10.1007/978-3-642-12428-0_1, © Springer-Verlag Berlin Heidelberg 2010

- Das Ergebnis kann nicht konserviert oder auf Lager gelegt werden. Wenn zu wenige Teilnehmer kommen, verfehlt das Ergebnis seine Wirkung („stell dir vor es gibt ein Event und keiner geht hin").
- Die Vorbereitung ist im Vergleich zum Ereignis umfangreicher, sowohl in Hinblick auf die Zeitdauer als auch im Hinblick auf den Aufwand („mit dem Startschuss ist das meiste gelaufen").

Die Vorbereitung und Planung ist also extrem wichtig, ein steuerndes Eingreifen während des Events selbst ist nur beschränkt möglich – und wenn, dann muss jede Reaktion schon geplant sein.

Weitere wichtige Punkte im Management von Veranstaltungen sind:
- Im Sinne des Projektmanagements ist das Projektergebnis die Veranstaltung selbst, der Termin ist fest und das Ergebnis kann nicht nachgebessert werden. Der Hauptaufwand im Projekt liegt in der Planung und in der Vorbereitung.
- Im Allgemeinen sind viele Personen mit eingebunden. Damit spielt die Logistik eine größere Rolle als bei anderen Projekten.
- Die Veranstaltung lebt davon, dass sie besucht wird. Rechtzeitige Ankündigung, Marketing, Werbung und Public Relations sind kritisch für den Gesamterfolg.
- Für solche einmaligen Ereignisse mit hohem Risiko spielen Risikomanagement und Sicherheitsaspekte eine wichtige Rolle. In der Vorbereitung ist auch das Umfeld zu planen (Logistik, Schulung, Aufbau, Abbau).

Egal, ob das Event 100 oder 100.000 Teilnehmer hat, der Organisator muss von der Terminfestlegung bis zur Verabschiedung vieles planen und vorbereiten. Er muss sich nicht nur mit Besuchern und Akteuren, sondern auch mit Lieferanten und dem Finanzamt beschäftigen. Vor diesem Berg von Aufgaben muss der Verantwortliche schnell und effizient handeln und gleichzeitig die Übersicht und einen klaren Kopf behalten. Wichtige Aspekte und scheinbare Kleinigkeiten können den Erfolg gefährden. Viel Zeit zur Korrektur bleibt nicht, wenn eine Veranstaltung angelaufen ist. Deshalb liegen die eigentlichen Aufgaben in der Vorbereitung. Die Durchführung dieser Vorbereitung als Projekt ist der Schlüssel zum Erfolg. Dabei hilft der Leitfaden durch eine Einführung in die benötigten Methoden des Projektmanagements, durch fachliche Grundlagen und umfangreiche Checklisten.

1.2 Zielsetzung und Nutzung

1.2.1 Ziele

Das vorliegende Buch hat Zielsetzungen in Theorie und Praxis, wobei die Praxis in zwei Teile zerfällt: aus der Veranstaltung ein Event zu machen und aus dem Event einen sicheren Erfolg zu machen.

Damit ergeben sich die drei Ziele:

1. Die Grundlagen des Eventmanagements systematisch aufzubereiten:
   „Was ist eigentlich Eventmanagement?“
   Wer sich mit Eventmanagement beschäftigt, bekommt damit das benötigte Wissen und eine fundierte Basis für seine Arbeit.
2. Die Umsetzung des Eventkonzepts zu verdeutlichen:
   „Wie macht man aus einer Veranstaltung ein Event?“
   Wer eine Veranstaltung erfolgreich machen will, bekommt damit Hilfen bei der Konzeption und Definition des Events.
3. Die Umsetzung des Eventmanagements zu verdeutlichen:
   „Wie organisiert man ein erfolgreiches Event?“
   Wer eine Veranstaltung plant, bekommt damit Hilfen bei deren Planung und Durchführung.

1.2.2 Scope

Der Schwerpunkt dieses Leitfadens liegt auf professionell geplanten Veranstaltungen im beruflichen, ehrenamtlichen und privaten Bereich. Die folgende Tabelle beschreibt in etwa den Bereich in der Größenordnung von Veranstaltungen, den wir im Folgenden betrachten.

Dabei sind folgende Bemerkungen notwendig:

- Die Dauer eines Events reicht von einer Stunde (ohne An-/Abreise bzw. Auf-/Abbau) bis zu der Größenordnung von mehreren Wochen. Darüber hinaus werden im Rahmen von kontinuierlichen Veranstaltungen andere Methoden notwendig. Teile solcher großer Veranstaltungen können aber wieder Events sein.
- Die Grenze zwischen aktiven und passiven Teilnehmern (Akteure – Zuschauer) verschwimmt beim Event. Die Anzahl der Besucher ist relativ hoch, durch Medien können noch deutlich mehr Personen erreicht werden, als am Event selbst teilnehmen.
- Der Unterschied zwischen den zu einem Zeitpunkt präsenten Teilnehmern (Besucherzahl, Besucherkapazität) und den insgesamt gezählten Besuchern (Besuchersumme) kommt durch die Wechselhäufigkeit zustande. Diese ist natürlich bei längeren Veranstaltungen höher.

Tab. 1.1 Spektrum der Größenordnungen von Veranstaltungen

Kriterium	Minimal	Maximal ca.
Dauer	Eine Stunde	Mehrere Wochen
Teilnehmer	Wenige	Einige 10.000
Personalaufwand	Einige Stunden	Mehrere Personen-Jahre
Kosten	Vernachlässigbar	Einige Millionen
Träger	Privatperson	Konzern

1.2.3 Nutzungshinweise

Sie können dieses Buch natürlich von der ersten bis zur letzten Seite lesen. Dies empfehlen wir umso mehr, je mehr Sie bei dem Event in die konzeptuelle Arbeit und in die strategische Planung eingebunden sind, und je weniger Sie sich einen Fehler bei der Organisation ihrer Veranstaltung und der Inszenierung des Events leisten dürfen.

Für ein strukturiertes Vorgehen sind die wichtigsten strukturierten Vorgehensweisen zum Bearbeiten sind durch die Pfade beschrieben:

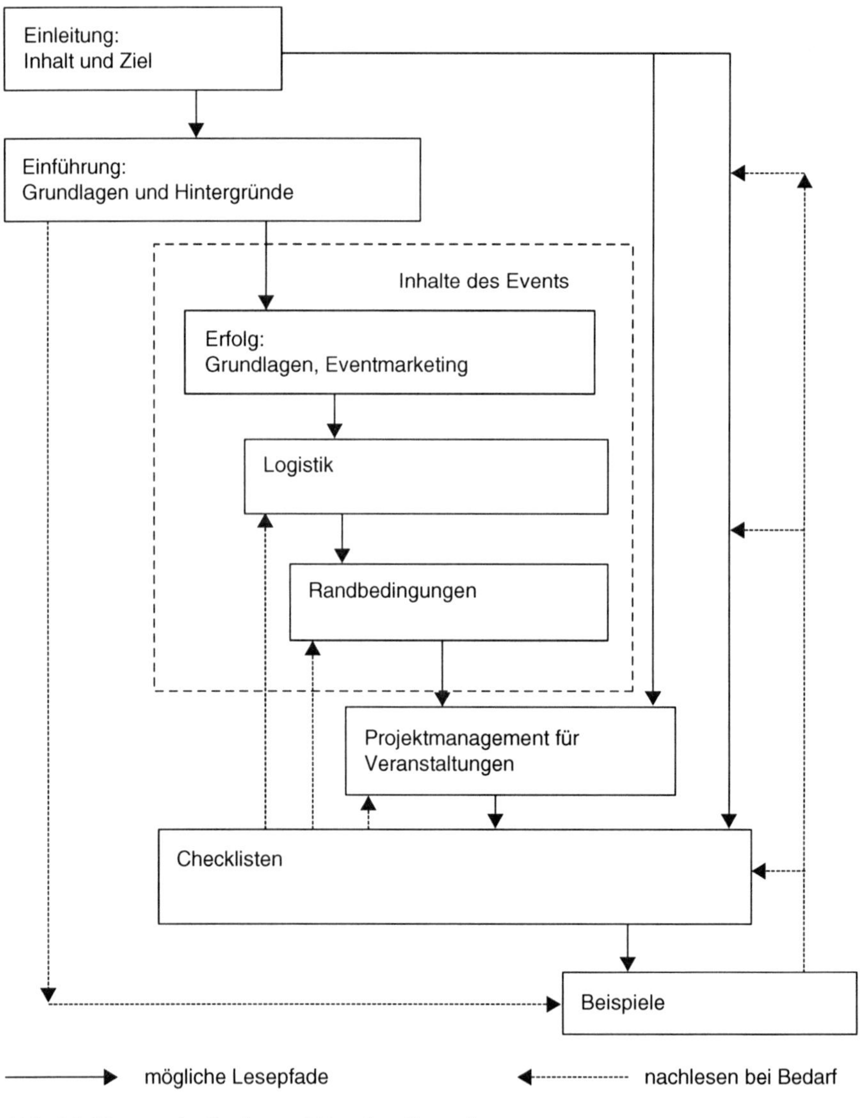

Abb. 1.1 Nutzung des Buches und Vorgehen Eventplanung

Wenn Sie in Zeitnot sind, und vielleicht sogar die Veranstaltung bezüglich Art und Termin schon feststeht, sollten Sie folgendermaßen vorgehen: (Besorgen Sie sich dazu am besten einige Blätter Papier und einen Bleistift, die Darstellung als Datei oder mit einer Projektmanagement-Software ist weniger wichtig als eine gut durchdachte Planung und ein kreatives Konzept.)

1.3 Event-Projekt-Management für ganz Eilige

Besorgen Sie sich einige Blätter Papier und eine Bleistift.

- Setzen Sie sich kurz hin und machen Sie sich klar, was Ihre Ziele sind. Notieren Sie Ziele und Zielgruppen Ihres Events (was für wen?).
- Überfliegen Sie zumindest die Einführung (Kap. 2), um zu wissen, worum es geht. Notieren Sie Ihre Ziele und Ihr Konzept.
- Besprechen Sie Konzeption und Planung mit Ihrem Team – und das ab jetzt regelmäßig. Die Kommunikation im Team und nach außen ist genauso wichtig wie brillante Ideen und systematische Planung.
- Bearbeiten Sie das Kapitel Projektplanung, um zu wissen, was Sie tun müssen. Notieren Sie die wichtigsten Ziele und Randbedingungen.
- Bearbeiten Sie die Checklisten zum Eventkonzept, um zu wissen, wo Sie mit Ihrem Projekt stehen und um klare Ziele zu bekommen.
- Schauen Sie sich ein passendes Beispiel an, um ein Gefühl für die Aufgabe zu bekommen und Anregungen mitzunehmen.
- Erstellen Sie eine Liste der Ziele aus Sicht der Auftraggeber und Organisatoren, sowie einen groben Meilensteinplan und Arbeitsstrukturplan auf je einem Blatt Papier.
- Halten Sie die wichtigsten Parameter (Name, Ort, Zeit) schriftlich fest.
- Machen Sie eine kurze Pause und überlegen Sie, was Sie mit den zur Verfügung stehenden Ressourcen und der vorgegebenen Zeit erreichen können und wollen. Diskutieren Sie das mit Team und Auftraggeber.
- Wählen Sie die benötigten Checklisten aus und passen Sie diese Ihrem Bedarf an. Legen Sie die für das weitere Vorgehen verwendete Form fest (Checklisten, Tabellen, Projektplan – Papier oder elektronisch).
- Setzen Sie sich mit Ihrem Team zusammen. Diskutieren Sie Ihre Ansätze: andere haben auch gute Ideen und können Konzepte verbessern.
- Schreiben Sie Ihr Eventkonzept und den geplanten Eventablauf auf. Betrachten Sie den Eventablauf aus verschiedenen Sichten.
- Machen Sie sich einen detaillierten Projektplan. Er sollte enthalten: Zielsetzung, Eventkonzept, Aufgaben, Zeitplan, Aufgabenverteilung.
- Arbeiten Sie die Projektpläne und Checklisten systematisch ab.
- Denken Sie daran, dass Sie mit Menschen und für Menschen arbeiten.

Kapitel 2
Einführung

Wir wollen in diesem Grundlagenkapitel zunächst klären, um was es im Eventmanagement geht. Dabei werden der Begriff des Events und die Aktivitäten des (allgemeineren) Veranstaltungsmanagements die zentrale Rolle spielen. Die hier betrachteten Grundlagen sind für das Verständnis von Events und den dabei auftretenden Effekten notwendig und für die weiterführenden Überlegungen des folgenden Kapitels und die praktischen Hinweise zur Durchführung hilfreich. Sie sind für die Planung und Organisation dann notwendig, wenn das geplante Event in irgendeiner Form vom üblichen Standard abweicht.

2.1 Eventbegriff

Vorab ist festzuhalten, dass der Begriff des Events nicht eine objektiv messbare Eigenschaft beschreibt, sondern dass der Eventcharakter einer Veranstaltung oder eines Ereignisses subjektiv ist: Das Event entsteht im Kopf dessen, der es erlebt.

Der Begriff Event bedeutet übersetzt Ereignis, auch mit den Bedeutungen Vorfall, Begebenheit, Ausgang (von mehreren möglichen), Veranstaltung, Wettkampf.

Zum Ereignischarakter der Veranstaltung kommen noch weitere Aspekte dazu, die durch folgende Stichworte gekennzeichnet sind:

- Erinnerungswert, Positivität,
- Einmaligkeit (keine Routine),
- Aktivierung der Teilnehmer,
- Zusatznutzen und Effekte für die Teilnehmer,
- Planung (Geplantheit), Gestaltung, Organisation und Inszenierung,
- Vielfachheit von Ereignissen, Medien und Wahrnehmungen,
- Verbindung von Eindrücken und Symbolik,
- Event aus Sicht des Teilnehmers.

DOI 10.1007/978-3-642-12428-0_2,

Der Begriff Event ist subjektiv und unscharf: Der Grundnutzen Veranstaltung wird durch einen Zusatznutzen zum Event, fließende Übergänge sind möglich. Auch das Event selbst ist nicht exakt abgegrenzt: Anreise, Verpflegung, Umfeld und Abreise können in den Gesamteindruck mit einbezogen sein.

2.1.1 Ereignis

Das Charakteristische an einem Event (in der wörtlichen Übersetzung Ereignis, auch in dem Sinne wie es die Naturwissenschaften und Informatik benutzen) ist, dass es zu einem bestimmten Zeitpunkt stattfindet.

2.1.1.1 Moment

Im Gegensatz zum Vorgang oder Prozess steht also aus Sicht des Beobachters (hier: des Kunden oder der Zielgruppe) nicht die Dauer (Zeitintervall), sondern der Termin (Zeitpunkt) im Vordergrund.

Ereignis in diesem Sinne ist:
- ein Unfall,
- das Bestehen einer Prüfung,
- jeder Eintritt eines Kunden in einen Markt oder ein Museum,
- jede Transaktion an der Börse,
- jedes Ticken einer Uhr.

Damit ein Ereignis ein Erlebnis sein kann, muss es natürlich eine bestimmte Dauer haben. Das, was sich ereignet, muss ja erlebt werden können. Obwohl die meisten dieser Ereignisse also sehr wohl eine bestimmte Dauer haben, ist diese für den Beobachter hinreichend kurz, um von einem Ereigniszeitpunkt zu sprechen, auch im Vergleich zur gerade aktuellen Zeitskala.

Dies gilt auch für die folgenden Ereignisse, deren Dauer im Vergleich zu der für den Teilnehmer relevanten Zeitskala kurz ist:

- ein einstündiger Flug,
- ein abendliches Konzert,
- eine einstündige Prüfung im Rahmen eines vierjährigen Studiums,
- ein mehrere Tage dauernder Vulkanausbruch im geologischen Zeitraster,
- eine Weltmeisterschaft oder Olympiade im Vierjahresrhythmus.

Dass nicht die absolute Dauer sondern der subjektiv erlebte Zeitablauf das Entscheidende ist, zeigt das Beispiel eines Fußballspiels, das als Ereignis erlebt wird, während das ebenso lange Anstehen an der Kasse als dauerhafter Vorgang wahrgenommen wird.

2.1.1.2 Einmaligkeit

Einmalig bedeutet nicht nur, dass das Ereignis nur einmal stattfindet, sondern dass es einzigartig (unique) und herausragend ist. Die folgenden Komponenten sind dabei wichtig:

- Eindeutigkeit: Das Ereignis ist identifizierbar und hat einen Erinnerungswert, Namen oder Markencharakter.
- Einmaligkeit: Das Ereignis ist individuell, es wird nicht wiederholt.
- Einzigartigkeit: Das Ereignis ist im positiven Sinne herausragend.

Diese Aspekte des positiven einmaligen und eindeutigen Erlebens werden wir später ausführlich betrachten.

An dieser Stelle müssen wir nochmals hervorheben, dass das Event immer aus Sicht der Teilnehmer definiert wird, die etwas als Event erleben.

2.1.1.3 Periodische Events

Das Problem der Einmaligkeit und der subjektiven Wahrnehmung macht sich auch z. B. bei der Frage der Periodizität bemerkbar:

Ein periodisches Ereignis gibt es nicht, höchstens eine Reihe (Kette) von Ereignissen. Damit ein Ereignis in einer Reihe gleichartiger Ereignisse wahrgenommen wird, muss es als Individuum (Instanz) identifizierbar sein. So sind z. B. die folgenden Ereignisse für den Betroffenen sehr wohl Ereignisse, obwohl sie häufig oder regelmäßig eintreten:

- jeder Eintritt eines Kunden in einen Markt oder ein Museum mit einigen tausend Besuchern pro Tag,
- jeder Frühlingsbeginn (als astronomisch definierter Zeitpunkt),
- jede Prüfung eines von jährlich Tausenden von Prüflingen einer Schule,
- die im Vierjahresrhythmus stattfindende Olympiade für Teilnehmer und Ausrichter,
- die Teilnahme an einem regelmäßig stattfindenden halbtägigen Planspiel oder Assessment Center.

Veranstaltungen können sehr wohl aus Sicht des Veranstalters Routine sein, aber vom Besucher als Ereignis wahrgenommen werden. Auch der umgekehrte Fall ist denkbar, dass eine – aus Sicht des Vortragenden – einmalige Leistung vom Kunden als Teil einer Reihe gesehen wird. Dies gilt in Unterhaltung, Wissenschaft, Sport und Kultur gleichermaßen. Es ist auch unabhängig davon, ob die Leistung unmittelbar oder mittelbar z. B. über das Fernsehen geboten wird.

Ziel des Eventmanagements ist es, die Leistung so zu gestalten, dass aus Sicht des Kunden die Einmaligkeit gegeben ist, d. h. dass er sie als herausragendes Event wahrnimmt. Die Herausforderung liegt darin, auch Ereignissen, die oft oder periodisch stattfinden, eine Individualität zu verleihen.

2.1.2 Erlebnisorientierung

Ein Event zeichnet sich dadurch aus, dass es ein positives Erlebnis für den Teilnehmer ist.

2.1.2.1 Aktiv und positiv

Dieses Erlebnis setzt die folgenden beiden Aspekte voraus:

- Aktivierung, Einbindung, Aktivität,
- Positivität, positive Wahrnehmung, Emotion, Symbolik, Genuss.

Die folgende Tabelle fasst die beiden Aspekte zusammen.

Tab. 2.1 Aktivierung und Positivität

	Passivität	Aktivierung, Aktion
Negative oder neutrale Wahrnehmung	Distanz	Arbeit
	Zeitungsbericht über Biotop	Mitarbeit bei Pflanzaktion
	Bericht über Fußballspiel	Schulsport
	Artikel über Theaterstück	Statist beim Theaterstück
	Anlieger beim Cityfest	Lärmgeplagte Anwohner
Positive Wahrnehmung	Konsum	Event
Emotion Genuss	Beobachtung des Biotops	Pflanzaktion mit Fest
	Fußballspiel im Fernsehen	Sportfest
	Besuch des Theaterspiels	Theaterspieler
	Radiobericht Cityfest	Besucher beim Cityfest

Positivität und Aktivierung wechselwirken miteinander: Während ein positives Erleben zur Aktivität beiträgt (Aktivierung, Überwindung von Hemmschwellen) ist die aktive Einbindung ein wichtiger Beitrag zur positiven Wahrnehmung. Die dadurch entstehenden Rückkopplungseffekte können zu unvorhersagbaren Ergebnissen beim Event führen.

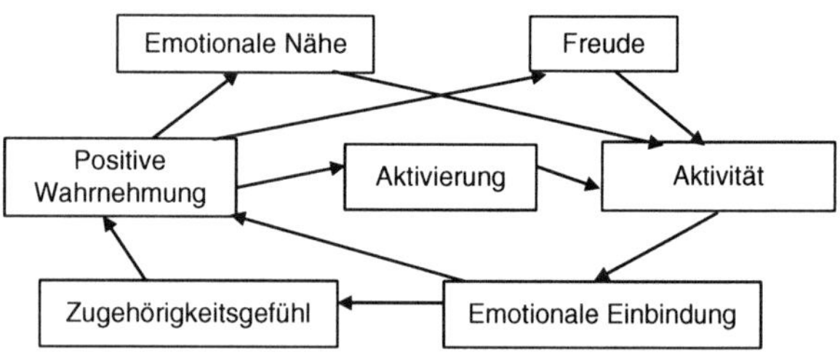

Abb. 2.1 Wechselwirkung der positiven Beziehungen

Leider müssen auch die negativen Rückkopplungsmöglichkeiten in Betracht gezogen werden, die sich ebenfalls in einem Rückkopplungskreis aufschaukeln können:

Abb. 2.2 Wechselwirkung der negativen Beziehungen

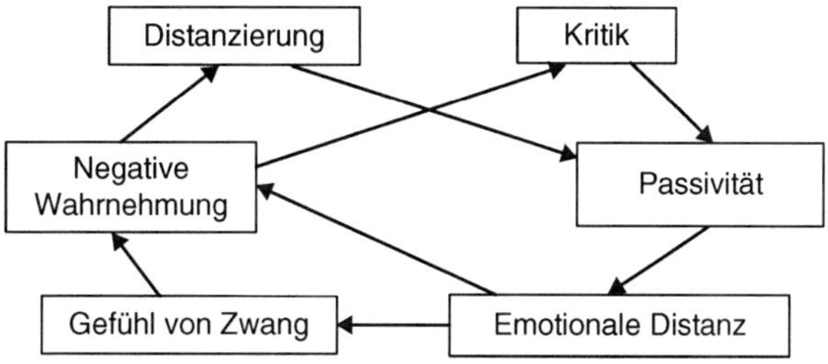

Die beiden Rückkopplungskreise wirken aufeinander und hemmen sich gegenseitig, so dass im Allgemeinen eine stabile Lösung entsteht:

Abb. 2.3 Rückkopplungen

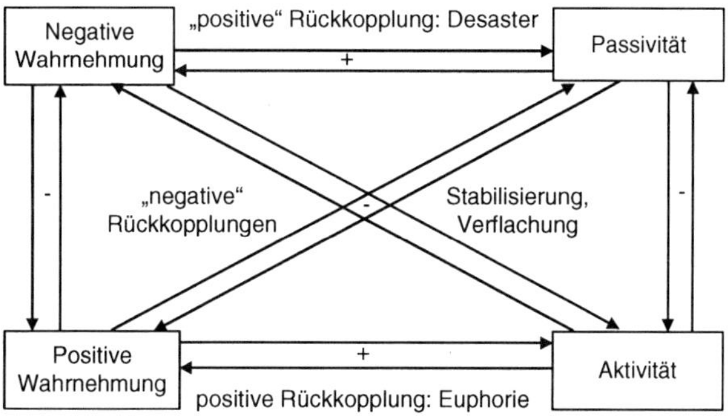

Wo die stabile Lösung und damit der Endzustand dieses Systems liegt, hängt von den Parametern des Events (Planung, Besucher, Randbedingungen) und von vielen zufälligen Einflüssen ab.

2.1.2.2 Positivität

Es wurde bereits erwähnt, dass die Bewertung als Ereignis eine subjektive Wahrnehmung beinhaltet. Dies bedeutet, dass keine Langeweile oder Routine aufkommt. Auch sollten keine negativen Eindrücke entstehen oder diese zumindest durch positive Eindrücke überwogen werden.

Dies kann beim Event erreicht werden durch:

- positive Eindrücke, Erlebnisse und Emotionen,
- einen Zusatznutzen zum eigentlichen Veranstaltungsinhalt,
- die Vielfachheit von Ereignissen, Medien und Wahrnehmungen,
- die positive Aktivierung der Teilnehmer,
- die Organisation und Inszenierung des Verlaufs.

Eventmanagement muss also eine positive Akzeptanz des Kunden erreichen. Die positive Akzeptanz kann durch Aktivitäten und die Einbindung des Kunden, aber auch durch die Verwendung entsprechender Symbolik erreicht werden: Damit werden die realen Ereignisse im Kopf des Betrachters mit positiv belegten Begriffen verknüpft.

Außerdem muss durch Maßnahmen des Risikomanagements der negative Einfluss vermieden werden. Ein Konzert oder Fußballspiel, das wegen Regens abgesagt wird und wo die Teilnehmer zwei Stunden im Regen auf den Rücktransport warten müssen, ist zwar ein herausragendes Ereignis, aber kein Event.

Den Übergang von einer lästigen Arbeit zu einer erstrebenswerten Tätigkeit schildert Mark Twain eindrucksvoll in seinem „Tom Sawyer". Während die Zuschauer anfangs spotten und sich nicht zur Mithilfe bewegen lassen, sind sie später sogar bereit, für die Teilnahme am „Event Zaunstreichen" zu bezahlen. Hier ist zwar eine Menge Manipulation im Spiel, das Grundprinzip ist aber merkenswert.

> Tom erschien auf der Bildfläche mit einem Eimer voll Farbe und einem langen Pinsel. Er überblickte den Zaun – und aller Glanz schwand aus der Natur seiner Augen, und tiefe Schwermut bemächtigte sich seines Gemütes. Dreißig Yard lang und neun Fuß hoch war der unselige Zaun! Das Leben erschien ihm traurig, und er empfand sein kleines Dasein als Last. [...]
> Mitten in dieser trüben und hoffnungslosen Betrachtung kam ihm plötzlich ein Einfall. Er nahm den Pinsel wieder auf und setzte ruhig die Arbeit fort. Ben kam in Sicht, der Junge aller Jungen, der sich über alle lustig machen durfte. [...]
> Ben blieb einen Moment stehen, dann sagte er grinsend: „Strafarbeit, Tom, wie?" Keine Antwort. Tom überschaute seine Arbeit mit dem Auge eines Künstlers. [...] „Spaß? Warum soll's denn kein' Spaß machen? Kannst du vielleicht jeden Tag einen Zaun anstreichen?"
> Ben erschien die Sache plötzlich in einem anderen Lichte. Er hörte auf, an seinem Apfel zu knuspern. Tom fuhr mit seinem Pinsel bedächtig hin und her, hin und her, hielt an, um sich von der Wirkung zu überzeugen, half hier und da ein bisschen nach, prüfte wieder, während Ben immer aufmerksamer wurde, immer interessierter. Plötzlich sagte er: „Du, Tom, lass mich mal ein bisschen streichen! [...] Ich geb' dir den ganzen Apfel!" Tom gab mit widerstrebender Miene den Pinsel ab – innerlich frohlockend. [...]
> Tom erschien die Welt nicht mehr gar so uneben. Ohne es selbst recht zu wissen, hatte er ein tief in der menschlichen Natur wurzelndes Gesetz entdeckt. Um jemanden, groß oder klein, nach etwas lüstern zu machen, ist es nur nötig, dieses Etwas schwer erreichbar zu machen. Wäre er ein großer und weiser Philosoph gewesen, gleich dem Verfasser dieses Buches, er würde jetzt begriffen haben, dass das, was jemand tun muss, Arbeit, was er freiwillig tut dagegen Vergnügen ist. [...] (Mark Twain, Tom Sawyer).

Dieser Übergang zwischen einer negativen und einer positiven Einstellung ist zum einen eine Chance für das Eventmanagement, da durch Motivation (nicht durch Manipulation wie im Beispiel von Tom Sawyer) Teilnehmer zur Aktivität bewegt werden können. Dies ist eine wichtige Chance für alle Aktivitäten beispielsweise im Bereich bürgerschaftlichen oder ehrenamtlichen Engagements. Der Übergang kann aber auch ins Gegenteil umschlagen, wenn die Aktivität als lästig empfunden und damit plötzlich mit der Arbeit verglichen wird. Die Grenze ist dann schnell erreicht, wenn die Teilnehmer ein „Chef-Verhalten" (selbstherrliche Entscheidungen, Inanspruchnahme des Erfolgs), ein überwiegendes Eigeninteresse der Organisatoren oder eine Manipulation (nicht aufrichtige Information über Aufgaben und Ziele) feststellen oder vermuten.

2.1.2.3 Aktivierung

Für das Verständnis der Aktivierung von Teilnehmern beim Event ist ein Modell der Thermodynamik hilfreich. Eine Aktivierung des Individuums findet dann statt, wenn eine bestimmte Aktivierungsschwelle überschritten ist. Dann wird das Individuum aktiv und kann durch seine eigene Aktivität dazu beitragen, dass andere Elemente die Aktivierungsschwelle überwinden. Dies ist ein analoges Modell zur Aktivierung und Energieabgabe bei chemischen Reaktionen oder Phasenübergängen.

Abb. 2.4 Aktivierungspotenzial und Energiefreisetzung

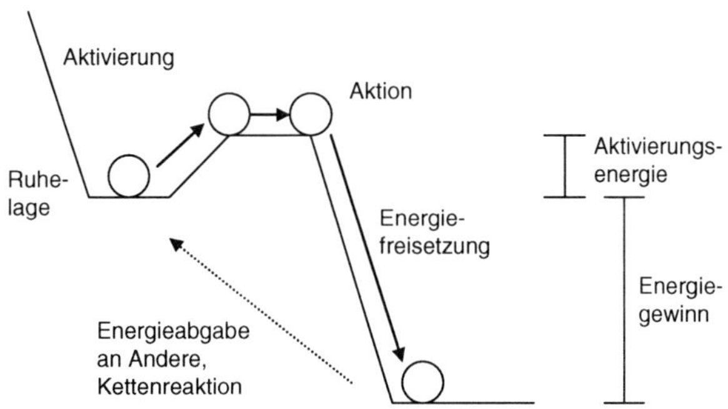

Damit wird klar, wie kleine Fluktuationen durch die Kettenreaktionen zu extremen Auswirkungen führen können. Durch diese Wirkungen entstehen Prozesse und Strukturen, die nicht mehr deterministisch vorhersagbar sind, und nur mit dem Mitteln der mathematischen Chaosforschung beschrieben und untersucht werden können. Ähnlich wie den beim Wetter (als Symbol für die Unvorhersagbarkeit der Entwicklung) häufig zitierten Schmetterling gibt es bei Events unzählige kleine Einflüsse, die den Gesamteffekt unvorhersagbar machen. Dem versucht man im Eventmanagement durch Planung und Inszenierung entgegenzuwirken und die Effekte planbar zu machen.

2.1.2.4 Flow

Das Flow-Konzept [Csikszentmihalyi] spielt für die Erlebnisorientierung eine wesentliche Rolle. Als Eventmanager sollte man sich also mit diesem Thema beschäftigen. Daneben kann auch die Organisation eines Events für die Beteiligten durchaus Flow-Charakter haben. Das Gemeinschafts- und Erfolgsgefühl bei Planung und Aufbau eines Events kann insbesondere im ehrenamtlichen Bereich oder unter Extrembedingungen zu einem positiven Erlebnis für die Akteure werden.

Die Grundkonzeption basiert auf Beobachtungen von Tätigkeiten, für die keine extrinsische Belohnung vorlag (z. B. bei Spielen). Dabei wird ein besonders positives Erleben und eine intrinsische Motivation dann gefördert, wenn die Anforderungen mit den Fähigkeiten in Einklang sind.

- Anforderungen, Handlungsgelegenheit ist im Umfeld begründet.
- Fähigkeiten, Kompetenzen liegen in der Person.

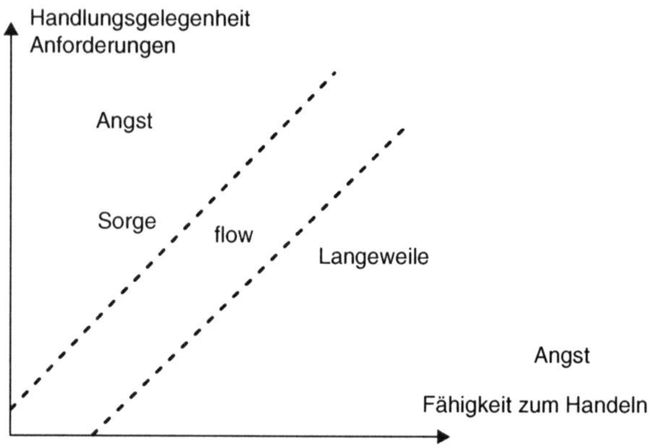

Abb. 2.5 Flow (Csikszentmihalyi S. 75)

Die lässt sich vergleichen mit der Relation zwischen Produkteigenschaften (hier die Eigenschaft der Spannung/Herausforderung durch das Event) und Produktanforderungen (hier die im Event herauszufordernde Kompetenz des Kunden) aus dem Qualitätsmanagement: Eine Dienstleistung (Event) die zu anspruchsvoll ist, überfordert (stresst) den Kunden, eine zu geringe Qualität führt zur Unterforderung (Langeweile).

Die folgende Skizze stellt die möglichen Pfade zum Erreichen bzw. Verlassen des Flow symbolisch dar. Dabei ist zu beachten, dass es zu jedem Pfeil auch den direkten Gegenpfeil (an anderer Stelle gezeichnet) gibt.

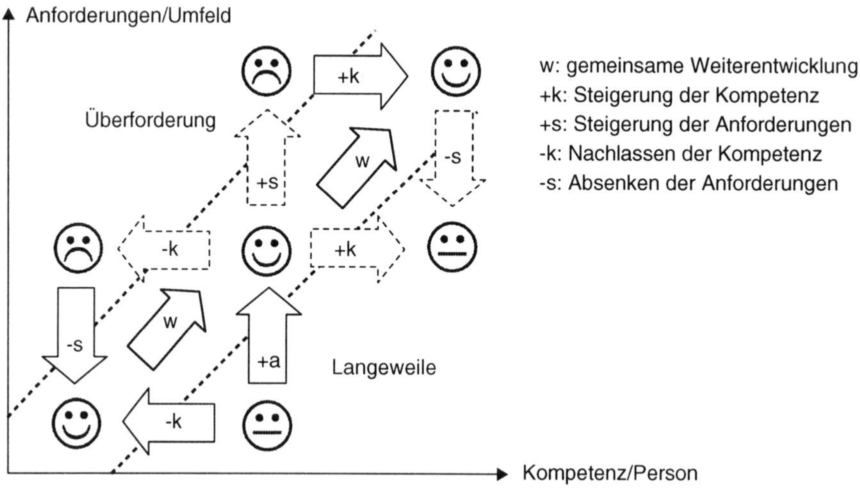

Abb. 2.6 Abweichung vom und Wege zum Flow. (eigene Darstellung in Anlehnung an Holzbaur 2007)

Da der Flow-Zustand im Allgemeinen nicht statisch ist, muss darauf geachtet werden, dass der Flow durch ein gemeinsames Anwachsen von Anforderungen und Kompetenzen erhalten bleibt. Dies wird bei Computerspielen durch die Levels, in der Personalentwicklung und im Sport durch entsprechende Planung versucht. Folgende Effekte können auftreten bzw. Maßnahmen ergriffen werden:

Tab. 2.2 Maßnahmen zur Erhaltung des Flow

	Effekt	Maßnahme (extern)
+w	Gemeinsame Weiterentwicklung	Anforderungen kontinuierlich der gestiegenen Kompetenz anpassen
−w	Gemeinsame Rückentwicklung	Anpassung der Anforderungen an nachlassende Leistungsfähigkeit (z. B. Ermüdung)
+k	Steigerung der Kompetenz	Training, Kompetenzentwicklung, Zur Verfügung stellen von Infrastruktur
−k	Nachlassen der Kompetenz	Typisches „Herunterfahren" nach extremen Situationen.
+s	Steigern der Anforderungen	Steigern der Schwierigkeit oder des Niveaus des Ergebnisses
−s	Absinken der Anforderungen	Senken der Schwierigkeit oder des Niveaus des Ergebnisses

2.2 Eventkonzept

Das wichtigste beim Eventmanagement und bei der Planung des Events ist, das Ziel festzulegen, zu kennen und im Auge zu behalten (siehe Kap. 3).

2.2.1 Ziel

Ein Event passiert nicht von selbst, und es wird auch nicht einfach so veranstaltet. Es wird gezielt geplant, um einen bestimmten Zweck zu dienen. Dieser kann sein:

- Direkter finanzieller Effekt (Einnahmen aus den direkt dem Event zuzuordnenden Dienstleistungen und Produkten, insbesondere aus dem Eintritt und dem Verkauf von Waren).
- Direkter Einfluss auf Personen (Informationsvermittlung, Bildung, Politik, Verkauf).
- Erhöhung des Bekanntheitsgrades eines Objekts (Ort, Gebäude, Raum), Anziehung von Personen an eine Veranstaltung oder ein Objekt. Dazu gehört auch die Reise zu einem Ort als solche.
- Initiierung eines Projekts, Gewinnung und Motivation von Teilnehmern, Sponsoren, Öffentlichkeit und Publizität für ein Projekt.

- Übertragung der Positivität des Events auf ein Objekt. Dies kann eine Person oder Institution, ein Produkt oder eine Marke, ein Konzept oder Programm oder ein abstrakter Begriff sein. Die Positivität kann sich in einem Imagegewinn oder in der Zunahme von Attraktivität, Symbolwert, Vertrauen oder Vertrautheit äußern.

Aus den primären Zielen werden sekundäre Ziele, Maßnahmen und Kriterien abgeleitet. Typische sekundäre Ziele sind: eine hohe Teilnehmerzahl, hohe Aktivität der Besucher, umfangreiche Präsenz in den Medien.

2.2.2 *Zielerreichung*

Der Mensch kann nicht nur durch vernunftbetonte Appelle und die Nennung von Fakten zu gewünschten Handlungen gebracht werden. Die Aktivierung muss vielmehr auch über emotionale Kanäle erfolgen. Dies liegt zum einen daran, dass eine emotionale Aktivierung direkter wirkt, zum andern aber auch daran, dass heute Fakten und Expertenmeinungen immer weniger vertraut wird. Darin steckt eine gewisse Gefahr, da der emotionale Wert eines Events vom normativ-ethischen weitgehend unabhängig ist.

Dieser Vorwurf, der gegenüber Events genauso trifft wie gegenüber der Werbung, gilt aber für alle Arten der Kommunikation. Bekannte Beispiele emotionaler Kommunikationskanäle sind:

- Erlebnismarketing im Konsumgüterbereich (Erlebniseinkauf, Testimonials) und durch die Persönlichkeit des Verkäufers,
- empörte und betroffene Politiker oder Vorstände als Entkräftung von Vorwürfen bzw. zur Bekräftigung ihrer Aussagen,
- Darstellung von Gräueln als Begründung militärischer Maßnahmen,
- Darstellung von Einzelpersonen und Schicksalen als Begründung allgemeiner Maßnahmen.

Dies kann aber nicht dazu führen, dass der Einsatz von Events abqualifiziert wird. Gerade dort, wo die Gefahr besteht, dass durch emotionelle Ereignisse oder Gruppenzwang negative Verhaltensweisen verstärkt werden, kann ein Event besser entgegenwirken als Fakten und Ermahnungen.

Beispiele für Einsatzbereiche von erlebnisorientierter Kommunikation sind:

- Marketing, Unternehmenskommunikation, Corporate Identity,
- Aktivierung für bürgerschaftliches Engagement und freiwillige Aktionen,
- Drogenprävention, Gewaltprävention,
- Verhaltensbeeinflussung, Vermeidung risikoreichen Verhaltens,
- umweltfreundlichen Verhaltens (Motivation gegen Bequemlichkeit),
- Toleranz z. B. gegenüber Ausländern.

2.2.3 Zusammenfassung

Jedes Event ist am Ziel bzw. Zweck orientiert. Um das Ziel zu erreichen, muss das Event am Kunden (Teilnehmer) orientiert sein:

- das Event muss aktiv und kurzweilig sein,
- das Event muss den Teilnehmer positiv ansprechen,
- das Event muss einen geplanten Ablauf haben und Pannen vermeiden.

Events sprechen die emotionale Ebene an und können eingesetzt werden, um

- Informationen zu vermitteln,
- Motivation und Aktivität zu erzeugen,
- Grundhaltungen und Normen zu erzeugen.

2.3 Veranstaltungen

Beim Begriff der Veranstaltung steht statt des subjektiven Erlebens der objektive Ablauf im Vordergrund. Planung und Durchführung von Veranstaltungen ist für Unternehmen und andere Institutionen in vielerlei Hinsicht wichtig.

2.3.1 Klassifikation

Das breite Spektrum der Veranstaltungen kann man nach verschiedenen Kriterien wie Art, Größe und Ziel charakterisieren, Veranstaltungen können beispielsweise sein:

- Tourneen, Informations- und Präsentationsveranstaltungen, Auftritte,
- Tage der offenen Tür, Exkursionen, Besichtigungen,
- Messen, Ausstellungen, Verkaufsveranstaltungen,
- Seminare, Tagungen, Workshops, Vorträge, Versammlungen, Sitzungen,
- Feste, Jubiläen, Feiern, Musik-, Sport-, Stadtfeste,
- Freizeitveranstaltungen, Sportveranstaltungen,
- Exkursionen, Ausflüge.

2.3.1.1 Ziel

Veranstaltungen lassen sich nach dem Ziel folgendermaßen einteilen (siehe die Darstellung der Ziele im Abschnitt Eventkonzept):

- direkt gewinnorientierte Veranstaltungen, die eine Person oder Gruppe aus kommerziellem Interesse durchführt.
  Der Gewinn kann durch die Teilnahme an sich (Eintrittsgeld, Teilnahmegebühr) oder in Aktionen während des Events (Verkauf, Vertragsabschluß) entstehen.

Hier dient der Eventcharakter vor allem dazu, möglichst viele Teilnehmer zu gewinnen und zum Kommen oder zu den gewünschten Handlungen zu aktivieren.

- nicht direkt gewinnorientierte Veranstaltungen, die eine Person oder Gruppe im Rahmen ihrer Aufgaben und eigenen Ziele durchführt.
  Hier dient der Eventcharakter neben der Gewinnung der Teilnehmer vor allem einem positiven Eindruck und der Unterstützung anderer primärer Ziele. Solche Veranstaltungen können kommerziellen (Marketing, PR) oder ideellen Charakter haben. Insbesondere private Veranstaltungen gehören hierzu.

2.3.1.2 Größe

Die folgende Darstellung soll helfen, eine geplante Veranstaltung von der Größenordnung her einzuordnen. Die wichtigsten Kriterien an die Größe des Events sind:

- Akteure (Menge, Aufwand),
- Service (Umfang, Anzahl Personen, Kosten),
- Besucherzahl, dabei ist zwischen Gesamtbesucherzahl, Spitzenbesucherzahl und durchschnittlicher Besucherzahl zu differenzieren (siehe unten).

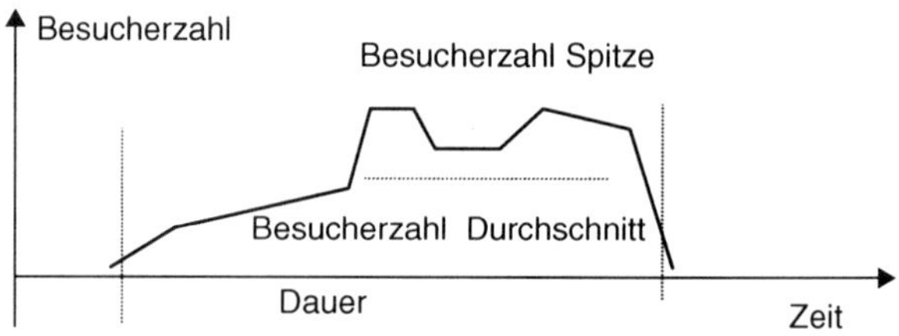

Abb. 2.7 Besucherzahlen Durchschnitt und Spitze

Damit ergeben sich die in der folgenden Tabelle beschriebenen Größenkriterien für Veranstaltungen:

Tab. 2.3 Spektrum der Aktiven- und Besucherzahl von Veranstaltungen

	Minimal	Maximal ca.
Dauer	1 h	Mehrere Wochen
Aktive	1	1.000
Personalaufwand	Personentage	Personenjahre
Kapazität Teilnehmer	Wenige	100.000
Wechselrate Teilnehmer	1 (alle bleiben da)	100
Teilnehmer gesamt	Wenige	Mehrere Millionen

Als Extrembeispiel hatte das Mega-Event Expo 2000 in Hannover eine Dauer von 153 Tagen, und als Ziel insgesamt 40 Mio. Besuche und pro Tag 300.000 Besucher. Das Gesamt-Event bestand aber auch aus vielen einzelnen Events, wobei jeder einzelne Besucher natürlich nur einen Teil davon erleben konnte. Aus Sicht der Besucher sollte der Besuch an sich das Event sein, d. h. es waren 40 Mio. individuelle Events.

2.3.1.3 Beispiele

Einige typische Beispiele beschreibt die folgende Tabelle:

Tab. 2.4 Exemplarisches Spektrum von Veranstaltungen

	Tagung, Seminar, Schulung	Privates Fest, Jubiläum	Sportfest, Stadtfest, Musikfest	Ausflug, Camp	Tag der offenen Tür
Dauer Tage	3	1/2	3	1–30	1
Akteure	200	1	1.000	3	200
Planung, Support	20	1	100	5	300
Besucher Spitze	200	100	10.000	50	2.000
Besucher Summe	300	100	30.000	50	3.000
Träger	Firma	Person	Verein	Verein	Firma

Die zugehörige Checkliste gibt die Möglichkeit, das geplante Event von der Größe her einzuordnen.

2.3.1.4 Virtuelle Events

Eine spezielle Form der Veranstaltung, die nicht in den klassischen Rahmen passen, aber ein großes Potenzial haben, sind Virtuelle Events, die hier nicht als Internet- oder Computer-Events sondern als solche Events verstanden werden, die durch eine geeignete Zusammenfassung (Dachmarke) von den Teilnehmern trotz der räumlichen und zeitlichen Verteilung als Gesamtevent wahrgenommen werden.

Wichtig für ein virtuelles Event sind:

- Thematische Abgrenzung
- Räumliche Definition (Weltweit, Stadtgebiet, Organisation)
- Zeitliche Definition (Woche der …, … – Jahr)
- Gemeinsame Bezeichnung (Marke)

Bei räumlich verteilten Events ist das Internet (WWW) eine wichtige Methode, durch eine gemeinsame Plattform das Gemeinsame herauszuarbeiten. Durch moderne Kommunikationsformen (SMS, Twitter) können Besucher von räumlich verteilten Events Nachrichten, Informationen und Emotionen austauschen.

Wichtige Beispiele für virtuelle Events sind Aktionstage, Aktionswochen, Jahresevents und langfristige Events.

2.3.2 Teilnehmer

Ein Event bzw. eine Veranstaltung steht und fällt mit den Teilnehmern. Je nach Charakter des Events ist es dabei schwierig, zwischen Aktiven (Akteure) und Passiven (Zielgruppen) abzugrenzen.

Die folgenden Überlegungen müssen für jede teilnehmende Personengruppe gemacht werden. Personen können aus Informationssicht

- aus der Presse oder allgemeinen Informationen erfahren (pull)
- eine allgemeine Aufforderung zur Teilnahme erhalten (push)
- zum Event persönlich eingeladen werden (individueller push).

Auch aus finanzieller Sicht variiert das Engagement der Teilnehmer. Personen können

- sich gegen Honorar und Kostenerstattung (Reisekosten, Spesen) zur Teilnahme am Event verpflichten,
- kostenneutral oder mit eigenen Aufwänden (Reise) am Event teilnehmen (eine Anreise von 100 km kostet ca. 50 € und mindestens zwei Stunden, ist also mit dem Aufwand für das Event selbst vergleichbar),
- für die Teilnahme am Event bezahlen oder sich anmelden müssen.

Die Teilnehmer investieren aber immer ihre Zeit. Dazu gehört nicht nur die Zeit für Teilnahme und An- und Abreise, sondern auch die Information über das Event (passiv durch Lesen, aktiv durch Informationsbeschaffung) sowie die Anmeldung, Beschaffung von Eintrittskarten und Reisevorbereitung.

Da das Angebot an Veranstaltungen und Unterhaltung immer größer wird und die freie verfügbare Zeit (Freizeit nach Abzug fester Verpflichtungen) abnimmt, muss der Veranstalter des Events alle Personengruppen aktiv zur Teilnahme bewegen.

Dies reicht von der Information und Herbeiführung der Teilnahmeentscheidung bis zur Verstärkung der Entscheidung, um die Teilnahme auch bei Konkurrenzsituationen sicherzustellen.

Je nach Einbindung der jeweiligen Personengruppe muss dabei auch die Planung der Teilnahme und der Anzahl unterschiedlich ausführlich gemacht werden. Die Betreuung der Teilnehmer vor, während und nach dem Event ist ein wichtiger Beitrag zum Erfolg.

Die Aktivierung der Teilnehmer, die wichtig ist für den Erfolg des Events, führt zum Verwischen der Grenzen zwischen den Teilnehmergruppen. Eine Aktivierung kann geschehen durch folgende Maßnahmen:

- Aufrufe/Appelle zur Aktivierung, einzelne Kommandos an die Zuschauer, Herausholen einzelner Zuschauer.
- Vermischung von Aktiven und Passiven, auch räumliche Mischung, Förderung der Identifikation mit dem Event.
- Rollentausch von Aktiven und Passiven, z. B. in der Lehre „Prüf den Prof." oder in Diskussionen „Politiker fragen, Bürger antworten".

2.3.3 Besucherzahl

Für die Auslastung der Veranstaltung sind vor allem zwei Größen wichtig: die Spitzenbesucherzahl und die Gesamtbesucherzahl.

Daneben sind einige Kennzahlen wichtig, um das Event und dessen Erfolg zu charakterisieren, z. B. die mittlere Besucherzahl, die Wechselrate und die Auslastung.

2.3.3.1 Wechselrate

Die Wechselrate ist der Quotient zwischen Gesamtbesucherzahl (G) und Spitzenbesucherzahl (S). Die Formel ist also W = G/S. Damit bedeutet ein Wert W = 1 (das ist der kleinstmögliche Wert), dass zu einem bestimmten Zeitpunkt alle Besucher anwesend sind.

Ursachen für einen hohen Wert W können typischerweise sein:

- Regelmäßiger Wechsel: Die Aufenthaltsdauer D ist kleiner als die Veranstaltungsdauer V. Die Wechselrate ist W = VD bei einem gleichmäßigem Besuch (z. B. einer Ausstellung, bei der die Besichtigung nur wenige Stunden dauert).
- Hochlaufen der Besucherzahlen bei Beginn und Rückgang gegen Ende ohne Überlappung (z. B. bei einem Tag der offenen Tür, bei dem nicht alle Besucher zu einem Zeitpunkt anwesend sind).
- Wechselnde Besucher bei einer mehrtägigen Veranstaltung (z. B. eines Festwochenendes mit freitags Pop, samstags Volksmusik, sonntags Konzert) oder innerhalb des Tages (Tagesgäste, Abendgala).

Selbst bei einem Wert W = 1 können die Besucher zu verschiedenen Zeiten anwesend sein (etwa Vormittags- und Nachmittagsbesucher mit gemeinsamem Mittagessen).

Bei länger dauernden Veranstaltungen muss dabei noch zwischen Besuchern (die mehrmals kommen können) und Eintritten (jedes neue Kommen eines Besuchers) unterschieden werden. Die Eintritte sind durch Zählen am Eingang einfach zu erfassen, die Besucherzahlen können z. B. beim Kartenverkauf oder durch Listen erfasst werden.

Die folgende Graphik zeigt zwei Möglichkeiten, wie bei einer gegebenen Zahl von Besucherstunden die Gesamtbesucherzahl und die Spitzenbesucherzahl variieren können.

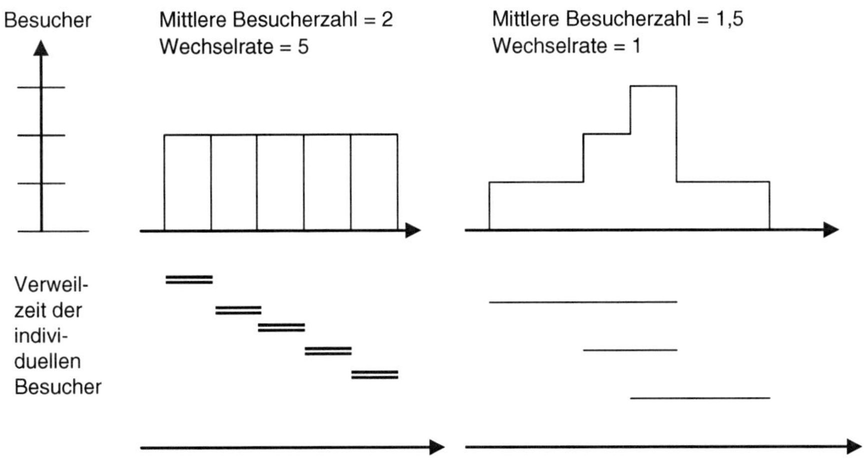

Abb. 2.8 Wechselrate

Konsequenzen einer hohen Wechselrate sind:

- Nicht alle Besucher bekommen alle Teilevents (insbesondere Eröffnung und Schluss) mit.
- Das Event aus Sicht des Besuchers setzt sich anders zusammen.
- Die Kapazität muss nur ein Teil (1/W) der Gesamtbesucherzahl sein.

Bei der Planung des Events sollten die verschiedenen Besucherzahlen differenziert geschätzt, gesteuert und erfasst werden. Bei der Konzeption ist bei einer hohen Wechselrate der Unterschied zwischen dem Gesamt-Event aus Veranstaltersicht und dem Event aus Teilnehmersicht zu beachten.

2.3.3.2 Mittlere Besucherzahl

Die mittlere Besucherzahl (M) ist der Quotient aus der Anzahl B der Besucherstunden und der Veranstaltungsdauer (V), also $M = B/V$. Die mittlere Besucherzahl sagt nur aus, wie gut die Kapazität K ausgelastet ist. Bei Vollauslastung ist $M = K$, der Auslastungsgrad ist $m = M/K$.

Da die mittlere Besucherzahl (M) kleiner ist als die Spitzenbesucherzahl (S) und diese kleiner als die Kapazität (K), gilt $M \leq S \leq K$. Der Auslastungsgrad ist $m = M/K \leq 1$. Die Auslastungsquote $q = G/K$ vereinigt mehrere Effekte und kann deshalb sowohl größer (bei Wechseln) als auch kleiner (bei Nichtauslastung der Kapazität) als Eins sein. Ein Wert $q = 1$ kann aber auch dann auftreten, wenn das Event zur zu 25 % ausgelastet ist, aber die individuellen Besucher immer nur ein Viertel der Zeit da sind ($m = q \times r$).

2.3.3.3 Schätzen und Steuern

Die Besucherzahl auf einem Event ist weder eine unbekannte Größe noch Schicksal. Gutes Veranstaltungsmanagement zeichnet sich dadurch aus, dass

- die Besucherzahl einigermaßen genau vorhergesagt werden kann,
- die Besucherzahl in Hinsicht auf ein optimales Event geplant wird,
- die Besucherzahl vor und während des Events in Richtung auf ein Optimum gesteuert wird,
- auf Abweichungen in der Besucherzahl sinnvoll reagiert wird.

Die Schätzung der Besucherzahl ist aufgrund von Erfahrungen, internen und externen Einflüssen, eigenen Aktivitäten und Rückmeldungen möglich. Mehrere unabhängige Schätzungen (Erfahrung, Beobachtung der Anmeldungen/Rückmeldungen, Befragung von Stichproben) können das Ergebnis verbessern.

Die richtige Besucherzahl ist wichtig:

- Für die Wahrnehmung des Events sind leere Säle genauso kritisch wie lange Warteschlangen.

- Für den finanziellen Erfolg sind hinreichend viele Teilnehmer notwendig.
- Ein Überschreiten der Kapazität kann Risiken und Probleme verursachen.

Schätzen, Beobachten und Steuern der Besucherzahl sind wichtig für den Erfolg des Events. Mögliche Maßnahmen sind:

- Planung der Besucherzahl anhand von Kapazität und Wechselrate, potentiellem Interesse und insbesondere den Zielen des Events.
- Steuerung durch Kommunikation, Kontrahierung (z. B. Preisgestaltung oder andere Konditionen) und Kanalisierung (Warteschlange).
- Reaktion auf Abweichungen durch Versuch der Regelung oder Anpassung des Events:
  - Räumliche oder zeitliche Erweiterung oder Reduktion des Events.
  - Ergänzung durch weitere Events, z. B. Unterhaltung für die in der Warteschlange stehenden Besucher.

2.3.3.4 Zusammenfassung

Die folgende Tabelle fasst die einzelnen Kennzahlen und ihre Bedeutung zusammen:

Tab. 2.5 Kenngrößen zu Besucherzahl und Dauer

Bezeichnung	Formel und Bedingungen	Bedeutung für
V: Veranstaltungsdauer	Aktivität	Miete, Personalkosten, Programm
K: Kapazität	Maximale Besucherzahl	Miete, Versicherung, Sicherheit, Infrastruktur
G: Gesamtbesucherzahl	Anzahl aller Eintritte	Eintrittskarten, Verkehrsaufkommen
B: Besucherstunden	Summe der Präsenzzeiten aller Besucher	Präsenz, Konsum
S: Spitzenbesucherzahl	$M \leq S \leq K$ $M \leq S \leq G$	Auslastung, Sicherheit, Service

Tab. 2.6 Kennzahlen zum Event

Kennzahl	Relationen	Bedeutung für
t_m: mittlere Aufenthaltsdauer	$t_m = B/G \leq V$	Eventcharakter aus Besuchersicht
M: mittlere Besucherzahl	$M = B/V = G \times t_m/V$	Auslastung der Kapazität
r: relative Aufenthaltsdauer	$r = t_m/V = M/G$	Relation Besuchersicht – Gesamtevent
Q: Besuchermultiplikator W: Wechselrate	$Q = G/M = 1/r$ $W = G/S$	Zielerreichung einzelner Teilevents
s: Spitzenauslastung m: Auslastungsgrad	$s = S/K \leq 1$ $m = M/K \leq s$	Erfolg, Ausschöpfung der Möglichkeiten
q: Auslastungsquote	$q = G/K = Q \times m = m/r$	Besucherzahl in Relation zur Kapazität

Bei einer längeren oder ausgedehnten Veranstaltung können diese Überlegungen auch für einzelne Teilevents, Tage oder Orte/Plätze durchgeführt werden. Damit werden Schwerpunkte (Bereiche mit hoher Besucherzahl) und Engpässe (Bereiche mit hohem Auslastungsgrad) sichtbar.

2.3.4 Eventcharakter

Jedes Event ist eine Veranstaltung, aber nicht jede Veranstaltung ist ein Event.

- Jedes Event ist eine Veranstaltung: dies sind die 80 % notwendigen Grundlagen („basics"), die dazu dienen, das Event stabil, fehlerfrei und risikoarm durchzuführen.
- Aber nicht jede Veranstaltung ist ein Event: dazu gehört das „Sahnehäubchen", das die Veranstaltung einzigartig macht.

Abb. 2.9 Event und Veranstaltung

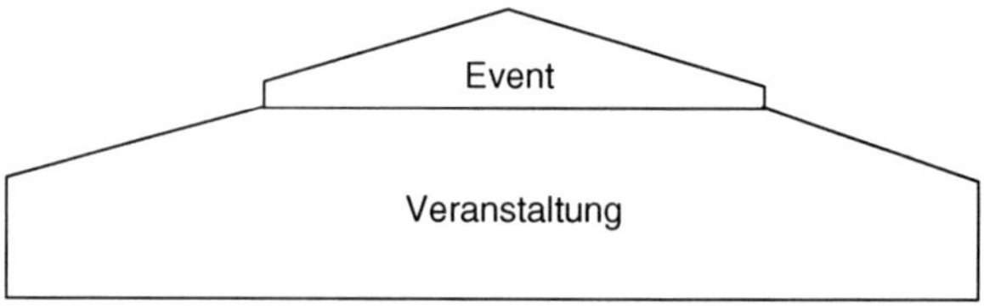

Wodurch wird nun eine Veranstaltung zum Event? Dies ist der Zusatznutzen, das Erlebnis, das als „Spitze" die Veranstaltung krönt.

2.4 Eventmanagement

Eventmanagement beinhaltet alle planenden, organisierenden, überwachenden und steuernden Maßnahmen, die für die Veranstaltung eines Events notwendig sind.

Im Allgemeinen wird die Vorbereitung und Durchführung des Events als Projekt geplant (siehe unten). Das Projektmanagement für Events wird im entsprechenden Kapitel noch ausführlich betrachtet.

2.4.1 Projektphasen

Im Projektmanagement für Events können wir die folgenden Phasen und Meilensteine (MS) des Eventmanagements unterscheiden:

Tab. 2.7 Phasen und Meilensteine im Eventmanagement

Phase/MS	Inhalt
M0: Idee	Idee des Events wird geboren, Vision und Rahmen „liegen in der Luft“
Init	Initialisierungsphase: Definition und Festlegung des Events, Vorlage für Entscheidungsträger
M1: go/nogo	Entschluss, das Event zu veranstalten (oder die Planung abzubrechen), interne Bekanntgabe, Festlegung von Träger und Projektleiter (ab jetzt gibt es das Event intern)
Start	Planungsphase: Aufgabenverteilung, Teambildung Ablaufplanung, Grobplanung
M2: goon/stop	Entscheidung für die Vorbereitung (oder den Abbruch), Mittelfestlegung, going public: Bekanntgabe des Events, (ab jetzt bringt ein Abbruch finanzielle und ideelle Schäden)
Vorbereitung	Feinplanung: Vorbereitung und Organisation des Events Aufträge und Bestellungen, Einladungen
M3: point of no return	Start der Anlaufphase: Aktivierung und Abrufen der Planung: jetzt entstehen Kosten im größeren Umfang (Letzte Entscheidungsmöglichkeit, Abbrechen danach kaum möglich)
Anlauf	Hochlaufen des Events: Aktivitäten vor Ort, Aufbau, Anlieferung, Anreise
M4: doors open	Start des Events, offizielle Eröffnung, Begrüßung (eventuell später)
Aktiv	Ablauf des Events: von der Eröffnung bis zur Schließung. Dauer des Verhältnisses Gastgeber – Gast/Besucher vor Ort
M5: Event-Ende	Ende des Events, offizieller Schluss Verabschiedung (eventuell früher)
Nachlauf	Beendigung des Events: Aktivitäten vor Ort, Abbau, Rückgabe, Rückreise
M6: Beendigung	Schluss der Aktivitäten,Rechnungsschluss (soweit möglich)
Nachbereitung	Abschließende organisatorische Arbeiten: Auswertung, Finanzieller Abschluss
M7: Projektende	Projekt abgeschlossen

In den einzelnen Phasen ergeben sich verschiedene Arten von Aktivitäten.

Tab. 2.8 Aktivitäten im Eventmanagement

	Planung	Organisation	Durchführung	Überwachung	Steuerung
Init	Festlegung des Events	–	–	–	–
Start	Planung	Aufgabenverteilung	–	–	–
Vorlauf	Feinplanung	Vorbereitung	Vorbereitung	Planüberwachung	Änderung Anpassung
Anlauf	Detailplanung	Vorlauf Anpassung	Aufbau	Planüberwachung	Eingriffe Änderung
Aktiv	–	Anpassung	Durchführung	Überwachung	Eingriffe
Nachlauf	–	–	Abbau, Nacharbeit	Auswertung	–
Nachbereitung	Nächste Schritte		Abrechnung	Lehren ziehen	–

Die Phasen können auch als Basis für einen Terminplan dienen. Die Längen der einzelnen Phasen selbst sind natürlich extrem unterschiedlich. Im Kapitel Beispiele sind typische Abläufe und Terminpläne aufgenommen.

Durch die Dauer der Phasen lassen sich die Meilensteine festlegen:

Termin = Termin des vorangegangen Meilensteins + Dauer der Phase

Tab. 2.9 Zusammenhang Phasen und Meilensteine

Meilenstein	Termin	Phase	Dauer
M0: idee		Init (Initialisierung)	
M1: go/nogo		Start	
M2: goon/stop		Vorbereitung	
M3: point of no return		Anlauf	
M4: doors open		Aktiv	
M5: Eventende		Nachlauf	
M6: Beendigung		Nachbereitung	
M7: Projektende			

2.4.2 *Einzelpunkte*

Bei der Planung und Durchführung von Projekten sind Vorbereitung und auch Nachbereitung („Abwicklung") wichtig, die auch später noch detailliert betrachtet werden.

- Initiierung und Start:
  - Vision, Zielsetzung,
  - Konzept, Informationsbeschaffung, Konzeption des Events,
  - Strategie, Planung, Konzeption für Vorbereitung und Ablauf.
- Vorbereitung und Anlauf:
  - Planen (Vorlauf, Ablauf, Nachbereitung),
    - Event (Inhalt, Teilnehmer, Marketing)
    - Logistik (Personen, Besucher, Material)
  - Risikoanalyse, Strukturierung, Organisation,
  - Umsetzung.
- Aktiv (Ablauf des Events):
  - Teilnehmerbegrüßung, Betreuung und Verabschiedung,
  - Fortlaufende Überwachung.
- Nachlauf und Nachbereitung:
  - Abbau,
  - Dokumentation,
  - Rückmeldung, Bewertung, Auswertung, Verbesserung,
  - Mitarbeiter verabschieden und eingliedern,
  - Entscheidungen für Folgeveranstaltungen festlegen.

2.4.3 Integriertes Management

Das Eventmanagement passiert normalerweise nicht im freien Raum, sondern im Rahmen einer Organisation. Auch nach dem Event geht „das Leben weiter". Deshalb ist eine Einbettung des Eventmanagements in das gesamte Managementsystem und eine Einbettung des Events in die existierende Organisation notwendig. Im Allgemeinen wird ein Event in Form eines Projekts organisiert.

Dies betrifft:

- die Einbettung des Events in die existierende Organisation (Aufbauorganisation, Ablauforganisation),
- die Berücksichtigung aller Managementaspekte im Eventmanagement (wie Organisation, Ressourcen, Personal, Kosten, Qualität, Risiko, Umwelt, Sicherheit).

2.4.3.1 Eventübergreifendes Management

Auch wenn ein Projekt als abgeschlossene Einheit gesehen wird, ist es doch in einem organisatorischen Ablauf eingebettet. Wie in jedem Projekt kann man das Eventmanagement in die organisatorische Struktur auf verschiedene Arten einbinden:

- Aufbau einer eigenen dauerhaften organisatorischen Einheit. Dies ist dann sinnvoll, wenn regelmäßig Events bzw. Veranstaltungen vorbereitet werden, so dass die Auslastung dieser Einheit (Abteilung) sichergestellt ist (gegebenenfalls in Verbindung mit anderen Aufgaben, die dieser Abteilung übertragen werden).
- Organisatorisches Herauslösen, Aufbau einer eigenen temporären organisatorischen Struktur. Dies ist vor allem für große Events sinnvoll, im Extremfall durch Gründung einer Firma für das Event.
- Projektstab (Stabsstelle, die das Event organisiert) und Einflussorganisation (verantwortliche Person oder Abteilung).
- Matrix (aus verschiedenen betroffenen Abteilungen sind Mitarbeiter im Eventteam eingesetzt).

Wichtige Aspekte für das Managementsystem für Events sind:

- Personal und Ressourcen,
- Prozessmanagement, Qualitätsmanagement,
- Personalentwicklung,
- Führungssystem,
- Umweltschutz, Gesundheit und (Arbeits-) Sicherheit,
- Markt- und Kundenorientiertheit.

2.4.3.2 Eventübergreifendes Eventmanagement

Auch wenn das Event als abgeschlossene Einheit gesehen wird, muss es in die Strategie der veranstaltenden Organisation passen. Neben der oben betrachteten organisatorischen Einbindung des Projektmanagement ist zu denken an:

- Berücksichtigung der eigentlichen Ziele des Veranstalters (z. B. Vereinszweck, Unternehmensziele),
- Anpassung an Image und Corporate Identity des Veranstalters,
- Personelle Kopplung, Auslastung der Mitarbeiter bzw. Mitglieder.

2.4.3.3 Risikomanagement

Anliegen des Risiko-Managements ist die Festlegung eines einheitlichen Denk- und Handlungsprozesses zur Bewältigung von Risiken. Dabei werden mögliche Ereignisse und Entwicklungen gedanklich vorweggenommen. Die Phasen des Risiko-Management-Prozesses sind:

- Risikoidentifikation,
- Risikoanalyse, Risikobewertung,
- Risikobewältigung.

Diese Schritte bauen aufeinander auf. Wichtige Bereiche des Risikomanagements sind:

- Unfall (Teilnehmer, Arbeitssicherheit, Sicherungspflicht),
- Umwelt (Umweltbelastung, Entsorgung),
- externe Einflüsse (Wetter),
- Gesundheit, Lebensmittelhygiene,
- Recht (Haftung, Strafgesetz, Privatrecht),
- Finanzielles Risiko (Ausfallrisiken, Marktrisiken).

Events sind risikobehaftet: no risk – no fun. Eventmanagement reduziert das Risiko nach dem Motto: mehr fun, weniger risk.

2.4.3.4 Weitere Bereiche

Neben dem Risikomanagement, sind auch Aspekte wie Umweltmanagement (Umweltschonung, Ökobilanz, Kennzahlen), Qualitätsmanagement (Verhinderung von Fehlern, Kundennutzen, Prozesse) und Sicherheitsmanagement (Unfall, Haftung) sowie spezielle Aspekte wie Lebensmittelhygiene, Versicherungspflicht und Finanzen zu beachten.

2.4.3.5 Verpflegung

Die Versorgung der Teilnehmer mit Speisen und Getränken ist bei Veranstaltungen ein wichtiges Erfolgskriterium. Egal, ob die Verantwortung für Küche und Keller bei eigenem Personal liegt oder komplett vergeben wird, der Veranstalter wird die Verantwortung tragen – im juristischen und finanziellen Sinne und vor allem auch in den Augen der Gäste. Eventcharakter bedeutet, auch dann die Verpflegung in die Veranstaltung einzubinden, wenn sie nicht Hauptpunkt ist. Verpflegung bedeutet bei einer Veranstaltung nicht nur, die Besucher satt zu bekommen: Die Kaffeepausen, Mahlzeiten und Imbisse sind immer eine Unterbrechung und gemeinsames Erlebnis, und das gemeinsame Essen und Trinken ist eine willkommene Gelegenheit und ein angenehmer Rahmen für die Kommunikation.

Bei der Planung des Verbrauchs beispielsweise an Getränken spielt neben der Anzahl der Teilnehmer vor allem der Verbrauch pro Teilnehmer eine wichtige Rolle, da er stark variieren kann. So ist der Verbrauch an Getränken stark abhängig von der Temperatur und den räumlichen Gegebenheiten. Alter, Jahreszeit, Situation, zielgruppenspezifische Trinkgewohnheiten und Umgebung beeinflussen das Trinkverhalten und den Getränkekonsum. Insbesondere der Alkoholverbrauch hängt von Temperatur („Bierwetter"), Alter und Stimmung der Teilnehmer und den gesellschaftlichen und gesetzlichen Rahmenbedingungen ab. Während bei manchen Events Dosenbier geradezu Kultcharakter haben mag, ist es auf einer Umweltschutzaktion, einer Veranstaltung für Jugendliche oder einem festlichen Empfang absolut fehl am Platz.

Besonders wichtig ist, für die Verpflegung der Aktiven zu sorgen, Beispiele dafür sind:

- ein kurzer Imbiss für Akteure,
- das Glas Wasser für Referenten,
- Versorgung der Helfer.

2.5 Eventenwicklung

Die Organisation eines Events ist eine wichtige und verantwortungsvolle Aufgabe. Sie kann aber nur zum Erfolg führen, wenn das Event selbst systematisch konzipiert wurde.

Die Konzeption eines Events von der Zielsetzung und Anforderungsanalyse bis zur Umsetzung und Abrechnung verläuft nach denselben Grundprinzipien des Entwicklungsmanagements wie jede Entwicklung von Dienstleistungen und Konzepten (Holzbaur, 2007). Die aus der Hard- und Softwareentwicklung übernommenen Prinzipien können hier angewandt werden.

Die Entwicklung eines Eventkonzepts geht aus von dem Nutzen, den man aus dem Event ziehen möchte und leitet die Anforderungen an das Event ab. Nun müssen die verschiedenen prinzipiellen Möglichkeiten zusammengestellt und kombiniert werden und eine Entscheidung für die Gestaltung des Events muss getroffen werden. Dabei muss sich das Event an den Eventzielen, der Unternehmensstrategie und den Rahmenbedingungen orientieren.

2.5.1 Entwicklungsprojekt

Entwicklung bedeutet immer ein Projekt mit einer kreativen Komponente und einem immateriellen Ergebnis. Der Projektfortschritt lässt sich daher weder exakt überwachen noch erzwingen.

Wichtig sind bereits hier eine Phaseneinteilung und eine Beachtung der frühen Phasen, in denen zunächst die Anforderungen (Requirements) und Systemkonzepte (Spezifikation) festgelegt werden.

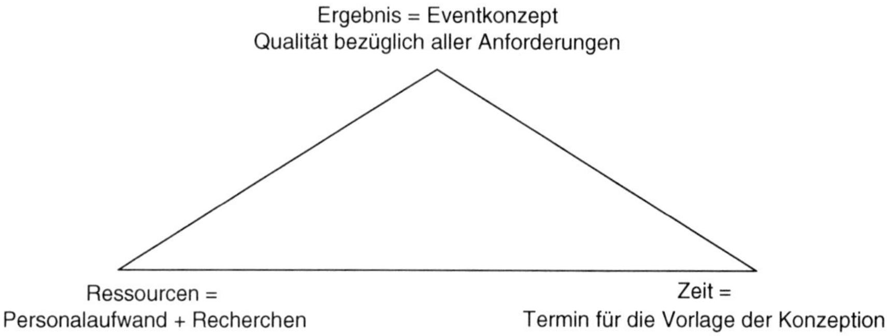

Abb. 2.10 Magisches Projektdreieck im Entwicklungsprojekt

Dabei werden im Entwicklungsprojekt die Weichen für die Zukunft gestellt, und das Projektergebnis hat eine starke Hebelwirkung auf die Gesamtkosten.

Tab. 2.10 Generelle Konsequenzen bei Projektabweichungen

	Ursache	Wirkung
R	Erhöhung der Kosten	Direkte Wirkung 1:1 Risiko des Projektabbruchs (intern)
T	Verlängerung der Dauer	Reduktion der Zeit für die Planung Gefahr eines Fehlschlags
Q	Projektziel nicht erreicht	Extrem hohe Gefahr eines Fehlschlags
	Unzulängliches Ergebnis	Beliebig hohe Folgekosten

Dies begründet die hohe Verantwortung und den hohen Aufmerksamkeitswert, den die Konzept-Entwicklung haben sollte. Leider wird häufig dieser Phase viel zu wenig Gewicht gegeben. Sie sollte selbst als Projekt geplant werden.

2.5.2 *Anforderungen*

Anforderungen an das Event kommen von verschiedenen Seiten. Interessierte Gruppen (Stakeholders) haben Anforderungen an das Event, Wünsche und Ängste, Einflussmöglichkeiten und Nutzen für das Event. Die Erfassung der Ziele von Stakeholdern ist wichtig, um aus potenziellen Gegnern möglichst Verbündete oder Unterstützer zu machen. Gerade bei einem Event, das vom Erleben lebt, können Misstöne im Umfeld oder Vorfeld verheerende Auswirkungen haben.

2.5.2.1 Organisatoren und Träger

Träger einer Veranstaltung ist entweder eine Organisation (Unternehmen, Verein, Behörde, …) bzw. eine Unterorganisation (Betrieb, Abteilung, Gruppe, …) oder eine Gruppe von Organisationen. Im zweiten Fall ist genau zu klären, wer welche Rolle hat. Auch die juristische Form und die Rechte und Pflichten in diesem Vorhaben sind zu klären. Die beteiligten Unternehmen bilden durch dieses „joint venture" meist automatisch eine GBR (Gesellschaft Bürgerlichen Rechts) für die Durchführung der Veranstaltung. In jeder Organisation gibt es verschieden Gruppen von Interessierten (Stakeholders):

- Alle Ebenen des Managements (über und unter der Ebene, des Trägers).
- Alle Mitarbeiter des Bereichs, der Verantwortung für das Event trägt.
- Alle Mitarbeiter im ausführenden Bereich, welche die Arbeit machen oder davon tangiert sind (z. B. dadurch dass sie die Arbeit der für das Event eingeplanten Mitarbeiter übernehmen).
- Alle Mitarbeiter im Marketing und sonstigen Bereichen, die sich (hoffentlich positive) Auswirkungen vom Event versprechen.

2.5.2.2 Sonstige Stakeholder

Weitere Anspruchsgruppen für das Event können sein:

- Bürger, Anlieger, Kommune und deren Vertreter, Nachbarn, Vereine,
- Interessengruppen, Berufsverbände,
- Firmen, Gastronomen, Hotellerie, Touristiker,
- Lieferanten, Firmenkunden,
- Eventbesucher, Agenturen,
- Presse.

2.5.3 Entwurf

Den Entwurfsprozess [Holzbaur, 2007] können wir in Phasen zusammenfassen:

- Zusammenstellen der einzelnen Möglichkeiten,
- Auswahl vernünftiger Kombinationen aus den Einzelmöglichkeiten,
- Auswahl (Filterung) der optimalen Kombination.

Die folgende Darstellung soll diesen Ablauf von Einzelelementen, Kombination und Auswahl verdeutlichen:

Diese Entwurfsschritte können auch mehrmals durchlaufen werden (hierarchische Planung), wenn zunächst ein Grobkonzept erstellt und dieses dann systematisch verfeinert wird.

Dabei gibt es zwei Möglichkeiten:

- Sukzessive Verfeinerung
- Komponentenweise Entscheidung.

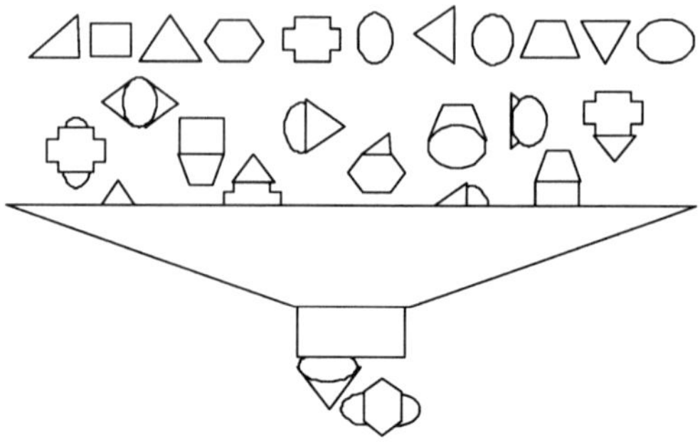

Abb. 2.11 Entwicklung als Prozess der Kombination und Auswahl

2.5.3.1 Sukzessive Verfeinerung

In diesem Fall werden die wichtigsten Aspekte simultan bestimmt aber mit zunehmender Genauigkeit. Die Aspekte oder Komponenten werden zunächst grob (Größenordnung, Art) und später exakter bestimmt. Dies hat den Vorteil, dass zum jeweiligen Entscheidungszeitpunkt die anderen Aspekte ebenfalls bestimmt sind.

Beispiele dafür sind:

- Die Teilnehmerzahl wird zunächst nach der Größenordnung (Faktor 10), dann bis auf einen Faktor 2 und zuletzt auf eine Genauigkeit von ±10 % festgelegt. Bei Einladungen kann auch auf wenige Prozent genau bzw. individuell exakt geplant werden.
- Zunächst wird entschieden, ob das Event für Kunden, Händler oder Mitarbeiter ist, später wird der Kreis der Kunden verfeinert.
- Der Termin wird zunächst grob terminiert (Jahreszeit, Quartal) und dann die Auswahl aus mehreren möglichen Terminen getroffen.
- Die Lokalität wird zunächst von der Art und Lage her grob bestimmt, dann verfeinert und aus den passenden Lokalitäten eine ausgewählt.

Die sukzessive Verfeinerung kann auch zu einem iterativen Verfahren nach Art der evolutionären Entwicklung führen.

2.5.3.2 Komponentenweise Entscheidung

Eine zweite Möglichkeit besteht darin, die einzelnen Aspekte jeweils nacheinander zu treffen. Dies geht schneller. Hier ist die Entscheidung über die Reihenfolge wichtig, da die zuerst getroffenen Entscheidungen die anderen beeinflussen oder sogar massiv einschränken.

Beispiele:

- Wird zunächst die Lokalität festgelegt, so ist die Teilnehmerzahl durch die Auslastung grob nach unten und durch die Kapazität hart nach oben begrenzt.

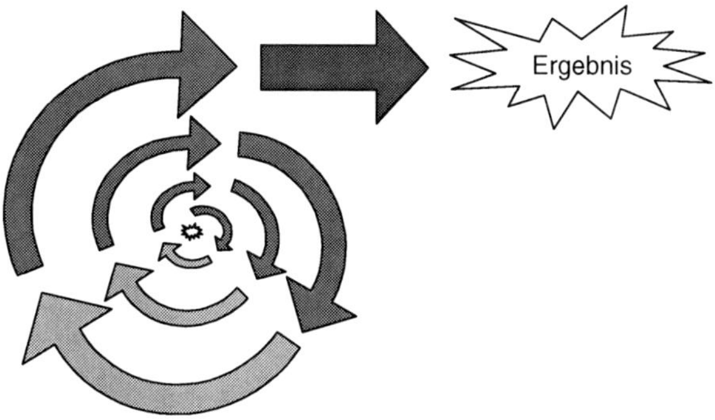

Abb. 2.12 Prinzip der evolutionären Entwicklung

- Wird zunächst die Teilnehmerzahl festgelegt, sind die möglichen Lokalitäten eingeschränkt.
- Durch die feste Auswahl des Termins fallen typischerweise einige der Lokalitäten, Aktivitäten, Auftretenden, Mitwirkenden, Ehrengäste und Transportmöglichkeiten weg.

2.5.3.3 Unabhängige Entscheidungen

Häufig werden im Projekt verschiedene Teams gebildet, die jeweils einen Aspekt bearbeiten. Hier ist die Gefahr der fehlenden Abstimmung sehr hoch. Der Verantwortliche hat dafür zu sorgen, dass die Entscheidungen abgestimmt sind und sich keine Widersprüche ergeben.

Die Synchronisation durch Meilensteine und gemeinsame Meetings kann hier helfen.

Wichtig ist, dass der Projektleiter den aktuellen Planungs- und Entscheidungsstand kennt und allen Beteiligten zugänglich macht. In einer Planung geht es nicht

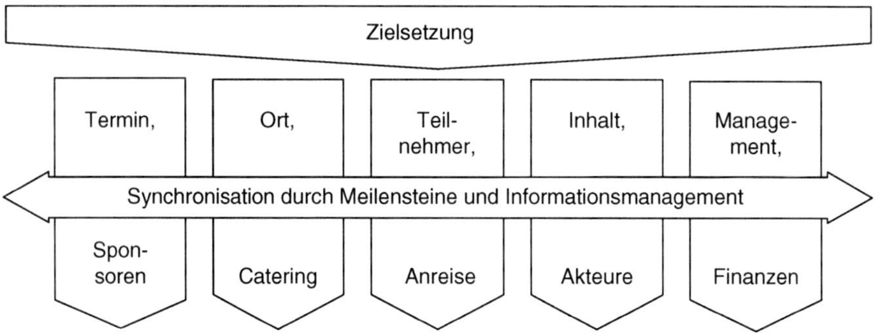

Abb. 2.13 Parallele Planung und Synchronisation

nur darum „wie sieht das Konzept gerade aus?“ sondern auch darum „wie fix ist das Konzept?“. Wie bei der Prognose z. B. der Zuschauerzahlen sollten auch hier für wichtige Größen Vertrauensbereiche angegeben werden (statt einer geplanten Teilnehmerzahl von „ca. 3.000“ kann man mit Aussagen wie „zwischen 1.000 und 6.000“ oder „zwischen 3.000 und 3.200“ viel mehr anfangen).

2.5.4 *Entscheidungen*

Die folgende Graphik fasst die wichtigsten Entscheidungen bei der Eventplanung zusammen.

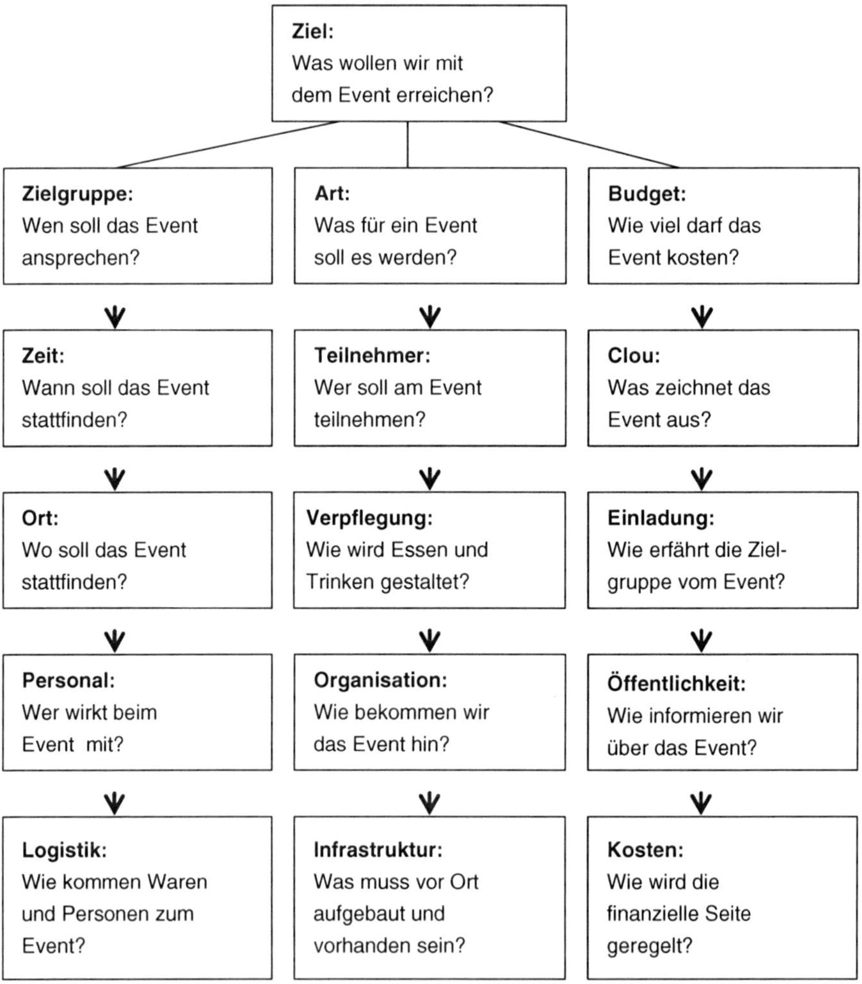

Abb. 2.14 Entscheidungen in der Eventplanung

2.6 Planung von Veranstaltungen

Die Planung und Vorbereitung eines Events ist ein typisches Projekt:

Ein Projekt ist (in Anlehnung an die Norm DIN 69901) ein Vorhaben, das im Wesentlichen durch die Einmaligkeit der Bedingungen in ihrer Gesamtheit gekennzeichnet ist, wie z. B.

- Zielvorgaben (Auftraggeber),
- zeitliche, personelle oder andere Begrenzungen,
- Abgrenzung gegen andere Vorhaben,
- projektspezifische Organisation (Team, Projektleiter).

Das magische Dreieck des Projektmanagements hat für Events ganz spezielle Ausprägungen und Randbedingungen.

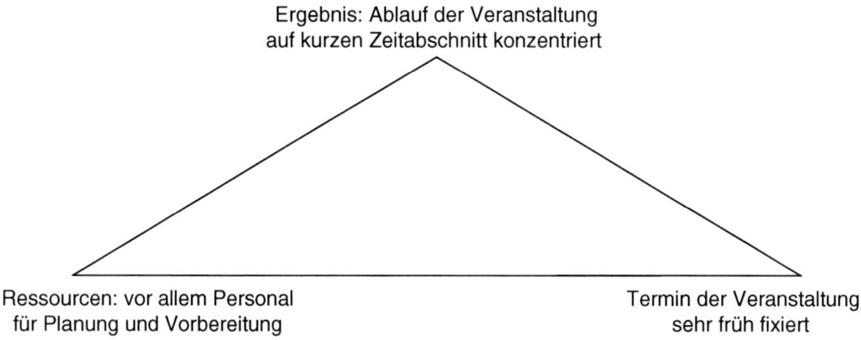

Abb. 2.15 Magisches Projektdreieck für Events

Die eigentliche Veranstaltung ist nur ein sehr kleiner Teil des Projekts. Der zeitliche Vorlauf ist um einen Faktor, der deutlich über 100 liegt, größer.

Tab. 2.11 Beispiele für Vorlaufzeiten und Nachbereitung

Veranstaltung	Dauer	Vorlauf	Nachlauf (neben Auflösung, Heimreise)
Olympiade	2 Wochen	9 Jahre (Stadt, Sportler): Aufbau, Qualifikation	Nutzung der Gebäude und Anlagen
Tagung	3 Tage	1 Jahr: Vorträge, Programm, Organisation	Tagungsband Projekte
Konzert, Spiel	2 h	1 Jahr: Üben, Training, Kartenverkauf	PR
Feier	1/2 Tag	1/2 Jahr: Koordination, Einladung	Danksagung
Versammlung, Sitzung	2 h	1 Monat: Tagesordnung, Tischvorlagen	Protokoll, Erledigung Umsetzung

Über die Vorlaufzeit sind natürlich die Aufwände und Aktivitäten nicht gleichmäßig verteilt. Planungsaktivitäten müssen rechtzeitig vor Beginn abgeschlossen sein. Überwachung und Steuerung setzt ein, die Nachbereitung ist rechtzeitig zu planen und zu initiieren.

Der nicht sichtbare Aufwand für Vor- und Nachbereitung und Infrastruktur ist also um Größenordnungen höher als der Aufwand während der Veranstaltung.

Abb. 2.16 Aufwände im Veranstaltungsmanagement

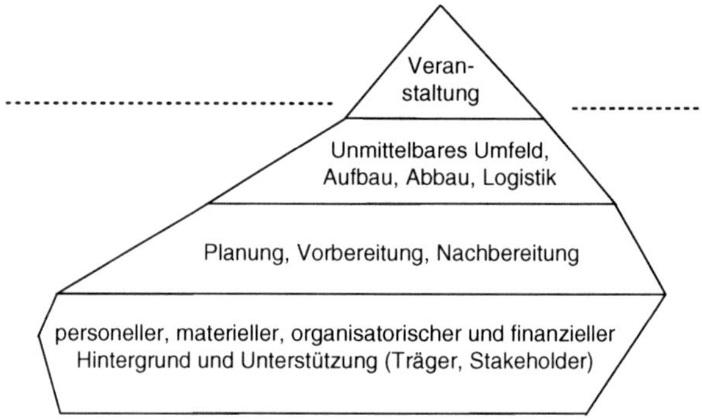

2.6.1 Planungsinhalte

Bei der Planung des Events geht es zunächst darum,

- ausgehend von der Zielsetzung: „wozu das ganze?"
- die Einzelziele festzulegen: „was soll rauskommen?"
- daraus werden die Aktivitäten geplant: „was soll wann wozu passieren?"
- daraus die Akteure und Aktivitäten abgeleitet: „wer macht wann was?"
- die nötige Vorbereitung ergibt sich aus der Fragestellung: „was ist dazu notwendig?"

2.6.2 Vorwärtsplanung

Wer schon mehrere Veranstaltungen geplant hat oder auf eine gute Planungsgrundlage zurückgreifen kann, wird eine Vorwärtsplanung am angenehmsten finden. Dazu werden die zu erledigenden Aufgaben in Form von Checklisten, Workflow oder Netzplan aufgeführt und in zeitlich-/logischer Reihenfolge abgearbeitet.

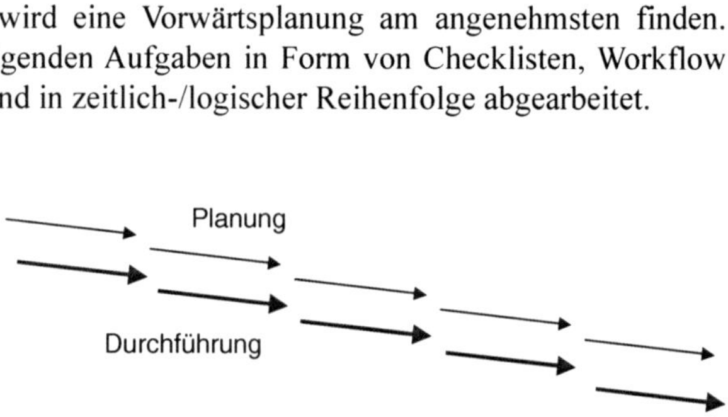

Abb. 2.17 Vorwärtsplanung

2.6.2.1 Workflow

Ein Workflow ist dadurch gekennzeichnet, dass der Abschluss einer Aktivität andere Aktivitäten initiiert, so dass ein Ablauf entsteht. Der Workflow eignet sich dort, wo ein Ablauf möglichst effizient durchgeführt werden soll.

2.6.2.2 Netzplan

Die Netzplantechnik dient dazu, Abläufe zu strukturieren und zeitlich zu planen. Dazu werden die einzelnen Vorgänge mit ihren Dauern und den wechselseitigen Abhängigkeiten festgelegt.

2.6.2.3 Checklisten

Von vorneherein sind Checklisten ein statisches Element, da sie Fakten abprüfen. Damit eignen sie sich als Prüfung zu bestimmten Zeitpunkten und Entscheidungszäsuren. Da die Abprüfung einer Frage auch die Bearbeitung einer anderen Checkliste oder einen Bearbeitungsprozess initiieren kann, lassen sich mit Checklisten auch Workflowkonzepte umsetzen. Im Workflow (Arbeitsfluss) werden die aufeinander folgenden Aktivitäten verknüpft.

2.6.3 Rückwärtsplanung

Bei neuen Aufgaben und zur Terminierung der Teilaufgaben ist eine Rückwärtsplanung unerlässlich. Dazu gehen wir vom Endergebnis aus. Dies ist nicht das Event selbst, sondern das mit dem Event zu erreichende Ziel.

Ausgehend davon gehen wir rückwärts und fragen: was ist zu tun, damit dieses Ziel erreicht wird. So werden Unterziele, Maßnahmen und Aktivitäten festgelegt.

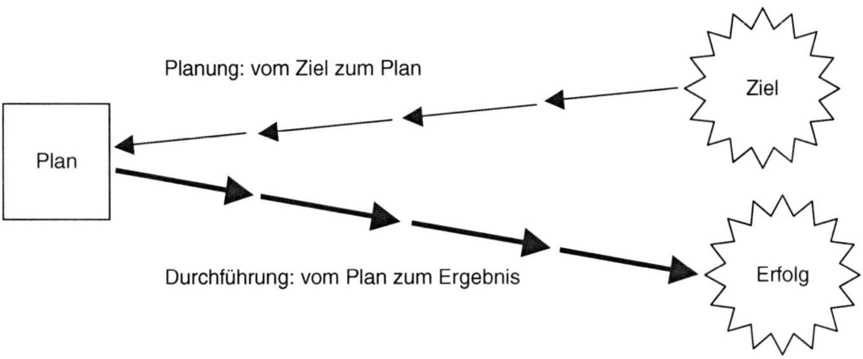

Abb. 2.18 Rückwärtsplanung

Automatisch werden nur solche Aktivitäten ergriffen, die das Erreichen des Ziels fördern (bzw. verhindern, dass das Ziel nicht erreicht wird).

Wie oben beschrieben, werden aus Zielen Sekundärziele und Maßnahmen abgeleitet. Dazu kann die Ziel-Maßnahmen-Matrix (House of Quality) verwendet werden.

Maßnahmen werden im Netzplan (siehe Projektmanagement) in Vorgänge mit Terminen und Meilensteinen umgesetzt.

2.6.4 Prozessmodell

Zum Verständnis des Planungsablaufs soll hier das Projektmodell kurz erläutert werde.

2.6.4.1 Planung

Der Ablauf im Projekt „Eventplanung" besteht aus geschachtelten Prozessen (Projekten). Die Bezeichnungen dieser Hierarchie könnten sein:

- Projekt (das gesamte Vorhaben um die Zielsetzungen zu erreichen. Summe aller Aufgaben die für das Event notwendig sind),
- Teilprojekt (eine Gruppe von Aufgaben, die als Projekt bearbeitet werden kann),
- Prozess (eine Menge von Tätigkeiten mit einem gemeinsamen Ablauf),
- Arbeitspaket (eine Menge von Aktivitäten, die von einer bestimmten Personengruppe bearbeitet werden kann),
- Teilaufgabe, Aktivität.

Zur Gliederung von Projekten siehe das entsprechende Kapitel.

2.6.4.2 Prozessmanagement mit Checklisten

Auf dem Prozessmanagement baut auch die Arbeit mit Checklisten auf:

- Die Checkliste repräsentiert einen Prozess.
- Der Process Owner („Inhaber" des Prozesses mit Verantwortung und Entscheidungsbefugnis) ist für den Abschluss verantwortlich.
- Einzelpunkte stoßen neue Prozesse an.
- Rückmeldung durch den Verantwortlichen für die Teilaufgabe (Process Owner des Teilprozesses) bei der Erreichung von Meilensteinen, bei Problemen und beim Abschluss.

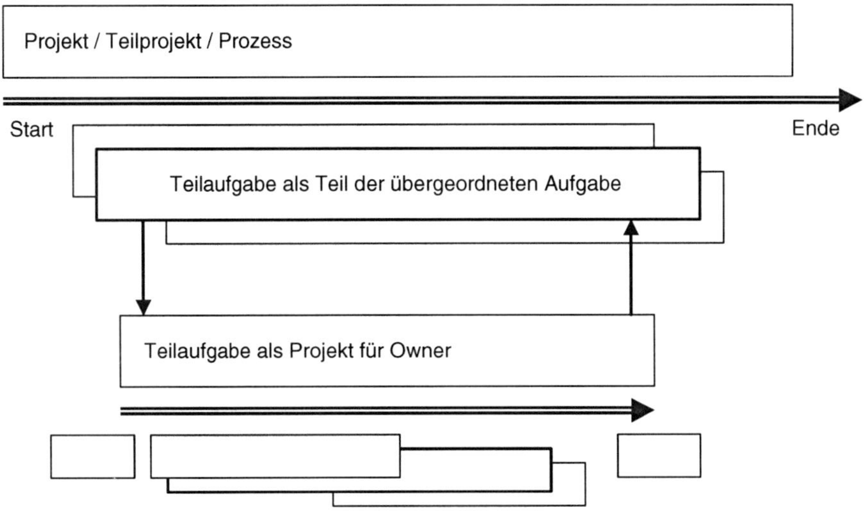

Abb. 2.19 Prozessmanagement und Aufgabenhierarchie

2.6.4.3 Projektmanagement mit Checklisten

Prozessorientierte Checklisten sind ein hilfreiches Werkzeug zur Überprüfung eines Schrittes und zur Vorbereitung einer Entscheidung. Die Checkliste repräsentiert dabei einen Prozess oder eine Aktivität.

Das Wichtige an einer Checkliste ist, dass sie zu einem gegebenen Zeitpunkt beziehungsweise in einem bestimmten Zeitintervall, in einer Phase eingesetzt werden. Die klassische Checkliste ist die für den Piloten eines Flugzeugs vor dem Start, zu einem wohldefinierten Zeitpunkt eine klare Entscheidung: starten oder nicht. Genau dort liegt der Mangel von üblichen Checklisten für Events: Sie dienen der Zusammenfassung und Retrospektive und sind wunderbar geeignet, nach Abschluss des Events zu sagen, woran man noch hätte denken müssen. Aber die Aufgabe einer Checkliste ist nicht, alles zu enthalten, woran man irgendwann denken muss, sondern zu einem gegebenen Zeitpunkt alle relevanten Punkte zusammenzustellen.

Das zweite Problem ist, dass der Planer üblicherweise nicht gesagt bekommt, was er wann zu tun hat, also auch wann er welche Checkliste abarbeitet, oder gar wie er seine Arbeit und sein Team organisiert. Dies wollen wir aber durch unsere prozessorientierten Checklisten erreichen. Dafür gehen unsere Checklisten nicht in die fachliche Tiefe (siehe das Beispiel Ketchup im Kapitel Projektmanagement).

Man kann eine Checkliste für allgemeines Eventmanagement gar nicht so detailliert machen, dass man auf alle Eventualitäten eingeht. Eine Checklistensammlung mit dieser Tiefe würde einige tausend Seiten umfassen und wäre deshalb sinnlos. Wir erwarten vom Leser, dass er diese Details seinen Verantwortlichen überlässt oder selbst fähig ist, solche Details zu planen. Dazu gibt es auch hinreichend viele eventspezifische Checklisten für die einzelnen Typen von Veranstaltungen.

Unabhängig davon ist es sicher bei Events wichtig, an die kritischen Erfolgsfaktoren zu denken. Wir haben diese soweit möglich in unsere Zusammenstellung aufgenommen, allerdings eher allgemeingültig als speziell. Wer detaillierte Checklisten für bestimmte Veranstaltungstypen sucht, sei z. B. auf die folgenden Werke verwiesen:

- für Messen: [Mehrmann/Plaetrich],
- für festliche und gesellschaftliche Anlässe: [Fircks],
- für Unternehmensveranstaltungen [Inden].

Kapitel 3
Strategie und Marketing

Dieses Kapitel beschreibt die strategischen Faktoren, mit denen eine Veranstaltung zum Erfolg geführt werden kann. Die operative Umsetzung der Veranstaltung ist Inhalt der Kap. 4 und 5.

Was bedeutet Strategie im Zusammenhang mit Veranstaltungen?

Die Strategie ist der alle Faktoren einbeziehende Plan des Vorgehens zum Erfolg, d. h. die Strategie legt „den Weg" zum Erfolg fest.

Die beschriebenen Erfolgsfaktoren sollen eine umfassende Aufstellung der für den Erfolg einer Veranstaltung in Frage kommenden Kriterien darstellen. Je nach Art und Umfang der Veranstaltung kommen unterschiedliche Faktoren in unterschiedlicher Gewichtung zum Tragen. Durch das Abarbeiten der zum jeweiligen Kapitel gehörenden Checklisten kann in der Regel gewährleistet werden, dass alle wesentlichen Faktoren berücksichtigt sind – auch, indem sich bei einigen Kriterien zeigt, dass diese für die individuelle Veranstaltung keine oder nur eine untergeordnete Rolle spielen.

Die Checklisten sollen als Sammlung von Ideen bei der kreativen Entwicklung der Veranstaltung helfen und unterstützen – nach dem Motto: „Was ist überhaupt alles möglich? Oder: Was kann man alles machen?"

Die Begriffe Veranstaltung und Event werden teilweise gleichbedeutend benutzt – jedoch soll Event eher für eine Veranstaltung stehen, die neben einem Grundnutzen einen Zusatznutzen, ein Erlebnis, etwas Außergewöhnliches bietet.

Eine Erfolgsstrategie ist für jede Art von Veranstaltung sinnvoll und notwendig. Auch eine „private" Jubiläumsfeier benötigt eine Strategie (die oft unbewusst festgelegt wird), um erfolgreich zu ein.

Zu unterscheiden ist zwischen dem Eventmarketing und dem Marketing eines Events bzw. einer Veranstaltung:

- Eventmarketing steht für die Einbindung von Events in die Gesamtkommunikation eines Unternehmens und/oder einer Marke.
- Das Marketing eines Events steht für alle Maßnahmen, die dazu dienen, den eigenen Event bzw. die eigene Veranstaltung zu vermarkten.

DOI 10.1007/978-3-642-12428-0_3,

3.1 Strategie und Ziel

Eine Veranstaltung ist dann erfolgreich, wenn sie ihre Ziele erreicht. Eine Erfolgsmessung kann nur dann erfolgen, wenn Ziele festgelegt sind. Ohne das Ziel zu kennen, lässt sich der Weg zum Ziel (d. h. die Strategie) nicht erarbeiten. Das Thema Strategie und Ziele.

Abb. 3.1 Strategie und Ziel

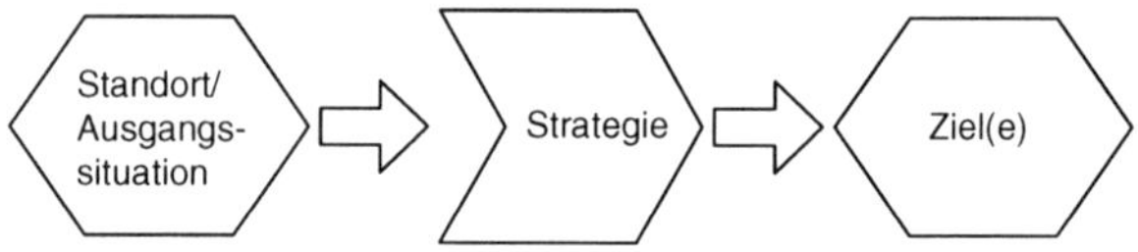

Viele Veranstaltungen scheitern letztlich daran, dass die Ziele nicht exakt definiert wurden:

- Für wen ist die Veranstaltung, d. h. wer ist die Zielgruppe?
- Welche Interessen hat diese Zielgruppe?
- Welche Botschaft soll bei der Vermarktung der Veranstaltung und während der Veranstaltung vermittelt werden? (Um welche Art von Event handelt es sich?)
- Was unterscheidet mich von anderen Events? Was ist einzigartig an meinem Event (Unique Selling Proposition, USP)?

Je nach Art der Veranstaltung ergeben sich unterschiedliche Ziele, die zu definieren bzw. zu erreichen sind (siehe die Checklisten zur Zielsetzung).

Ziele müssen messbar sein. Da es in der Praxis häufig schwierig ist, Ziele messbar zu machen, wird leider oft auf eine Zielsetzung verzichtet. Es ist hilfreich, eine Unterteilung in quantitative und qualitative Ziele vorzunehmen:

- quantitative Ziele: Anzahl Besucher, Umsatz, Gewinn,
- qualitative Ziele: Besucherzufriedenheit, Ambiente, Atmosphäre.

Quantitative Ziele wie die Besucheranzahl können leicht gezählt werden. Qualitative wie die Zufriedenheit mit Essen und Service können (z. B. aus der Anzahl der Reklamationen) abgeleitet werden, bei umfangreichen Veranstaltungen können Befragungen durch Interviewer Sinn machen. Eine Investition, die sich lohnen kann, wenn sich daraus ein Optimierungsbedarf für Folgeveranstaltungen ableiten lässt. Auch die Sponsoren wollen den Erfolg ihres Engagements messen.

3.1.1 Zielsetzung

Das Thema Ziele, das für ein Event essentiell ist, wurde im Abschnitt Events betrachtet, und wird auch ein wesentlicher Inhalt des Kapitels Erfolgskriterien sein. Hier geht es vor allem darum, Ziele so klar zu fassen, dass sie als Basis der Planung verwendet werden können.

Eine Quantifizierung ist durch eine einfache Liste möglich:

Tab. 3.1 Liste zur Erfassung der Ziele

Ziel	Wichtig für	Quantifiziert	Zielgröße

3.1.1.1 Strategische Ziele

Die Ziele eines Events müssen immer mit zur Strategie des Unternehmens passen. Dabei geht die Unternehmensstrategie vor der finanziellen Strategie:

- Die Konsistenz des Events mit den Strategischen Zielen des Unternehmens, der Selbstdarstellung des Unternehmens (CI) und mit den Kommunikationszielen des Unternehmens hat oberste Priorität.
- Das Strategische Ziel des Events muss klar herausgearbeitet werden.
- Als Strategische Ziele wird immer mehr die Unterstützung der Nachhaltigen Entwicklung (Corporate Social Responsibility) wichtig, so dass im Rahmen der Positionierung des Unternehmens auch Nachhaltigkeits- und Umweltaspekte sowie soziale Aspekte eine wichtige Rolle spielen.
- Finanzielle (monetäre) Ziele können aus den strategischen Zielen abgeleitet werden wenn die Gewinnerzielung Teil der Unternehmensstrategie ist. Wenn das Event anderen Zielen dient, ist die finanzielle Komponente eine Restriktion und damit ein derivatives Ziel. (Das Event wird ja nicht dazu veranstaltet, um ein Budget einzuhalten.)

3.1.1.2 Operative Ziele

Operative Ziele sind direkt an das Event gesetzte Ziele, sie sollten sich aus den strategischen Zielen ableiten und messbar sein.

Beispiele für Ziele (mit fiktiven Zahlen, wichtig ist eine Quantifizierung) können sein:

- Bei einem Event für eine lokale Marke:
  - Die Marke wurde in der Region bekannt gemacht und mit positiven Begriffen (Innovation, Genuss, Tradition, Umwelt) belegt.
  - Presse, Funk und Fernsehen haben täglich über das Event berichtet.
  - 2.000 Gäste haben das Event an einem der drei Tage besucht.
  - 1.000 Neukunden wurden gewonnen, im folgenden Jahr hat der Umsatz um 10 % zugenommen.
  - Der Kostenrahmen von 50.000 € wurde eingehalten.
- Bei einem durch eine Marke gesponsorten Konzert:
  - Die Marke wurde erlebbar gemacht, die Besucher haben mit der Marke positive Eindrücke und ein positives Image verknüpft.

  - 10.000 neue Stammkunden wurden für die Marke gewonnen davon sind 1.000 Multiplikatoren mit einer nachhaltigen Ausstrahlung.
  - 100 VIPs kamen mit den Sponsoren in Kontakt, die Sponsormittel für die nächste Tournee sind gesichert.
  - Ein Warenumsatz von 1 Mio. € und ein Verkauf von 10.000 CDs.
  - Der Kostenrahmen von max. 1 Mio. € wurde eingehalten.

- Bei einer wissenschaftlichen Tagung:

  - 200 Wissenschaftler haben drei Tage lang intensiv Gedanken ausgetauscht. Aus der Diskussion sind 10 Projekte entstanden.
  - Die Ausrichtung der Tagung hat sich für die veranstaltende Gesellschaft finanziell gelohnt, außerdem wurden 50 neue Mitglieder gewonnen.
  - Bei der Tagung wurde beispielhaft Umweltschutz betrieben. Das Müllaufkommen war halb so groß wie bei ähnlichen Tagungen.
  - Die regionale Presse hat ausführlich und kompetent berichtet.

- Bei der Sitzung eines Agenda-Parlaments:

  - Die Sitzung hat den Fortgang des Agenda-Prozesses gesichert und unterstützt.
  - Die anstehenden Entscheidungen wurden im Konsens sowie formal und rechtlich korrekt getroffen.
  - Es haben 200 Teilnehmer teilgenommen, Multiplikatoren waren anwesend und haben sich konstruktiv eingebracht.
  - Die Presse hat positiv über die Sitzung berichtet.
  - Die Teilnehmer konnten ihre Meinung einbringen, ein Informationsaustausch fand statt.
  - Die Teilnehmer haben die Sitzung als positiv empfunden und sind für die weitere Arbeit motiviert.
  - 20 neue Beteiligte am Agenda-Prozess konnten gewonnen werden.
  - Die Umweltbelastung durch die Veranstaltung wurde minimal gehalten.
  - Die Kosten hielten sich im vorgegebenen Rahmen.

3.1.2 Ziele und Gewinn

Die Definition des Erfolgskriteriums beinhaltet auch die monetären Aspekte: Geld spielt eine wichtige Rolle. Dabei geht es nicht nur um die Überprüfung des Kassenbestandes, sondern auch um die Bestimmung des Gewinns und finanzieller Kennzahlen.

3.1.2.1 Finanzielle Ziele

Da ökonomische Ziele, speziell die monetären Ziele, neben den Faktoren der Zielerreichung (Anzahl Teilnehmer, Anzahl Eintritte/Besuche, Umfang der Berichterstattung) die häufigsten und am besten bestimmbaren Ziele sind, soll auf das

Thema ökonomische Ziele hier weiter eingegangen werden. Im Folgenden sollen zunächst die Grundbegriffe der BWL stichwortartig zusammengefasst werden. Für eine ausführlichere Darstellung siehe die umfangreiche Literatur zur Betriebswirtschaftslehre.

Die Geschäftsbuchführung betrachtet nur die monetären Zahlungsströme. Damit wird weder der Personaleinsatz, noch der Verbrauch von vorhandenen Waren berücksichtigt. Da dies nicht ausreicht muss bei einer Veranstaltung der Verbrauch immer monetär erfasst werden (Stellen Sie sich ein Fest vor, bei dem die Entnahme aus Keller und Fass nicht berücksichtigt wird).

Grundbegriffe der Geschäftsbuchführung, die vor allem die monetären Zahlungsströme betrifft, sind:

- Zahlungsmittel = liquide Mittel = Kassenbestand + Bankguthaben
- Einzahlung bzw. Auszahlung = Änderung des Zahlungsmittelbestandes
- Geldvermögen = Zahlungsmittel + Forderungen − Verbindlichkeiten
- Einnahmen bzw. Ausgaben: Änderungen des Geldvermögens
- Nettovermögen = Geldvermögen + Sachvermögen
- Ertrag bzw. Aufwand: Änderungen des Nettovermögens
- Ertrag = Betriebliche Erträge (=Leistungen) + Neutrale Erträge
- Aufwand = Betriebsaufwand (=Grundkosten) + Neutraler Aufwand
- Erfolg = Ertrag − Aufwand = Änderung des Nettovermögens
- Gewinn = Ertrag − Aufwand (wenn positiv, sonst Verlust = − Erfolg)

Dem gegenüber geht die Kosten- und Leistungsrechnung weiter, und berücksichtigt auch den Verbrauch von Werten, beispielsweise von Ressourcen. Grundbegriffe der Kosten- und Leistungsrechnung sind:

- Leistung = Wertzuwachs bei der Erstellung von Betriebsleitungen = Betriebliche Erträge = Erlös + Lagerleistung + Aktivierte Eigenleitung
- Kosten = Wertverbrauch bei der Erstellung von Betriebsleitungen = Grundkosten (Betriebsaufwand) + Zusatzkosten (z. B. Unternehmerlohn, kalkulatorische Abschreibung und Miete, Eigenkapitalzinsen)
- Erlös = Absatzleitung = Geldwert der abgesetzten Leitungen
- Betriebsergebnis = Leistung − Kosten
- kalkulatorischer Gewinn = Erlös − Kosten (wenn positiv)

Bei einer Veranstaltung muss gegenüber Finanzamt und Geldgebern (Kostenverantwortliche) der finanzielle Erfolg abgerechnet werden. Um zu wissen, was eine Veranstaltung „wirklich“ kostet und ob sich die Veranstaltung „wirklich“ gelohnt hat, sind umfangreichere Modelle notwendig.

3.1.2.2 Beispiel

Das folgende Beispiel soll die verschiedenen Stufen der betriebswirtschaftlichen Betrachtung verdeutlichen, es kann natürlich keine Einführung in die BWL oder Prozesskostenrechnung ersetzen.

Am Tag der offenen Tür der Firma Müller wird eine Sekt-Bar betrieben. Diese bietet Gelegenheit zum Treffen und ist auch für die Anwohner durchaus ein Anlass, abends noch vorbeizuschauen. Der Sekt wird durch die Firma eingekauft. Der Zentraleinkauf hat einen Preis von 4 € pro Flasche erreicht, das 100-ml-Glas wird für 1 € verkauft.
Von den 400 eingekauften Flaschen sind am Schluss noch 80 volle Flaschen da. In der Kasse waren zu Beginn 600 € Wechselgeld, am Ende des Tags der offenen Tür sind 820 € in der Kasse, außerdem wurden zwischendurch 2.000 € zur Bank gebracht. Den rechnerisch möglichen 2.240 Gläsern (320 Flaschen mit 0,7 L Inhalt) steht nun eine Einnahme von 2.220 € gegenüber. Ohne weitere Information ist nicht festzustellen, woher der Schwund kommt (Ausschankverlust, Eigenentnahme, Fehler beim Kassieren). Würde die Ausgabe gegen Bons geschehen, könnte man leicht überprüfen, ob 2.220 Gläser verkauft wurden.
In einer einfachen Einnahme-Ausgabe-Rechnung stehen den eingenommenen 2.220 € Ausgaben von 1.280 € gegenüber, bei dieser naiven Betrachtungsweise wäre ein Gewinn von 940 € zu verzeichnen.
Die Vollkostenrechnung arbeitet mit Zuschlagssätzen. Der Einkauf macht beispielsweise für die Beschaffung des Sekts einen Kostenaufschlag von 25 % geltend. Die Gläsermiete von 1 € pro Glas (300 Gläser) muss ebenfalls übernommen werden. Damit erhalten wir einen Aufwand von 620 €. Dabei ist der Aufwand für die Mitarbeiter, den Raum und die Reinigung sowie die Anteile an der Werbung für das Event noch nicht berücksichtigt. Diese Aufwände in Form eines allgemeinen Zuschlagssatzes (Gemeinkostensatz) würden aus dem verbliebenen Gewinn von 320 € einen Verlust machen.
Im Rahmen der Teilkostenrechnung würde der Rohertrag, berechnet als Differenz zwischen Verkaufspreis und Wareneinsatz (Sekt und Gläser), 620 € betragen. Vermindert um die direkt zuordenbaren Kosten für das Personal an der Bar (10 h, 2 Personen, Stundensatz von 15 € ergibt 300 €) würde ein Deckungsbeitrag in Höhe von 320 € Verfügung stehen, um die dem Sektverkauf nicht direkt zurechenbaren Kosten mit zu tragen.
Im Rahmen der Prozesskostenrechnung könnte man z. B. den Aufwand pro Beschaffungsvorgang oder Transportvorgang erfassen, um diese dem Sektverkauf verursachergerecht zuzuweisen.
Ob und in welchem Umfang solche Kosten kalkulatorisch zugerechnet werden müssen, erfordert eine differenzierte Betrachtung. Wenn der Sektverkauf der Gewinnfaktor des Events war, muss er Werbung und Raum mittragen, wenn er andererseits das Event unterstützt, muss die Kalkulation ganz anders aussehen.

Die richtige und genaue Zuordnung von Kosten ist im Allgemeinen nicht ganz so einfach, diese Kostenzuordnung ist Thema der Betriebswirtschaftslehre. Für ein

Event ist aber die Gesamtbetrachtung des finanziellen und wirtschaftlichen Erfolgs wichtig. Einen Anhaltspunkt dazu gibt die nachfolgende Zusammenstellung.

3.1.2.3 Kosten

Um den monetären Erfolg zu planen und zu bewerten, müssen nicht nur die veranstaltungsrelevanten Einnahmen (inkl. Sponsoring) und Ausgaben (inkl. Gebühren und Versicherungen), sondern auch zusätzliche Effekte wie Steuern und Zuschüsse berücksichtigt werden.

Die folgende Tabelle gibt einen Anhalt für eine Kostenschätzung.

Tab. 3.2 Kostenübersicht für Planung und Nachbereitung

Kosten	Sachmittel und Personalkosten (extern)	Personal (intern)
Organisation		
Einladung, PR		
Reisekosten		
Distribution, Karten, Verkauf		
Logistik		
Infrastruktur, Ver-/Entsorgung		
Verpflegung		
Raum		
Akteure		
Event		
Gebühren, Versicherung		
Steuern		
Summe Kosten		

Tab. 3.3 Ertragsübersicht für Planung und Nachbereitung

Einnahmen/Erlöse	Finanzmittel	Personal
Eintritt		
Sponsoren		
Spenden, freiwillige Mitarbeit		
Subvention/Fördermittel		
Budget, Träger (Maximum)		
Summe Einnahmen		
Reserve (sollte min. 10 % sein)		

Die Beträge sollten entweder in fixe und variable unterteilt oder in Szenarien mit zwei (Minimum-Maximum) oder drei (Min-erwartet-Max) Werten zusammengestellt werden. Dabei sollte für Min und Max ein – im vernünftigen Rahmen – minimaler bzw. maximaler Wert geschätzt werden. Diese Extremwerte ergeben sich aus optimistischen bzw. pessimistischen Szenarien. Als erwarteter Wert kann der plausibelste Wert (maximale Wahrscheinlichkeit), der Mittelwert (Erwartungswert) oder der Median (Wert, der mit jeweils 50 % Wahrscheinlichkeit unter- bzw. überschritten wird) genommen werden. Bei der bei Events vorliegenden Unsicherheit fallen solche Feinheiten nur bei einer genauen Schätzung ins Gewicht. Wichtig ist, eine realistische Schätzung den optimistischen und pessimistischen Werten gegenüberzustellen.

3.2 Eventkonzept

Die Evententwicklung führt von der Vision zu einer Konzeption. Die anschließende Implementierung setzt diese Konzeption in ein Event um.

Die Ausgangsituationen bei Überlegungen zur Planung eines Events können völlig unterschiedlich sein. Sofern das Event konzeptionell bereits steht, also klar ist, um welche Art von Event es sich in etwa handelt, kann direkt mit einem Markenkonzept begonnen werden. Dies ist beispielsweise der Fall, wenn ein Event bereits in ähnlicher Form durchgeführt wurde.

Bei einer anderen Ausgangsituation kann durch eine vorhandene Ziel- oder Aufgabenstellung ein Event als Ergebnis der Planung und als abgeleitete Maßnahme zur Zielerreichung entstehen. Beispielsweise können folgende Ziele vorliegen: Emotionalisierung einer Marke, Erhöhung der Kundenbindung, Erhöhung der Mitarbeiteridentifikation, Vorstellung eines neuen Produktes etc. Bei der Planung einer Veranstaltung kann das Eventkonzept – alternativ oder ergänzend zur klassischen Kommunikation – als Mittel zur Zielerreichung eingesetzt werden.

Eine weitere denkbare Aufgabenstellung könnte sein, dass aus kommerziellen Gründen ein noch nie (in der Region) da gewesenes Event kreiert werden soll. In diesem Fall können folgende Überlegungen zum Ziel führen:

- Welche Trends entstehen gerade im Ausland (USA als Trendsetter) oder sind dort bereits etabliert?
- Welche Marktlücken gibt es?
- Welche Innovationen könnten erfolgreich sein?
- Welche bestehenden Events können weiter entwickelt werden?
- Welche ungedeckten Bedürfnisse haben Konsumenten?

Voraussetzung für eine Neuentwicklung sind sicherlich eine Portion Mut, Kreativität und auch das (finanzielle) Durchhaltevermögen über eine längere Zeit, da evtl. erst bei der zweiten oder dritten Wiederholung Geld verdient wird. Gerade der Charakter eines Event liegt sehr nahe am Konzept der Innovation. Es muss aber nicht immer das berühmte (völlig) neue Rad sein. Eine regionale „Innovation" kann auch ein Konzept sein, das durch eigene Erlebnisse bei der Urlaubsreise in einem fernen Land entstand und dann auf dem einheimischen Markt adaptiert wurde.

Das aus den unterschiedlichen Aufgabenstellungen entstehende Eventkonzept enthält typischerweise folgende erste grobe Strukturen:

- Überschrift bzw. Thema: Um welche Art von Event handelt es sich?
- Was ist Vision, Ziel, Zweck, Botschaft, Mission?
- Inhalt des Events, grobe Beschreibung: Was passiert auf dem Event?
- Angaben zu Programm, Ablauf und Zielgruppe: Wie passiert es?
- Ort: Wo soll das Event stattfinden?
- Zeit, Dauer: Wann findet es statt? Wie lange dauert es?
- Umfang: Welche Größe, welches Budget, welche Anzahl Besucher?

Je nach Umfang des Events erfolgen anschließend Detailfestlegungen und im nächsten Schritt Überlegungen zum Markenkonzept bzw. USP.

3.3 Markenkonzept

Wichtig für den Erfolg eines Events ist, aus der Veranstaltung eine Marke, ein unverwechselbares positives Ereignis zu machen und diese Marke richtig zu positionieren.

3.3.1 Marke Event

Zur Zieldefinition gehört die Bestimmung der Veranstaltung, d. h. die Festlegung von Art und Namen. Ein Kriterium für den Erfolg einer Veranstaltung ist, wenn sie bzw. ihr Name zu einer Marke wird. Je nach Umfang und Zielsetzung der Veranstaltung kann und muss es daher ein Ziel sein, eine Veranstaltung zum Event und zu einer Marke zu machen.

Dazu ein kurzer Exkurs: Welche Kriterien kennzeichnen eine Marke bzw. ein Markenprodukt?

- Markenname, Logo,
- Image, CI (Corporate Identity),
- Inhalte und Botschaft bzw. Positionierung,
- Bekanntheit,
- Verfügbarkeit,
- Absenderzuordnung (Hersteller, Veranstalter, Anbieter),
- Qualität, Berechenbarkeit, Vorhersagbarkeit,
- Preis-Leistungsverhältnis,
- Zusatznutzen,
- USP (siehe den folgenden Abschnitt).

Sinnvollerweise bedeutet der Name auch Inhalt: Ein „Landesturnfest" beschreibt den Inhalt der Veranstaltung. Eine Love Parade weniger, wurde jedoch durch Inhalt, Botschaft und Bekanntheit zur Marke. Die Expo 2.000 in Hannover hatte sicherlich eine sehr hohe Bekanntheit bei den Menschen in Deutschland. Jedoch war vielen potentiellen Besuchern der Inhalt nicht klar (Was kann ich auf der Expo sehen? Was erwartet mich?).

Welche Art von Veranstaltung soll zum Event werden? Ein 60ster Geburtstag, ein Open Air Festival, eine Messe? Aus der Art oder Kategorie lassen sich die nun folgenden Erfolgsfaktoren ableiten.

Ein elementarer Baustein der „Marke" Veranstaltung ist – neben einem einprägsamen Namen – ein möglichst unverwechselbares visuelles Erscheinungsbild (innerhalb der Kommunikation und vor Ort), die visuelle Komponente der so genannten Corporate Identity kurz CI genannt. Dazu sind einheitliche Gestaltungen des Logos, des Veranstaltungsnamens sowie evtl. eines Slogans notwendig. Festgelegt werden die Formen, die Farben (auch Hintergrundfarben), Schriftarten sowie die Kombination daraus. Die Spielregeln zum Einsatz der CI werden bei Markenartikeln in so genannten Brand Manuals festgelegt. Es empfehlen sich klare, verständliche und einprägsame Gestaltungen. Diese sind in der Regel einfacher und kostengünstiger zu reproduzieren.

3.3.2 USP

Die Veranstaltung muss vermarktet werden. Dazu ist die Festlegung eines USP sinnvoll. Gerade bei Veranstaltungen, die zur Marke werden sollen, ist die Definition eines USP notwendig.

Der USP, Unique Selling Proposition, kann wörtlich mit „einmaligem Verkaufsargument" übersetzt werden. Einfach ausgedrückt geht es darum, zu überlegen, was das Einzigartige an dieser Veranstaltung ist. Was ist neu, was ist anders, was ist besser an meiner Veranstaltung gegenüber der gleichen Veranstaltung in der Nachbarstadt? Warum sollen die Leute zu mir kommen? Bier und Bratwurst bieten viele Veranstaltungen.

Eine Veranstaltung verfolgt in der Regel zunächst das Ziel, einen gewissen Grundnutzen zu befriedigen: Die Besucher satt zu machen, sie zu informieren, ihnen etwas zu verkaufen oder sie zu unterhalten z. B. durch ein musikalisches Programm.

Das gewisse Etwas entsteht durch das Ziel, einen Zusatznutzen anzubieten. Dies kann durch einen besonderen Service oder eine Inszenierung beim Essen erreicht werden, oder durch eine Weltneuheit beim Programm. Der besondere Service ist auf die Zielgruppe zugeschnitten. So sind beispielsweise Familien dankbar für eine Kinderbetreuung oder ein Kinderprogramm, das den Eltern erlaubt, für eine gewisse Zeit in Ruhe den Inhalt der Veranstaltung zu erleben. In diesem Zusammenhang kann der Begriff „Kinder entsorgen" (leicht provokativ) den Kern treffen. Kinderbetreuung macht nur dann Sinn, wenn die Umsetzung professionell erfolgt d. h. verlässlich ist. Haben die Eltern „Sorge", dass die Betreuung nicht gut ist, dann ist das Ergebnis kontraproduktiv. Vor allem dem Sicherheitsaspekt muss eine hohe Bedeutung zukommen, um Unfälle im Rahmen der Kinderbetreuung zu verhindern. Die Grenzen zwischen „Standard-Service" und USP sind fließend. Eine Kinderbetreuung anzubieten, kann normaler Service der Veranstaltung sein, den ich sowieso anbieten muss (siehe das Thema Kinder beim Abschnitt Zielgruppen). Die Kinderbetreuung kann zum USP werden, wenn das Ziel erreicht wird, dass die Kinder die Eltern dazu drängen erneut die Veranstaltung zu besuchen, weil sie eine bleibende, sehr positive Erinnerung an die entsprechende Vorjahresveranstaltung haben. Der USP kann dann lauten: Die Veranstaltung ist „die kinderfreundlichste der Stadt".

Wird ein Verkäufer nach den Gründen gefragt, warum gerade sein Produkt das Richtige ist, kommen oft Nennungen, die den Grundnutzen des Produktes beschreiben.

Dafür ein Beispiel: Was ist der Inhalt und Programm eines Jugend-Fußballturniers? „Es wird Fußball gespielt." Diese Aussage lockt noch niemanden unbedingt zum Turnier. „Es gibt etwas zu Essen und zu Trinken." Auch dieser Inhalt gehört eher zum Standardprogramm. Tritt jedoch bei diesem Turnier exklusiv und zum ersten Mal in Deutschland ein bekannter Fußballstar auf und spielt er in oder gegen eine Jugendmannschaft des Ortsvereins, dann wird es für viele Besucher (und Teilnehmer) einmalig. Dann kann das Event einzigartig werden.

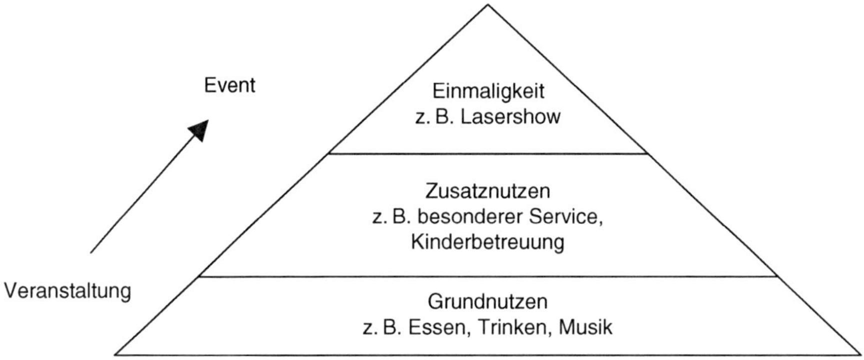

Abb. 3.2 Grund- und Zusatznutzen

Der USP muss jedoch nicht zwangsläufig mit einer Einmaligkeit festgelegt werden. Es kann durchaus Veranstaltungen geben, die in erster Linie von den angebotenen Speisen und Getränken leben. Aber auch dann kann ein USP definiert werden. Ein Ziel kann es sein, den Besucher den schnellsten und freundlichsten Service beim Bedienen anzubieten. Es ist (leider) heute eher die Ausnahme, dass in der Gastronomie ein ansprechender Service erfolgt. Auf der anderen Seite können hier wirklich Zeichen gesetzt werden. Viele Besucher werden einfach mehr konsumieren, wenn eine aufmerksame Bedienung feststellt, dass die Gläser leer sind. Diese Besucher werden sich mit hoher Wahrscheinlichkeit bei einer Wiederholung der Veranstaltung an den besonderen Service erinnern. Ein anderes Ziel kann es sein, das beste Preis-Leistungsverhältnis zu bieten. Zum einen können die Speisen von höchster Qualität zu einem bezahlbaren Preis angeboten werden, zum anderen können besonders große Portionen angeboten werden nach dem Motte: „Hier gibt es die größten Portionen Pommes Frites in der Stadt".

3.3.3 Zielgruppe

Wen will das Event erreichen? Je breiter die Zielgruppe, desto schwerer lassen sich Inhalt und Ziele festlegen.

Die Zielgruppe lässt sich durch eine Reihe von Kriterien beschreiben wie Alter, Geschlecht, Einkommen, Bildung, Zugehörigkeit zu Interessengruppen und Branchen, Einkaufsverhalten, Lebensstil, familiäre Situation (Familien). Die Angehörigen der jeweiligen Zielgruppen haben in der Regel ähnliche Interessen und Bedürfnisse. So ist die Bestimmung einer Strategie zur Befriedigung der Bedürfnisse möglich. Die Preisgestaltung der Veranstaltung (Höhe Eintritt, Preise für Speisen und Getränke) leitet sich ebenfalls von der Zielgruppe ab. Bei einer sehr breiten oder inhomogenen Zielgruppe besteht die Möglichkeit, die Veranstaltung in unterschiedliche Bereiche zu segmentieren – räumlich oder zeitlich: Nachmittags Familienprogramm – abends Jugendprogramm. So lässt sich die zu erstellende Infrastruktur länger nutzen und damit die Kosten besser aufteilen. Die Beschreibung der Zielgruppe lässt sich mit Hilfe einer Matrix anschaulich gestalten:

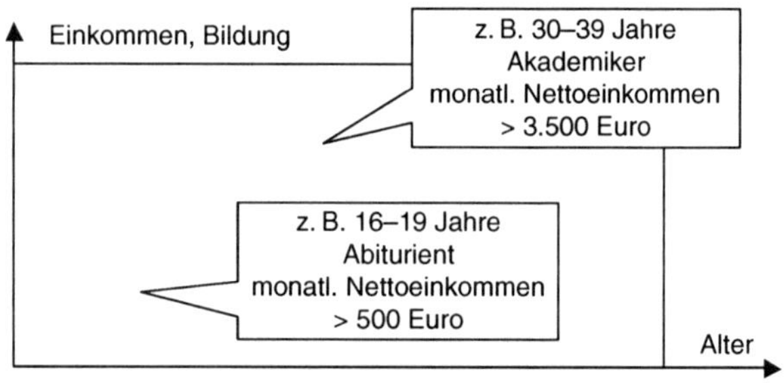

Abb. 3.3 Portfolio zur Beschreibung der Zielgruppe

Hinzu kommen weitere Dimensionen. So kann beispielsweise der Wohnort zu einer geographischen Differenzierung der Kommunikationsmaßnahmen genutzt werden. Bei Zielgruppen mit besonderen Einstellungen, z. B. einer ökologischen Orientierung, müssen entsprechende Maßnahmen folgen, beispielsweise durch die Möglichkeiten der umweltbewussten Anreise (Buszubringer, bewachter Fahrradparkplatz) oder durch die Verwendung von Mehrwegbechern und -geschirr.

3.3.4 Spezielle Zielgruppenkriterien

Beim Event ist es wichtig zu beachten, dass die Zielgruppe niemals homogen ist. Durchschnitte und Mediane sind nicht aussagekräftig (nicht jeder Besucher ist 25 Jahre alt, 1,72 groß, 76 kg schwer, sportlich und Biertrinker). Neben dem „Normalverbraucher“ mit der zu betrachtenden breiten Schwankung, gibt es aber noch spezielle zu beachtende Gruppen:

- Prominente und Besserzahlende (VIP),
- Kinder und Familien,
- Behinderte.

Außerdem sollten bei der Betrachtung der Zielgruppe auch die Konsumgewohnheiten und Restriktionen berücksichtigt werden, z. B. das Angebot an Alkohol und Nahrungsmitteln (Allergiker, Vegetarier).

3.3.4.1 Getränke

Generell spielt das Thema Alkohol bei Veranstaltungen eine wichtige Rolle.

Werden zeitlich und preislich attraktive alternative Lösungen für die Frage „Wer fährt nach Hause?" angeboten, kann durchaus mit einem höheren Getränkekonsum gerechnet werden. Die Besucher bleiben ggf. länger und sind „besserer Stimmung". Jedoch sollte ein übermäßiger Alkoholkonsum verhindert werden, da er zu negativen Verhaltensweisen führen kann.

Für die Besucher, die keinen Alkohol trinken wollen oder noch Auto fahren müssen, ist ein Angebot an alkoholfreien Getränken notwendig. Bei der Veranstaltung muss ein alkoholfreies Getränk angeboten werden, das preislich unter den Getränken mit Alkohol liegt. Das Angebot „Alkoholfrei billiger" sollte dabei nicht nur formal erfüllt sein (0,2 L Mineralwasser kostet 1,50 € und 0,2 L Bier 1,60 € aber 0,5 L Bier 3,00 €) sondern es sollte wirklich für Jugendliche und Fahrer eine echte Alternative vorhanden sein.

3.3.4.2 Speisen

Nicht nur Alkohol, sondern auch bestimmte Nahrungsmittel können von Besuchern aus gesundheitlichen, religiös-ethisch-moralischen oder einfach aus Gründen des Geschmacks abgelehnt werden.

Ein Essen, das für Vegetarier geeignet ist, sollte ebenso angeboten werden wie ein alkoholfreies Getränk. Personen, die bestimmte Nahrungsmittelallergien haben, wissen dies und achten darauf. Generell sollte die Auszeichnung und Darbietung von Nahrungsmitteln so sein, dass für Besucher und Veranstalter keine unliebsamen Überraschungen entstehen.

3.3.4.3 Kinder und Familien

Eine wichtige Zielgruppe im Zusammenhang mit Serviceangeboten sind Eltern mit Kindern und auch Kinder alleine spielen als Zielgruppe ein wichtige Rolle.

Kinder als Zielgruppe sind:

- Zukunftsorientiert: Werte und Verhalten werden geprägt.
- Multiplikatorenorientiert: Sie beeinflussen im starken Maße ihre Peers.
- Elternorientiert: Sie beeinflussen das Verhalten der Eltern.
- Finanzorientiert: Viele verfügen über viel frei verfügbares Geld.

Kinder und ihre Eltern sind aber keine einheitliche (homogene) sondern eine extrem inhomogene Zielgruppe. Man muss differenzieren bezüglich:

- Alter und Geschlecht,
- Einkommensverhältnissen/Konsumorientierung,
- Werteorientierung, Life Styles, Erziehung,
- Persönlicher und familiärer Lebenssituation.

Bei der Zielgruppe Kleinkinder und Eltern kann in vielen Bereichen Zufriedenheit und Eventcharakter generiert werden über eine entsprechende Kinderbetreuung (z. B. durch Jongleure oder Zauberer), über Angebote wie Malstifte, kleine Geschenke, Wickelraum, Kindertoiletten, Kinderstühle, Nichtraucherzone oder rauchfreie Veranstaltungen, Kindergeschirr aber auch durch ein kindgerechtes Angebot an Speisen und Getränken hinsichtlich Art und Preis.

Idealerweise stellt der Zusatznutzen „Kinderbetreuung" eine Einmaligkeit, etwas Neues, ein Erlebnis dar. Dann wird die Veranstaltung zum Event.

Dabei kann die Kinderbetreuung sowohl für die Kinder (Erlebnischarakter) als auch für die Eltern (ungestörter und sorgenfreier Besuch der Veranstaltung) ein wichtiger Aspekt des Events sein. Der Inhalt (Didaktik) einer Kinderbetreuung muss in Zusammenarbeit mit „Fachleuten" erarbeitet werden. Das Abspielen eines Videos, bedeutet noch keine Betreuung im eigentlichen Sinne. Zu beachten sind natürlich die möglichen Unterschiede zwischen den Interessen der Kinder und der Eltern:

Abb. 3.4 Portfolio für Kinderbetreuung

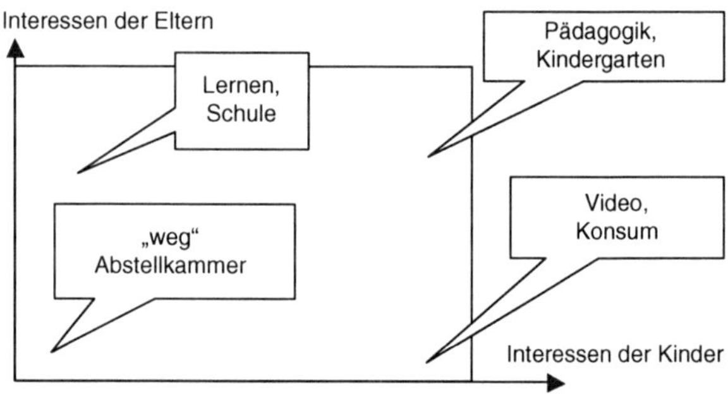

Die Preisgestaltung für Familien muss besonders durchdacht sein: Welchen Eintritt (wenn überhaupt) sollen Kinder bezahlen? Gibt es Familientickets?

Für ältere Kinder, Jugendliche und Heranwachsende gelten wieder andere Kriterien und Schwerpunkte, die Begleitung durch Gleichaltrige oder Aufsichtspersonen verändert die Situation wesentlich gegenüber der Betreuung durch Eltern oder Erziehungsberechtigte.

3.3.4.4 Barrierefreiheit

Eine barrierefreie Gestaltung des Events ist immer anzustreben. Dabei geht es nicht nur um Rollstuhlfahrer, sondern um die verschiedenen Arten von Einschränkungen, denen Menschen unterworfen sein können.

Zu berücksichtigen sind bei der Programm- und Infrastrukturgestaltung im besonderen Maße die Belange von Mobilitäts-Behinderten. Dabei sind auch die Belange von Senioren oder Eltern mit Kindern zu berücksichtigen.

Folgende Punkte müssen sichergestellt sein:

- Zugänge: Eingänge, die für Behinderte passierbar sind. Alle Durchgänge für Rollstühle passierbar. Aufzüge zur Überbrückung von Treppen
- Toiletten: Behindertengerechte Toiletten mit Zugangsmöglichkeit
- Behindertengerechte Parkplätze
- Sitzplätze: Plätze und Zugänge zu den Plätzen in entsprechender Breite
- Rollstuhlfahrer-Bühnen

Daneben müssen auch Seh- und Hörbehinderte, Lernbehinderte oder Analphabeten berücksichtigt werden. Dies spielt nicht nur bei Ankündigungen oder der Signalisierung von Wegen, Notfallplänen oder Alarmsituationen eine Rolle.

Fehler bei dieser Planung können neben einer Belastung für die Behinderten unter den Besuchern auch negative Auswirkungen auf das Gesamterlebnis und eine negative Berichterstattung in den Medien nach sich ziehen. Eine Hilfe kann beispielsweise der ADAC-Wegweiser Barrierefreier Tourismus geben.

Neben diesen notwendigen Aspekten ist bei der Eventgestaltung darauf zu achten, dass auch für Personen mit Einschränkungen in Mobilität, Gesundheit oder Wahrnehmung das Event als ganzheitliches Erlebnis wahrnehmbar ist. Im Sinne des Eventmanagements muss das Erlebnis aus Sicht jedes Besuchers passen – ein bloßes „der/die kann ja auch mit“ genügt nicht dem Anspruch eines professionellen erfolgreichen Events.

3.3.4.5 Prominente und Besserzahlende (VIP)

In zunehmendem Umfang etablieren sich so genannte VIP-Bereiche auf Veranstaltungen. Damit sind hier nicht die Bereiche für die „Stars“ gemeint, sondern Bereiche für Besucher, die für mehr Geld mehr Leistung haben wollen oder eine Veranstaltung durch ihre Teilnahme attraktiver machen.

Als VIP kommen in Frage:

- Sponsoren, Mäzene, Förderer,
- Veranstalter, Kostenträger, Hausherr, Schirmherr,
- Prominente (Kunst, Wirtschaft, Bildung), Multiplikatoren,
- Politiker, Behördenvertreter, Gremienmitglieder,
- Presse,
- Personen, die selbst oder über die eigene Organisation ein VIP-Ticket zu erworben haben,
- Personen, für die ihre eigene Organisation (z. B. als incentive) oder ein Dritter (z. B. als Geschenk) ein VIP-Ticket erworben hat,
- und deren jeweilige Angehörige.

So können bei Musikkonzerten besondere Sitzbereiche mit einem sehr guten Blick auf die Bühne installiert werden. Diese Überlegungen können auch in wirtschaftlicher Hinsicht sehr lukrativ für den Veranstalter sein. Zu beachten sind gewisse Spielregeln im Zusammenhang mit den „normalen“ Besuchern, d. h. die Abgrenzung der beiden Bereiche. So dürfen die normalen Besucher nicht durch die Einrichtung von

VIP-Bereichen benachteiligt werden (z. B. im Hinblick auf Sichtbehinderungen zur Bühne). Manche VIPs wollen als solche von den „normalen" Besuchern gesehen werden, sich jedoch nicht wie in einem Käfig fühlen. Sinnvoll ist die Einrichtung von getrennten Bereichen (inkl. An- und Abreise), die sich zumindest physisch nicht überschneiden. Inwieweit eine Mischung der hier gemeinten VIPs mit den „Personen des öffentlichen Lebens" d. h. den „eigentlichen" Stars gewünscht ist, muss von Fall zu Fall entschieden werden. Die Entscheidung hängt auch von der Anzahl der jeweiligen Gäste ab sowie von den Ansprüchen der Stargäste. Hier muss vorab mit diesen Personenkreisen geklärt werden, ob eine Mischung geduldet oder gewünscht wird.

3.4 Marketing für das Event

Auf der Basis einer Zieldefinition, einer Festlegung von Art und Namen des Events wird aus der Veranstaltung ein Produkt (und hoffentlich eine Marke). Für dieses Produkt lassen sich nun die Marketinginstrumente ableiten.

Was bedeutet Marketing in Zusammenhang mit Events?

Marketing umfasst alle Maßnahmen, um Bedürfnisse von möglichen Kunden im Markt zu erkennen und alle Instrumente, um die Bedürfnisse zu befriedigen. Einfach gesagt bringt Marketing das richtige, das gewünschte Produkt Event zum Kunden. Dazu dienen die Instrumente des Marketingmix:

- Produktpolitik (z. B. Programm, Service),
- Preispolitik (z. B. Eintrittspreis, Preise für Speisen, Getränke),
- Distributionspolitik (z. B. Ticketing, Logistik der Besucher),
- Kommunikationspolitik (z. B. Einladungen, Plakate).

Der klassische Marketing-Mix mit den vier Komponenten Produktgestaltung („product", im Dienstleistungsbereich erweitert um den Bereich Personen, „people"), Kontrahierung („price", Preisgestaltung, Konditionen, Verträge), Distribution („place", Absatzwege und Verkaufskanäle) und Kommunikation („promotion", Werbung, Information und Image) wird mit dem fünften p für „prediction" und die Vorhersageinstrumente der Marktanalyse ergänzt.

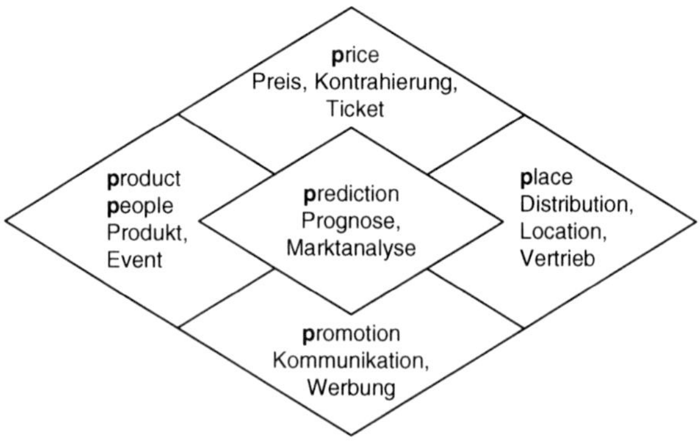

Abb. 3.5 Marketing-Mix

Eine Veranstaltung ist letztlich eine Dienstleistung. Der Marketingmix von Dienstleistungen unterscheidet sich vom Mix für Investitions- oder Konsumgüter. Marketing für Dienstleistungen – im besonderen für Veranstaltungen – bedeutet, dass ein immaterielles nicht „lagerfähiges" Produkt, das in den unterschiedlichsten denkbaren Ausführungen existiert, erklärt und beworben werden muss. Ein Produkt wie Waschpulver schränkt die Interpretationen beim Verbraucher bereits ein. Ein Produkt Veranstaltung bietet eine sehr viel breitere Interpretation der Produktinhalte bzw. Produktmerkmale. Der Marketingmix von Veranstaltungen muss darauf ausgelegt sein, sich von Konkurrenzveranstaltungen abzuheben und eine Differenzierung über Qualität, Service und Zusatznutzen zu erreichen. Ein derartiger Marketingmix wird – häufig unbewusst – bereits bei kleinen Veranstaltungen erarbeitet. Ein Beispiel:

Das „Produkt" ist ein 30ster Geburtstag, als Abendveranstaltung unter dem Motto „Urlaub in Italien", mit italienischem DJ, original italienischem Buffet und Wein im italienisch dekorierten Vereinsheim. Der „Preis" ist in diesem Fall mit „kostenlos" festgelegt. (Jedoch werden Geschenke oder mitgebrachte Getränke gerne angenommen). Die „Kommunikation" erfolgt durch die selbst gestalteten Einladungskarten, die auf italienisch abgefasst sind. Die „Distribution" erfolgt durch die Einladungen, die dann auch als „Eintrittskarten" dienen und persönlich überreicht werden. Die Anreise zur Veranstaltung erfolgt individuell zu Fuß, mit dem Auto oder öffentlichen Verkehrsmitteln. Für die Rückfahrt wird ein Taxi organisiert.

Das „an den Kunden bringen", d. h. die Vermarktung von größeren Veranstaltungen an sich, wird zunehmend komplexer. Waren in der Vergangenheit je nach Veranstaltung Plakate mit Programmhinweisen ausreichend, müssen heute neue Instrumente eingebunden werden, um das Produkt „Veranstaltung" positiv an den Kunden zu bringen. Wichtige Bausteine in der Vermarktung sind die Zusammenarbeit mit Medienpartnern und Sponsoren sowie Pressearbeit und Öffentlichkeitsarbeit.

Neben der Festlegung von Zielen, Zielgruppen und USP sind folgende Schritte im Marketingprozess zu durchlaufen:

- Analyse der Marktchancen: Wie ist die Marktsituation, welche Wettbewerber gibt es? Darauf aufbauend:
- Festlegung des Marketingmix über:
  - Produkt: Inhalt der Veranstaltung, Gastronomie, Programm, Grundnutzen, Zusatznutzen
  - Preis: Eintrittspreise, Preise für Speisen und Getränke, Konditionen, Rabatte
  - Distribution: Leistungsort, Kartenverkauf bzw. -vorverkauf, An- und Abreise der Besucher
  - Kommunikation: Werbung, Verkaufsförderung, Öffentlichkeitsarbeit
  - Sponsoring
- Festlegung und Organisation der Strategie und Umsetzung
- Kalkulation von Ertrag und Aufwand
- Steuerung und Kontrolle

Die nachfolgenden Abschnitte durchlaufen diese Schritte.

3.4.1 Analyse der Marktchancen

Diese Analyse ist in der Regel für größere, kommerzielle Veranstaltungen notwendig (siehe Checkliste). Aber auch bei „nicht kommerziellen“ Veranstaltungen wie z. B. den von Gemeinden und Städten initiierten Veranstaltungen ist eine umfassende Analyse ratsam. Viele Beispiele zeigen leider, dass Veranstaltungen am Bedarf vorbei geplant werden. Innerhalb einer umfassenden Betrachtung der Marktchancen sind folgende Punkte zu untersuchen:

- Gibt es eine Nachfrage nach meiner Veranstaltung? Dies lässt sich z. B. durch einen Vergleich mit ähnlichen Veranstaltungen in einer anderen Region feststellen. Regional muss man prüfen, welche Veranstaltungen bereits in ähnlicher Form existieren und welche noch fehlen.
- Gibt es die Zielgruppe, die definiert wurde hinsichtlich Anzahl, Alter, Bildung, Einkommen etc.? Statistische Daten lassen sich über die Städte und Kommunen bzw. über deren Homepages abrufen. Ticketvermarkter können ebenfalls mit Marktdaten helfen.
- Gibt es gleichartige Veranstaltungen, welche die Nachfrage bereits befriedigen? Welche Konkurrenzveranstaltungen gibt es am geplanten Termin? Hier müssen auch TV-Übertragungen von Fußballspielen oder Formel 1 Rennen berücksichtigt werden.
- Gibt es geeignete Veranstaltungsorte? Wie ist die Infrastruktur am Veranstaltungsort? Welches Einzugsgebiet und Besucherpotential hat der Ort?

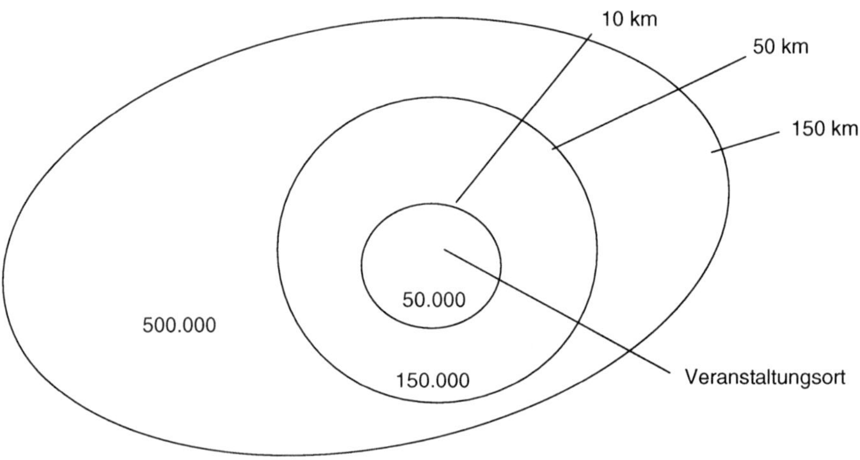

Abb. 3.6 Einzugsgebiet und Besucherpotential

Dabei ist auch zu beachten, dass die wirklichen Einzugsgebiete von Events durchaus nicht kreisförmig sind. Konkurrenzveranstaltungen, politische Grenzen, Verbreitungsgebiete von Massenmedien und vorhandene Transportinfrastruktur (Bahn, ÖPNV, Schnellstraßen) können zu einer deutlichen Verzerrung führen. Dies ist zu berücksichtigen, damit Potentiale realistisch abgeschätzt und Kommunikationsmaßnahmen gezielt eingesetzt werden können.

Die Zeit und Mühe, die bei einer vernünftigen Analyse der Chancen notwendig sind, sind in der Regel Investitionen, die sich auszahlen – teilweise auch dazu führen können, die Veranstaltung in der geplanten Art nicht durchzuführen. Erst nach einem „grünen Licht" durch die Marktanalyse sollte die in den nächsten Schritten folgende Festlegung der Strategie angegangen werden.

3.4.2 Produktpolitik

Hier geht es darum, das Produkt inhaltlich zu definieren, d. h. mit Leben zu füllen. Die im Abschnitt Markenkonzept über Inhalt, Zielgruppe und USP besprochenen Grundlagen müssen natürlich beachtet werden.

Grundsätzlich ist eine Unterscheidung bei Veranstaltungen sinnvoll nach:

- Programm (Musik, Show, Sport etc. inkl. Veranstaltungsort),
- Catering (Essen, Trinken),
- Service und Rahmen,
- Infrastruktur (Parkplätze, Garderobe, Sitzplätze etc.),
- „Specials" (Lasershow etc.).

3.4.2.1 Programm

Das Programm der Veranstaltung wird von den Zielen, der Zielgruppe und den Budgets bestimmt. Die Bandbreite der Möglichkeiten und die daraus resultierenden Kosten sind nahezu unbegrenzt. Die Gewichtung des Programms und der Programmpunkte hängt mit der Art der Veranstaltung zusammen. Bei einer Musikveranstaltung werden dem Programmpunkt Musik sicherlich mehr Bedeutung und mehr Kosten zukommen als bei einem Fußballturnier. Die Musik kann „vom Band" oder „Live" sein. Ein DJ kann 250 oder – sofern er ein Star ist – auch 10.000 € kosten. Eine Live-Band kann 2.500 bis 20.000 € oder bei internationalen Stars auch 100.000 € und (deutlich) mehr kosten. Dazu müssen oft Reisekosten (z. B. Flug) sowie Übernachtungen übernommen werden. Je bekannter der Künstler, desto höher die Nebenkosten, z. B. für 1. Klasse Flug oder fünf Sterne Hotel. Die Bands erhalten in der Regel einen Teil der Gage (bis zu 80 %) bereits vor dem Auftritt.

Die Buchung der Künstler kann über Künstleragenturen, die sich z. B. in den Gelben Seiten oder im Internet finden lassen, bzw. das Management der Künstler selbst erfolgen. Im Bereich Musik ist es relativ einfach, an die entsprechenden Agenturen zu kommen.

Beispiele für nationale Agenturen sind die DEAG Deutsche Entertainment AG, Berlin (www.deag.de), sowie die mit der CTS Eventim AG verflochtenen Agenturen Marek Lieberberg, Frankfurt (www.mlk.com), Peter Rieger, Köln (www.prknet.de) und Semmel Concerts, Bayreuth (www.semmel.de). Discjockeys werden ebenfalls über Agenturen wie z. B. Low Spirit Recordings, Berlin (www.low-spirit.de), Cocoon Music Event, Frankfurt (www.cocoon.net) oder Mister Beat, Kerpen (www.misterbeat.com) vermittelt. Allerdings können die großen Stars nicht ohne weiteres verpflichtet werden. Wird eine Veranstaltung erstmalig durchgeführt bzw. ist der Veranstalter für die Agenturen bislang unbekannt, so müssen schon sehr gute Konzepte vorliegen bzw. eine entsprechende finanzielle Absicherung der Veranstaltung (bzw. der Künstlergage) gewährleistet sein.

Im Bereich Sport ist es schwieriger, an die entsprechenden Stars oder Athleten zu kommen. Diese können beispielsweise durch die Agentur PerformancePlus, München (www.performanceplus.de) gebucht werden. Mannschaften bzw. Sportvereine werden häufig über eine Agentur vermarktet (z. B. im Fußball die Firma Ufa Sports, Hamburg).

Das Buchen von Künstlern muss mit dem entsprechenden Vorlauf erfolgen. In der Regel sollten 8–12 Monate dafür eingeplant werden.

3.4.2.2 Rahmen

Der Rahmen, in dem das Programm stattfindet, spielt eine teilweise ebenso wichtige Rolle wie das Programm selbst. Hier kann der Vergleich mit einem PC dienen: Das Programm der Veranstaltung ist die Software. Das so genannte Venue, d. h. der Ort der Veranstaltung, ist die Hardware.

Der Rahmen (insbesondere der Ort) kann in verschiedene Bereiche unterteilt werden, wie z. B.:

- Parkplätze,
- Zugangswege und Außenbereich,
- Eingang und Foyer,
- Garderobe,
- Sitzplätze,
- Gastronomiebereich(e),
- Bühne(n).

Reizvoll können mehrere Bühnen oder auch Gastronomiebereiche mit unterschiedlichen Themen sein (italienische, amerikanische Küche etc.).

Innerhalb der Vermarktung kommt dem Veranstaltungsort ebenfalls eine wichtige Bedeutung zu. Bekanntheitsgrad und Ruf von Ort und Rahmen können den Erfolg des Events beeinflussen:

- Ist der Ort (Stadt/Gemeinde) bekannt? Welches Image hat der Ort?
- Ist die Halle/Platz bekannt? Welchen Ruf hat die Halle?
- Passt der Rahmen (Gemeinde, Ort, Platz, Halle) zu Art, Ziel und angestrebtem Image der Veranstaltung?

Der Rahmen ist wiederum ein wichtiger Kostenfaktor. Eine Halle kann 500 bis 50.000 € kosten. Je nach Art des Venues (Open-Air-Gelände, Halle, Zelt) müssen ergänzende dekorative Elemente den entsprechenden Rahmen schaffen.

3.4.2.3 Programmkosten

Hier eine beispielhafte Übersicht der im Zusammenhang mit einem Musikprogramm anfallenden Kosten (siehe auch die Checklisten):

- Gage für Künstler, Band etc. zzgl. Reise- und Übernachtungskosten,
- GEMA (www.gema.de), d. h. Gebühren für musikalische Darbietungen in der Öffentlichkeit (Die Gebühr wird von der GEMA berechnet, dabei gehen unter anderem Eintrittshöhe, Dauer und Größe ein.),
- Kosten für die Umsetzung der Bühnenanweisung (in dieser werden die Forderungen der Band definiert hinsichtlich Bühne, Technik aber auch Sonderwünsche bei der Verpflegung und Unterbringung etc.),
- Hallenmiete,
- Licht und Tontechnik (PA),
- Personalkosten (Auf- und Abbaupersonal so genannte Stagehands, Security/ Ordner, Kassenpersonal, Supervisor d. h. Koordinator zwischen Künstler und Veranstalter, Personal für Band-Catering),
- Catering für Künstler/Band,
- Bühne (in Clubs und kleineren Hallen teilweise bereits aufgebaut bzw. in Hallenmiete inbegriffen, bei größeren Hallen je nach Anforderung mit zusätzlichen Kosten verbunden),
- sonstige Nebenkosten wie z. B. Reinigung, Haustechniker, Gabelstapler, Bestuhlung, Umkleideräume, Küchen, Absperrgitter,
- bei Open Air Konzerten teilweise extrem hohe Kosten für die Bereitstellung der Infrastruktur (Zäune, Bodenbefestigung etc.). Die Kosten können je nach Gelände (Asphalt, Wiese) und Größe zwischen 10.000 € und – bei großen Open Airs – 0,5 bis 1 Mio. € liegen,
- Kosten für die Vermarktung (Eventmarketing),
- Kosten für Versicherungen. Unbedingt erforderlich ist die Veranstalterhaftpflicht. In dieser Versicherung werden u. a. Personenschäden der Besucher abgedeckt. Zu kalkulieren sind ja nach Art der Veranstaltung ca. 10 Cent pro Besucher.

In Tabellenform lassen sich beispielhaft die Zusammenhänge zwischen Größe der Veranstaltung und Programmkosten am Beispiel eines Musikkonzertes darstellen. Wobei zu unterscheiden ist nach Profi Band und einer Unterhaltungsband, die beispielsweise Cover-Songs spielt.

Es handelt sich hier nur um Richtwerte, die bei individuellen Veranstaltungen entsprechend variieren können. Kosten für das Besuchercatering bzw. für zusätzliche Serviceangebote sowie für die Vermarktung sind nicht enthalten.

Tab. 3.4 Kostenfaktoren für Events verschiedener Größenordnung

Kosten in €	Bei ca. 1.000 Besuchern ca.	Bei ca. 10.000 Besuchern ca.
Gage Live Band („Profi")	5.000–10.000	50.000–150.000
Gage Live Band („Cover-Band")	1.500–5.000	10.000–15.000
Gage DJ	250–5.000	Bis 10.000
Reisekosten für Künstler (Profi)	500–2.500	5.000–40.000
Band-Catering	250–1.000	1.000–4.000
GEMA	250–500	2.000–4.000
Hallenmiete	500–1.000	10.000–50.000
Licht, PA	1.000–2.000	5.000–15.000
Bühne	–	1.000–2.000
Bestuhlung, Strom etc.	–	1.000–4.000
Versicherung	100	1000–1500
Personalkosten (€/Stunde):		
a) Stagehands (7,5–15€/Stunde)	4–8 × 15 Std.	15–60 × 18 Std.
b) Ordner (10–15€/Stunde)	8–12 × 10 Std.	0–60 × 10 Std.
c) Kassierer (10–20€/Stunde)	2–4 × 4 Std.	6–10 × 4 Std.
Gesamt ca.	1.500–4.000	4.000–25.000
Sonstiges	–	–
Gesamt	4.000–20.000	25.000–300.000

3.4.2.4 Catering

Neben dem Programm kommt dem Catering, d. h. der Versorgung der Besucher mit Speisen und Getränken eine hohe Bedeutung zu. Teilweise ist das Catering auch das Programm an sich, wenn es um die Darbietung von kulinarischen Genüssen geht.

Bei Veranstaltungen, bei denen die Besucher nur eine kurze Zeit anwesend sind oder stehen bzw. umhergehen, liegt der Schwerpunkt des Catering bei den Getränken. Je nach Dauer der Veranstaltung können bei einer Dauer von einigen Stunden durchschnittlich 1 bis 2 Getränke pro Kopf abgesetzt werden. Bei Ganztagesveranstaltungen oder Mehrtagesveranstaltungen nimmt die Bedeutung der Speisen und damit der entsprechende Umsatz zu. Je nach Art und (Preis-) Niveau der Veranstaltung kann das Speisenangebot von der Bratwurst bis hin zu Hummer reichen. Auf diese Anforderungen haben sich unterschiedliche Caterer spezialisiert.

3.4.2.5 Service

Dem Bereich Service rund um die Veranstaltung muss eine ganz besondere Aufmerksamkeit gewidmet werden. Dazu das Beispiel An- und Abreise:

Eine reibungslose und angenehme Organisation kann entscheidend zum Erfolg und zur Kundenzufriedenheit beitragen. Insbesondere die Zusammenarbeit mit öffentlichen Verkehrsmitteln bei Großveranstaltungen muss in Betracht gezogen werden. Wird Eintritt verlangt, so können Kombitickets die kostenlose Benutzung von Bussen und Bahnen beinhalten. Für die Gespräche mit den entsprechenden Anbietern müssen natürlich Angaben zur Anzahl der potentiellen Fahrgäste und zum Timing gemacht werden. Die Abrechnung erfolgt häufig in Form einer Pauschale je Ticket (z. B. 1/2 bis 2 € pro Ticket), da teilweise nicht festgehalten werden kann, wie viele Besucher tatsächlich die Infrastruktur in Anspruch genommen haben.

Zum Service kann auch entsprechendes Sicherheitspersonal (Security) gehören, das dafür sorgt, dass sich die Besucher „sicher" fühlen. Die Qualifikation und der Auftritt dieses Personals müssen zum Rahmen passen. Vor einem hochwertigen VIP-Bereich machen Securitymitarbeiter in schwarzen Anzügen sicherlich mehr her als Türsteher in dicken Nylonjacken. Die Bekleidung lassen sich die entsprechenden Firmen mit einem Anzugzuschlag bezahlen.

Programm und vor allem Service müssen auf die zeitliche Verteilung der „Besucherströme" ausgerichtet sein (Zeitverhalten siehe Grundlagen). Kommen alle Besucher nahezu zeitgleich, müssen Engpässe wie z. B. die Garderobe danach ausgerichtet sein. Daher sind sowohl der Gesamtdurchlauf in der Zeit von Anfang bis Ende (z. B. für die Kalkulation der Anzahl Essen) wie auch die Spitzen (z. B. für die Anzahl der Sitzplätze) zu durchleuchten.

3.4.2.6 Risiken

Im Rahmen der Produktplanung müssen Fragen zu Risiko und Versicherung betrachtet werden, auf die wir im folgenden Kapitel noch eingehen werden. Notwendig ist sicherlich in vielen Fällen eine Haftpflichtversicherung für die Besucher (Kosten: ca. 0,15 bis 0,20 €/Besucher). Sinnvoll kann eine Mietsachschadenversicherung sein, die die gemietete Halle inkl. Bestuhlung etc. versichert. Möglich sind Verdienstausfallversicherungen, wenn z. B. zu wenig Besucher kommen oder „Schlechtwetter-Versicherungen", die bei Open-Air-Konzerten Sinn machen können. Die letztgenannten Versicherungen sind jedoch sehr teuer.

Open-Air-Veranstaltungen sind generell als Risiko mit vielen Unbekannten zu betrachten. Bei einer Sportveranstaltung in einem dafür konzipierten Stadion sind die Risiken noch überschaubar. Bei einem Open-Air-Konzert auf einer Grünfläche können viele Problemfälle eintreten: Das Gelände inkl. Parkplätze muss ggf. auch bei Dauerregen befahrbar sein. Kosten für Schotter oder geländegängige Fahrzeuge müssen eingeplant werden. Absperrzäune (Mietkosten: ca. 6 € pro 3 m-Element) müssen teilweise kilometerweit aufgebaut werden. Bei einem Sturm kann es soweit kommen, dass die Bühne nicht mehr betreten werden darf (Ausfallversicherung). Die Kosten für Strom über Dieselaggregate sind beträchtlich. Die Beseitigung von Abfall (ggf. auch bereits auf den Zufahrtstraßen zum eigentlichen Gelände) sind zu berücksichtigen. Wichtig ist eine gute Zusammenarbeit mit den Behörden und vor allem mit den Anwohnern. Hilfreich kann ein Direktzugang zu einem Wetteramt sein (z. B. Wetterwarte Hamburg). Dort können sehr genaue Vorhersagen abgefragt werden, um ggf. einen „Notfallplan" einzuleiten.

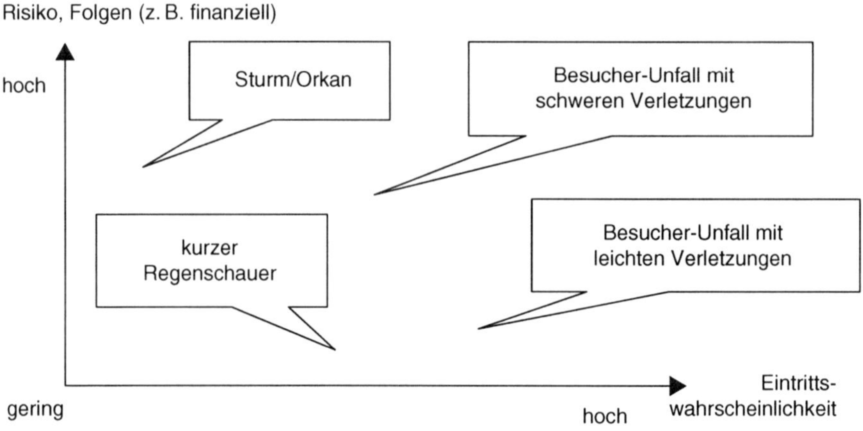

Abb. 3.7 Risiko-Portfolio

Die möglichen Folgen bei schwereren Unfällen oder gar Todesfällen unter den Besuchern können für einen Veranstalter verheerend sein. Zunächst müssen alle Vorkehrungen getroffen werden, um derartiges zu vermeiden. Trotzdem bleiben Restrisiken. Es ist zwingend notwendig, rechtzeitig vor einer Veranstaltung unter Anderem mit Polizei, Feuerwehr und Rettungsdiensten mögliche Szenarien (ggf. auch praktisch) durchzuspielen, um für den Fall der Fälle gewappnet zu sein. Neben den reinen Rettungsmaßnahmen müssen Krisenpläne für die Informationspolitik erstellt werden:

- Wer ist für die Koordination der Informationen zuständig?
- Wie laufen Informationen (wer, an wen, was)?
- Wie werden die Besucher ggf. während der Veranstaltung informiert (z. B. Lautsprecherdurchsagen)?
- Wie werden Angehörige informiert?
- Wie werden die Medien (Presse) informiert?

Abschließend noch folgende Hinweise zur Produktpolitik: Das Produkt muss nicht in jedem Fall homogen sein. Viele Veranstaltungen setzen sich aus Einzelprodukten zusammen, die innerhalb einer Dachveranstaltung zusammengefasst werden.

3.4.3 Preispolitik

Die Preispolitik (siehe Checkliste) lässt sich aus den Zielen ableiten: Welche quantitativen Ziele – z. B. in Form eines Gewinnes bei kommerziellen Veranstaltungen – habe ich? Was kann sich die Zielgruppe leisten bzw. die Region? (Zu beachten ist in Deutschland ein Nord/Süd Gefälle mit höheren Kosten und Preisen im Süden; Hinzu kommen Sondersituation in strukturschwachen Regionen Ostdeutschlands.)

Was kosten vergleichbare Events? Welche Kostenstruktur ist bereits für das Programm bzw. für die Infrastruktur abzudecken?

Auch und gerade bei Veranstaltungen, d. h. beim Verkauf einer Dienstleistung ist eine genaue Definition von Preis und Leistung notwendig. Das Event muss seinen Preis wert sein. Eine wichtige Entscheidung ist die Frage, ob bei der Veranstaltung überhaupt Eintritt verlangt werden soll und wenn ja, in welcher Höhe (wirtschaftliche Frage).

Grundsätzlich bietet die Eintrittshöhe die Chance, Besucher zu selektieren (oder bewusst abzuschrecken) bzw. eine Einlasskontrolle durchzuführen. Eintrittsfreie Veranstaltungen bergen die Gefahr, dass zur Veranstaltung Besucher kommen, die gar nicht gemeint sind bzw. dass die Zusammensetzung der Besucher zu heterogen wird. Die Zusammensetzung der Besucher bzw. das exakte Ansprechen der gemeinten Zielgruppe lässt sich natürlich auch über andere Wege als über die Höhe des Eintritts (z. B. durch die Art der Verteilung der Einladungen) steuern. Zur Preisgestaltung gehört auch die Frage, ob der Preis einmalig, pauschal nach Dauer oder detailliert nach den in Anspruch genommenen Dienstleitungen berechnet wird.

Bei eintrittsfreien Veranstaltungen können Probleme beim Catering auftreten, wenn Speisen und Getränke mitgeführt werden (Stichwort „umsonst und draußen“). Außerdem lassen sich bei eintrittsfreien Veranstaltungen die tatsächlichen Zuschauerzahlen kaum oder nur sehr grob erfassen.

Der Eintrittspreis kann hingegen so ausgelegt sein, dass das Programm finanziert wird. Eintrittskarten können über einen Vorverkauf zu günstigeren Preisen abgegeben werden, um die Nachfrage bereits vorab zu stärken. Dieses Geld kann zur Vorfinanzierung genutzt werden.

Durch die Entscheidung, Eintritt zu kassieren entstehen natürlich nicht nur Einnahmen sondern auch Kosten für z. B. Kartendruck und Vertrieb, Einlasskontrollen, Absperrung des Geländes und Security etc. Bei der Preisfindung von Eintrittskarten sind die entsprechenden Vorverkaufsgebühren zu berücksichtigen: Wird eine Veranstaltung abgesagt, bleibt der Veranstalter in der Regel auf den Kosten für den Vorverkauf sitzen.

Ein sensibles Thema sind die Preise für Speisen und Getränke – in Verbindung mit ihrer Qualität. Werden hier zu hohe Preise genommen, kann das Event schnell als „Abzocke“ in der Erinnerung der Gäste bleiben. Zu beachten sind so genannte Schwellenpreise (z. B. ein Bier über 3,0 €). Oft können etwas günstigere Preise durch einen höheren Umsatz wettgemacht werden. Zu den eigentlichen Preisen kommen noch Pfandbeträge für Mehrweg-Becher oder Mehrweg-Geschirr. Auch hier sind gewisse Grenzen zu beachten, da Pfand den Preis zunächst auch optisch verteuert. Das Thema Pfand muss generell einer gesonderten Betrachtung unterworfen werden: Wo wird das Pfand zurückerstattet? Ist genügend Kleingeld für die Rückgabe vorhanden? Nicht zurück gebrachte Mehrweg-Becher können durchaus auch eine positive finanzielle Wirkung haben, wenn die Pfandsätze höher sind als die tatsächlichen Kosten für den Ersatz der Becher. Ein interessanter Ansatz ist, statt der Auszahlung des Pfandbetrages bei der Becherrückgabe in Geld, etwas im „entsprechenden“ Gegenwert zu anzubieten (beispielsweise einen Schokoriegel).

So wird zusätzlicher Umsatz und Gewinn generiert. Die Bereitstellung von Mehrwegbechern übernehmen Dienstleister wie beispielsweise die Firma Cup Concept, die in Deutschland an mehreren Standorten vertreten ist.

Für die Festlegung der Preispolitik ist die relativ einfache Break-Even-Analyse sinnvoll, bei der berechnet wird, welche Mengen an Speisen, Getränken und Eintrittskarten zu welchen Preisen verkauft werden müssen, um die Kosten zu decken und die Gewinnschwelle zu erreichen.

Ein Beispiel zum Break-Even-Punkt: Beziffern sich die Kosten für das Musikprogramm inkl. aller Nebenkosten auf einen Betrag in Höhe von 25.000 €, so müssen (vereinfacht) mind. 1.000 Tickets à 25 € verkauft werden, um diese Kosten zu decken. Zu beachten sind die unterschiedlichen Mehrwertsteuersätze bei dieser Kalkulation. Während Tickets in der Regel mit z. Zt. 7 % MwSt. belegt werden, sind bei Künstlergagen (aber auch bei den Vorverkaufsgebühren für Tickets) 16 % MwSt. aufzuschlagen. Ausgenommen sind Gagen für so genannte Kleinkünstler, für die 7 % MwSt. gelten. Hilfreich sind einige Szenarien, mit denen „gute" oder „schlechte" Besucher- und Umsatzzahlen durchgespielt werden. Die Gewinnschwelle darf nicht erst bei einer sehr optimistischen Besuchererwartung erreicht werden.

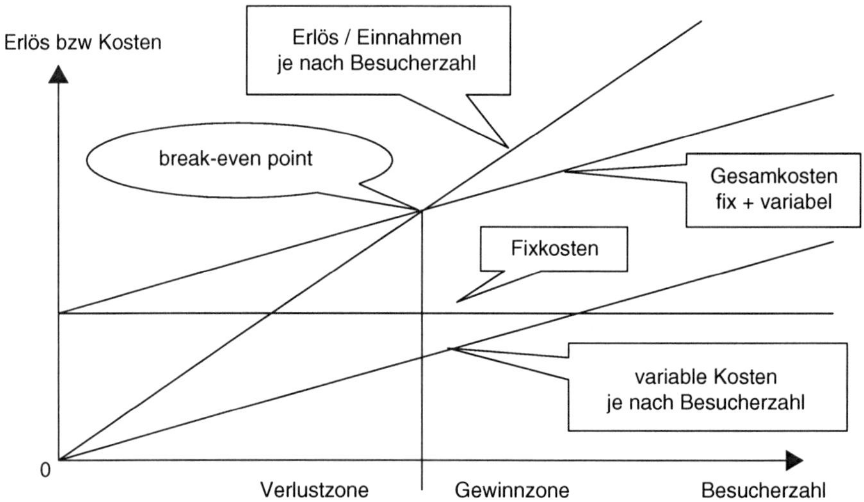

Abb. 3.8 Kostenstruktur und Break-Even-Punkt

Neben den Einnahmen aus dem Verkauf von Eintrittskarten spielen die Einnahmen aus der Gastronomie eine sehr große Rolle. Unabhängig davon, ob das Catering selbst durchgeführt wird, oder an einen Gastronomen vergeben wird (was bei größeren Veranstaltungen durchaus ratsam ist), können 15–20 % der Gesamtkosten einer Veranstaltung über die Gastronomie gedeckt werden.

3.4.4 Distributionspolitik

Allgemein wird hier festgelegt, wie das Produkt zum Kunden kommt, d. h. über welche Vertriebs- oder Logistikwege. Da das Event i. d. R. stationär ist, soll es in diesem Abschnitt darum gehen, den Kunden zum Event „zu bringen" (siehe auch Checkliste).

Ein wichtiger Faktor bei Events mit Eintritt ist die Festlegung des Kartenverkaufes. Hier existieren eine Vielzahl von Möglichkeiten mit nationalen Partnern, über einen Sponsor (z. B. Banken) über Internet oder über eine Telefon-Hotline. Bei kleineren Veranstaltungen kann auch ein Verkauf ausschließlich über eine (Abend-) Kasse vor Ort in Frage kommen.

Die Auswahl des Partners für den Kartenverkauf hängt natürlich neben der Größe der Veranstaltung von der räumlichen Festlegung der Zielgruppe ab. Bei räumlich begrenzten Zielgruppen wie z. B. innerhalb einer Stadt machen lokale Partner oder auch die lokalen Zeitungen Sinn. Die touristischen Einrichtungen der Städte bieten oft ein entsprechendes System, verfügen über eine gute Kenntnis des Marktes (Statistiken) und eine entsprechende Anzahl und Qualität von Vorverkaufsstellen. In der Regel werden dort umfangreiche Konzepte für die Vermarktung der Tickets mit angeboten wie z. B. Direktmailings (bei entsprechenden Datenbanken), Einbindung der Veranstaltung in Programmhefte und Anzeigen sowie Verkauf über Hotline. Hinzu kommen Möglichkeiten der Marktforschung durch Auswertung des Ticketverkaufs oder durch Kundenbefragungen nach der Veranstaltung.

Für überregional oder national zu vermarktende Veranstaltungen bieten sich Partner wie CTS Eventim AG, München/Bremen (www.eventim.de) an, die über eine Vielzahl von Medien verfügen, über die Tickets vermarktet und Veranstaltungen beworben werden können. CTS Eventim verfügt beispielsweise europaweit über ein flächendeckendes Netz von ca. 8.000 Vorverkaufsstellen.

Natürlich kosten all diese Vertriebswege Gebühren, die bei ca. 10–15 % des Ticketpreises liegen zzgl. der so genannten Systemgebühren, die zwischen 0,50 € und 1,00 € liegen und zzgl. der Kosten für das genutzte Softwareprogramm. Die Gebühren können natürlich zunächst auf die Kartenpreise aufgeschlagen d. h. an den Besucher durchgereicht werden. Jedoch müssen die dann entstehenden Endpreise hinsichtlich Preis-Leistungs-Verhältnis sowie hinsichtlich Preisschwellen analysiert werden. Hinzu kommen für den Käufer Bearbeitungsgebühren bei einer Zusendung von Eintrittskarten (Porto und Versandgebühren können z. B. bis zu 5 € betragen).

Findet die Veranstaltung in einem häufig genutzten Veranstaltungszentrum statt, stehen in der Regel dessen Vertriebswege zur Verfügung.

Bei Tourneen werden häufig Systemtickets verkauft, die dann optisch dem jeweiligen Ticketsystem (z. B. CTS) entsprechen, d. h. die individuellen Informationen zur jeweiligen Veranstaltung werden auf identischen Tickets aufgedruckt. So genannte Hardtickets bieten die Möglichkeit, die Tickets individuell zu gestalten z. B. mit CI und Logo der Veranstaltung. Diese werden dann häufig regional zusätzlich zu den überregionalen Systemtickets verkauft und haben einen höheren

Sammlerwert. Über die Umtauschmöglichkeit von System- auf Hardtickets an der Abendkasse freuen sich die wahren Fans.

3.4.5 Kommunikation

Im Rahmen der Kommunikation bei großen Veranstaltungen ist es in vielen Fällen ratsam, eine Werbeagentur einzubinden. Die Bandbreite der für Veranstaltungen angebotenen Leistungen von Werbeagenturen ist groß. Bei kleineren Veranstaltungen können heute mit einem PC und einem Farbdrucker bereits völlig ausreichende Werbematerialien erstellt werden. Ab einer gewissen Größe der Veranstaltung sind andere Qualitätsansprüche angebracht, die von den entsprechenden Fachagenturen angeboten werden. Dieser Abschnitt soll daher grundsätzliche Hinweise und praktische Tipps für kleinere Veranstaltungen geben. Für sehr komplexe Veranstaltungen mit sich daraus folgernden komplexen Kommunikationsstrategien soll dieser Abschnitt Anregungen geben, um dann mit einer Fachagentur die notwendigen Fachgespräche zu führen und konkrete Aufgaben- und Zielbeschreibungen (so genannte Briefings) zu definieren.

Wer eine Veranstaltung an den Mann oder an die Frau bringen will, muss (vor allem bei kommerziellen Veranstaltungen) die Werbetrommel rühren. Ziel muss es sein, dass die Qualität der Kommunikation mit der Qualität der Veranstaltung korrespondiert. Aufgabe der Kommunikation ist es, die festgelegte Zielgruppe über die Veranstaltung zu informieren. Basis der Kommunikationsstrategie ist die Festlegungen von Zielgruppe, Werbebudget und Zielergebnis im Hinblick auf Geographie, Anzahl Kontakte, Bekanntheit, verkaufte Tickets etc. Bei einem sehr umfassenden Kommunikationspaket, das einen Mix aus unterschiedlichen Medien beinhaltet und mit einer detaillierten Mediastrategie hinterlegt werden soll, ist ggfs. zusätzlich der Einsatz einer Mediaagentur sinnvoll, die nicht nur eine Beratungsfunktion ausübt, sondern auch die Buchungen der Medien (oft mit Rabatt) umsetzt. In der Mediastrategie können sehr detailliert Kontaktzahlen, Frequenzen und die entsprechenden Preise (Preis pro Tausend Kontakte) erarbeitet werden.

Die Umsetzung des Veranstaltungskonzeptes in Kommunikationsmaßnahmen basiert auf einer Festlegung der Punkte:

- Namen der Veranstaltung, Logo (und gesamtes Corporate Design),
- Art der Veranstaltung, Ziel und Zielgruppe,
- Veranstalter, Corporate Identity, Budget,
- Botschaft z. B. in Form eines Slogans, USP,
- Allgemeine Informationen zur Veranstaltung.

Die Entwicklung eines Logos sowie die Botschaften können das Ergebnis eines Brainstormings der Organisatoren der Veranstaltung sein, aber auch das Ergebnis einer Werbeagentur. Das Logo soll einen hohen Wiedererkennungswert haben, aufmerksamkeitsstark und aussagekräftig sein. Als Botschaft müssen Inhalt der

Veranstaltung und Informationen zum Ort und zur Zeit enthalten sein. Zur Umsetzung dieser Ideen und Konzepte in Texte, Bilder und Ton dient das „Briefing" an die Werbeagentur. Dieses Briefing umfasst die zur Umsetzung erforderlichen Informationen wie:

- Ausgangslage (Beschreibung der Veranstaltung und des Umfeldes, Beschreibung von Zielgruppe und Markt),
- Zielsetzung (Was soll mit der Kommunikation erreicht werden, was soll über die Veranstaltung gesagt werden?),
- Aufgabenstellung (Welche Aufgaben sollen umgesetzt werden, wie lautet der Auftrag?),
- Budget (Rahmen für das Honorar für die Agentur und für die Kosten bzw. Aufwände für die Kommunikationsmaßnahmen),
- Timing (Bis wann soll was fertig sein?).

Werbung muss durchdringen, d. h. eine halbherzige Werbung mit geringer Frequenz kann eine Wirkung von nahezu Null haben. Um den gemeinten Markt zu durchdringen, muss ggf. in Intervallen geworben werden und es müssen Schwerpunkte gesetzt werden. Durch ein einheitliches Erscheinungsbild des Produktes Veranstaltung können Gelder effizienter eingesetzt werden.

Im folgenden werden die möglichen Bausteine der Kommunikation für Veranstaltungen unterteilt nach Werbung, Verkaufsförderung und Öffentlichkeitsarbeit erläutert.

3.4.6 *Werbung*

Die Werbung erfolgt entsprechend Zielen, Zielgruppe und natürlich auch vorhandener Budgets. Mit Werbung ist der gezielte Einsatz von zu bezahlenden Medien gemeint. Über diese Medien sollen die definierten Zielgruppen über den Event informiert und motiviert werden.

3.4.6.1 Werbekonzept

Das Werbekonzept muss dem Charakter der Veranstaltung angepasst werden. So wird eine Modeschau mit 100 VIP-Gästen eine andere Strategie erfordern wie ein Punk-Rock-Konzert.

Folgende Fragen sind zu beantworten: Wie viele Kontakte will ich mit meiner Werbung erzielen und in welcher Qualität sollen diese Kontakte erfolgen? Wie groß ist das Einzugsgebiet für die Veranstaltung? Mit welchen Werbearten lässt sich meine Zielgruppe am besten ansprechen?

Neben dieser Festlegung ist die Erstellung eines Zeitplanes sowie die Vernetzung der Medien entscheidend.

3.4.6.2 Anzeigen

Ein häufig genutztes Element bei Veranstaltungen sind gestaltete Anzeigen, die sich dann auf Postern und Flyern wiederfinden. Grundsätzlich sollte eine Anzeige folgende Elemente beinhalten:

- Eye Catcher, Blickfang z. B. in Form eines ansprechenden Logos, einer Darstellung etc.,
- Slogan/Headline/Schlagzeile, diese nehmen häufig das Logo oder die bildliche Darstellung des Eye Catchers wieder auf,
- (kurze) Informationen zur Veranstaltung (Programm, Ort, Datum, Zeit), der Text soll kurz und klar formuliert sein,
- Highlight, USP der Veranstaltung,
- Informationen zum Veranstalter (Name, Adresse etc.),
- Hotline (mit „Meckerhotline"), Homepage, Kartenhotline,
- Darstellung der Sponsoren,
- ggf. Karte des Veranstaltungsgeländes (z. B. bei mehreren Bühnen) inkl. Anfahrtsbeschreibung.

Den Rahmen der Anzeige geben Farben, Formen, Schrifttypen und Gesamtgestaltung. Das Erscheinungsbild richtet sich nach der Corporate Identity. In dieser werden optische Faktoren wie Namen, Logo, Schrift, Farben und Slogans festgelegt. Anzeigen können in einer Vielzahl von Anzeigenträgern geschaltet werden wie z. B. Tageszeitungen, Fachzeitschriften, Magazinen etc. Für Veranstaltungen empfehlen sich häufig die entsprechenden Stadtmagazine, in denen die jeweilige Zielgruppe nach potentiellen Veranstaltungen sucht.

Wichtig für die Wahl der Werbeträger ist natürlich die Zielgruppe, die erreicht werden soll. Sehr spezielle Zielgruppen sind teilweise gut über eine Direktansprache mit Flyern zu erreichen, die bei Veranstaltungen mit einer ähnlichen Zielgruppe direkt an die einzelnen Personen ausgegeben werden. Die Produktion von Flyern kann zwischen 1 und 3 Cent pro Flyer kosten (ab einer Auflage von 10.000 Stück). Für die Verteilung sind weitere ca. 4 bis 6 Cent pro Flyer zu kalkulieren. Es empfiehlt sich immer die Direktansprache d. h. das „in die Hand drücken", da diese Flyer in der Regel dann auch betrachtet werden. Das reine Auslegen oder auch das Klemmen hinter Scheibenwischer bringt dagegen oftmals nur wenig Nutzen. Einseitige Flyer können eingesetzt werden, um gezielt durch Verteilerteams potentielle Besucher anzusprechen. Hier werden in der Regel nur wenige dafür aussagefähige Informationen gegeben. (Mehrseitige) Prospekte dienen dazu, Detailinformationen zur Veranstaltung zu geben.

Anmerkung: Leider besteht häufig der Zusammenhang, dass bekannte Künstler sich leicht vermarkten lassen, d. h. die Werbekosten sehr gering sind hingegen entstehen bei unbekannten Künstlern oder bei einem schlechten Vorverkauf grundsätzlich höhere Werbekosten.

Über die möglichen Anzeigenformate informieren die Anbieter. Tageszeitungen richten sich nach Spaltenbreiten von 45 ml, die dann als vielfaches gebucht werden können. Der Preis für eine Anzeige (1/4-Seite) in einer regionalen Tageszeitung mit einer Auflage von 200.000 in Farbe beträgt ca. 5.000 €. Andere Magazine bieten ganze Seiten oder Teile der Seite an (1/1, 1/4, 1/8).

Hier einige ca. Preisbeispiele für eine Stadt mit 1/2 Mio. Einwohnern:

- Veranstaltungsheft „Stadt bei Nacht" (Auflage 50.000) 1/1 Seite in 4-Farben (4c): 1.000 €,
- Stadtmagazin (Auflage ca. 17.000) 1/1 Seite, 4c: 2.000 €,
- kostenloses Stadtmagazin (Auflage 42.000) 1/1 Seite, 4c: 1.000 €,
- kostenlose Wochenzeitung (Mittwoch, Hauptausgabe Auflage 280.000), 1/2 Seite: 8.000 €,
- Tageszeitung (Auflage 200.000), 1/4 Seite: 5.000 €.

Hinzu kommen Kosten für die Gestaltung und ggf. Lithokosten.

Viele Zeitungen und Zeitschriften bieten die Möglichkeit, nur in Teilen der Auflage d. h. mit einer begrenzten geographischen Verteilung aufgenommen zu werden.

3.4.6.3 Werbepakete

Eine Anzeige kann die Inhalte der weiteren Werbemittel festlegen. Ein Basiselement sind Plakate, die dazu dienen, auf einen Blick über die Veranstaltung zu informieren oder zu motivieren. Je nach Größe des Plakates und Abstand zu den Betrachtern müssen die Anzahl und Größe der Texte und Bilder definiert werden. Großflächenplakate (so genannte 18/1 Plakate) an Werbetafeln und Litfaßsäulen sind in der Produktion bereits sehr teuer und eignen sich daher eher für sehr große Veranstaltungen oder für die Kommunikation von Markenartikelunternehmen.

Die Poster bei Musikkonzerten werden häufig von der Band bzw. von der Veranstaltungsagentur gestellt. (Kosten: ca. 0,30 bis 0,50 € pro Stück). Beim Anbringen der Poster besteht zum einen die Möglichkeit, Schauplakatierung „Indoor" in Diskotheken, Cafés und Kneipen durchzuführen. Hier fallen in der Regel nur Kosten für das Verteilen an (ca. 12,50 €/Std./Verteiler, d. h. je nach Veranstaltung bei 1 bis 3 Verteiltagen 125 bis 375 €).

Zum anderen besteht die Möglichkeit über die Deutsche Städte-Medien GmbH (www.dsmedien.de) bzw. Ströer Out-of-Home Media AG (www.stroeer.de) Werbeflächen zu mieten. Die Dauer beträgt je nach Werbeträger in der Regel eine Dekade (d. h. 10–11 Tage). Die Kosten belaufen sich regional in einer Stadt auf ca. 500 bis 5.000 € je Dekade. Zu beachten sind auf jeden Fall die Verbote für das Anbringen von Plakaten an vielen öffentlichen und privaten Stellen. Die Herstellung von Plakaten und Postern kann zwischen 0,25 € und mehreren € je Plakat kosten. Hinzu kommen die Schaltkosten bzw. Verteilkosten.

Hier einige ca. Preisbeispiele für eine Stadt mit 1/2 Mio. Einwohnern:

- Citylights, 1 Woche, 450 Flächen: 25.000 €,
- City-Light-Boards, 14 Tage, 25 Flächen: 8.000 €,
- 18/1 Plakate (3,60 m × 2,60 m), 14 Tage, 1.000 Flächen in der Stadt und im Umland (im Umkreis von ca. 50 km): 75.000 €.

Werbespots in Funk oder TV bieten sich durch die hohen Kosten natürlich nur für größere Veranstaltungen mit einem entsprechenden Budget an. Die Kosten setzen sich aus Produktions- und Schaltkosten zusammen. Durch eine Vielzahl von regionalen Radiosendern können ganz gezielt die entsprechenden Regionen erreicht werden. Funkspots bieten sich als Ergänzung zu Printmedien an. Gerade bei Veranstaltungen machen Kooperationen mit Radiosendern Sinn, die als Leistung Sendezeiten in die Partnerschaft einbringen (siehe Abschn. 3.6). Die Herstellung eines einfachen Radiospots kostet ab ca. 250 bis 1.000 €. Die Schaltkosten betragen beispielhaft für einen Regionalsender in einer Stadt mit 550.000 Einwohner zzgl. Umland ca. 150 € pro 30 Sekunden Radio-Spot. Die Produktion eines einfachen TV-Spot für einen Regionalsender kann ab ca. 3.000 bis 5.000 € kosten. Für sehr anspruchsvolle TV-Spots sind nach oben kaum Kostengrenzen gesetzt. Bei den relativ komplexen Medien Funk und TV empfiehlt sich der Einsatz einer Medienagentur bzw. die Zusammenarbeit mit einem Medienpartner, um eine sinnvolle und effizienten Medienplanung (Timing, Anzahl Spots etc.) zu entwickeln sowie um eine notwendige Auswertung der Kommunikation im Hinblick auf die erreichten Ziele zu ermöglichen.

Ein immer wichtiger werdendes Medium ist das Internet. Die Veranstaltung kann auf einer eigenen Homepage oder aber auch auf bestehenden Veranstaltungsseiten präsentiert werden. Über die reine Bewerbung hinaus, können Kartenverkauf aber auch individuelle Anfragen bearbeitet werden. Je nach Anspruch der Veranstaltung können Mailings über Internet oder auch in Briefform bei hochkarätigen Veranstaltungen gute Dienste leisten. Bei Klassik-Konzerten oder Modenschauen können hochwertige Anschreiben mit einer Bestellkarte für Eintrittskarten zielgerichtet potentielle Kunden ansprechen. Die Adressen können z. B. von der Vorjahresveranstaltung, von Interessenverbänden/Förderkreisen oder aus Dateien der Ticketvermarkter stammen. Die Kosten für ein Mailing inkl. Porto und Handling liegen in etwa bei 1–2 € pro Brief.

3.4.6.4 Beispiele

Im Folgenden werden beispielhaft unterschiedliche Werbepakete und Werbebudgets für Veranstaltungen definiert:

Privatfeier

Veranstaltung:	30ster Geburtstag mit kaltem Buffet, div. Getränken und Musik aus der eigenen Stereoanlage
Zielgruppe:	20 Freunde
Ort, Uhrzeit:	zuhause beim Jubilar, ab 20.00 Uhr
Veranstalter/Einlader:	Hans Mustermann
Werbemaßnahmen:	Handgeschriebene Einladung mit der Bitte um Rückmeldung. Die Verteilung erfolgt persönlich und per Post

Werbeaufwand:	Material, ggf. Porto, Zeit für die Erstellung und Verteilung der Einladungen

Kleinveranstaltung Party

Veranstaltung:	„Studentenparty Fachbereich Wirtschaftsingenieurwesen“, Musik durch einen DJ, Bier und Cocktails, kein Eintritt
Botschaft/Slogan:	Hier tanzt der Bauch
Logo, CD:	Logo der Hochschule mit Bauchtänzerin im Hintergrund
Event/USP:	Bauchtänzerin, der beste Kebabgastronom der Stadt betreibt einen Verkaufsstand
Zielgruppe:	Studenten sowie Freunde und Bekannte
Ziele:	500 Besucher, Gewinn: 500 €
Ort, Uhrzeit:	Stadt, Mensa, ab 20.00 Uhr
Werbemaßnahmen:	Aushang A3-Plakat 2 Wochen vor der Veranstaltung an 30 Flächen (10 in der FH, 20 in Studentenkneipen). Das Plakat muss folgende Bausteine und Information enthalten: Logo, Name, Slogan/Botschaft der Veranstaltung, Veranstalter, Ort und Uhrzeit, Programm, Highlights, „kein Eintritt“
Werbeaufwand:	Arbeitszeit der freiwilligen Helfer, Computer, Drucker, Papier, PKW

Mittlere Veranstaltung Fußballturnier

Verastaltung:	Fußballturnier zwischen 10 Städten (Auswahlmannschaften) der Region an zwei Tagen mit Festzelt und Live-Musik
Botschaft/Slogan:	Amateur-Fußballturnier des SV Musterstadt
Logo, CD:	Logo des SV Musterstadt
Grundnutzen:	Sport (Fußball), Essen und Trinken
Zusatz/Event/USP:	Autogrammstunde mit Hans Müller, Auftritt von Cheerleaders
Zielgruppe:	Fußballinteressierte in den 10 Städten inkl. Umland
Ziele:	8.000 Besucher, Gewinn: 5.000 €
Ort, Datum, Uhrzeit:	Sportplatz SV Musterstadt, Samstag und Sonntag, 16.09.2002 (ab 15.00 Uhr) und 17.09.2002 (ab 11.00 Uhr)
Werbemaßnahmen:	300 Plakate A0, 4-farbig (ca. 500 €), Verteilung 4 Wochen vor dem Turnier, 10.000 Flyer, 4-farbig, (1.500 €) Verteilung 1–2 Wochen vor dem Turnier, Verteilkosten Flyer und Plakate von ca. 4 Personen à zwei Abende (ca. 500 €). Anzeigenserie in der Lokalzeitung, 4 und 2 Wochen vorher und am ersten Tag der Veranstaltung zusammen mit den Sponsoren und der Lokalzeitung als Medienpartner (Kosten: ca. 2.500 €)
Werbekosten:	ca. 5.500 €

Mittlere Veranstaltung Rockkonzert

Veranstaltung:	Musikkonzert mit einer Rockband „No-Name“ und zwei Vorgruppen „No-Name 2 und 3“
Botschaft/Slogan:	Endlich wieder in der Stadt, mit neuer CD
Logo, CD:	Logo der aktuellen CD der Band bzw. offizielles Tourplakat mit Daten des Konzertes in der Stadt
Grundnutzen:	Live-Musik, Essen und Trinken
Zusatz/Event/USP:	Einziges Konzert in Norddeutschland, jeder Besucher erhält eine Mini-Taschenlampe vor dem Konzert
Zielgruppe:	16–29 Jahre, Fans der Stilrichtung Hardrock, in der Stadt und im Umland mit Radius ca. 50 km
Ziele:	2000 Besucher, Gewinn von 2.500–5.000 €
Ort, Datum, Uhrzeit:	Live-Club „Music-Hall“, 21.7.01 (ab 20.00 Uhr, Saalöffnung ab 19.00 Uhr)
Werbemaßnahmen:	1000 Poster von der Veranstaltungsagentur gestellt (Kosten ca. 0,50 Cent pro Stück d. h. 500 €). Verteilung Indoor in Kneipen sowie als Tunnelwerbung 12 Tage über Deutsche Städte-Medien GmbH (Kosten ca. 2.000 €). 20.000 Flyer (Produktion ca. 3 Cent pro Flyer, d. h. 600 €), Verteilung vor Diskotheken und vor dem Bundesligaspiel (5 Cent pro Flyer d. h. 1.000 €). Zwei Anzeigen in Stadtillustrierten à 1.000 € d. h. 2.000 €. Schaltung von 50 Radiospots à 20 sec. Herstellungskosten 500 €. Die Schaltkosten übernimmt der Regionalsender als Medienpartner.
Werbekosten:	7.500 €

Großveranstaltung Open Air

Veranstaltung:	3-Tages-Open-Air mit 15.000 geplanten Zuschauern
Name:	Kochertal Rock-Festival
Botschaft/Slogan:	Das Kochertal kocht über
Logo, CD, CI:	Gitarre in weiß, angedeuteter Flusslauf des Kochers auf rotem Hintergrund
Grundnutzen:	Live-Musik mit 10 Rockbands aus der Umgebung
Zusatz/Event/USP:	2 internationale Top Stars, Kühltunnel (Besprühung der Fans mit kühlem Wasser), Campingplatz mit Dusche, bewachter Fahrradparkplatz etc.
Zielgruppe:	16–30 Jahre, Fans dieser Rockmusik
Ziele:	15.000 Besucher, 30.000 € Gewinn
Werbemaßnahmen:	Anzeigenserie in Zeitungen, Stadtillustrierte, Fachzeitschriften 25.000 €, Neue Medien (Internet) für 6 Monate ca. 5.000 €, Plakatwerbung und Citylights 10.000 €, Radiospots (200 Spots à 75 € = 15.000 €, die Anzahl wird vom Medienpartner kostenlos verdoppelt). Erstellung einer Programmzeitschrift (3.000 €), E-Mail an Vorjahresbesucher (2.000 €)
Werbekosten:	ca. 70.000 €

3.4.7 Verkaufsförderung

Verkaufsförderung und Werbung liegen bei Veranstaltungen durch den temporären Charakter nahe beieinander. Unter Verkaufsförderung sind kurzfristige Aktivitäten zur Vermarktung der Veranstaltung gemeint.

Verkaufsförderung kann z. B. durch Promotion Teams erfolgen, die bei vorgelagerten ähnlichen Veranstaltungen Flyer für den eigentlichen Event verteilen.

Zeichnet sich ein schlechter Vorverkauf ab, können kurzfristige Maßnahmen wie z. B. Rabatte ab × Karten oder Rabatte für Gruppen oder bestimmte Zielgruppen gewährt werden. Ein Beispiel sind die Aktivitäten, die im Rahmen der Expo durchgeführt wurden, wie z. B. verbilligte Abendkarten, Familienkarten, Kombikarten bei Anreise mit der Bahn etc.

Diese Aktivitäten müssen gut überlegt sein, denn zum einen können Besucher, die die gleiche Leistung im Vorfeld zu einem höheren Preis eingekauft haben, verärgert sein. Zudem ist es oft schwierig, die Preise später wieder auf „Normalniveau" anzuheben.

Die bereits erwähnten Kombipakete, die neben der Eintrittskarte Zusatzleistungen wie eine kostenlose Anreise mit der Bahn beinhalten, haben den Vorteil, dass sie einen direkten Preisvergleich oftmals schwerer machen, d. h. ein Kunde, der zum Normalpreis kaufte, wird nicht so schnell den eigenen Preisnachteil errechnen.

Die Vermarktung von Veranstaltungen oder Künstlern über Merchandisingartikel spielt eine immer größere Rolle. Die Bedeutung nimmt zu, wenn es sich bei der Veranstaltung tatsächlich um eine Marke handelt bzw. der auftretende Star eine Marke ist. Neben dem Werbecharakter der Merchandisingartikel spielen die zu erzielenden Einnahmen eine große Rolle. Der einfachste und „günstigste" Merchandising-Artikel kann ein Mehrweg-Tourbecher aus Kunststoff sein. Für 1 bis 2 € Pfand wird er gerne als Souvenir bzw. Sammelobjekt mitgenommen und zuhause weiter verwendet. Die Differenz zwischen den Herstellkosten und dem Pfandbetrag kann einerseits die Spül- und Handlingkosten für das Mehrwegsystem decken, kann aber auch eine echte Zusatzeinnahme bedeuten. Wichtig ist natürlich eine attraktive Gestaltung für den Becher. Zu berücksichtigen ist, ob der Becher nur für eine Veranstaltung (bei Nennung Ort und Tag) oder auch ggf. für Wiederholungsveranstaltungen gestaltet wird (z. B. ohne Nennung der Jahreszahl). Als Zugpferd für die Mitnahmequote bei Bechern haben sich Fotos der Künstler auf den Bechern erwiesen. Weitere gängige Merchandising-Artikel sind Poster und T-Shirts. Bei Musiktourneen sind die Rechte i. d. R. bereits vom Management der Band vergeben, d. h. der regionale Veranstalter kann hier nicht partizipieren. Vor einer Produktion dieser Artikel müssen die rechtlichen Seiten abgecheckt werden, d. h. es muss ermittelt werden, ob der Star/die Band mit einer Vermarktung einverstanden ist bzw. zu welchen Kosten.

3.4.8 Öffentlichkeitsarbeit

Öffentlichkeitsarbeit (oder auch Public Relations, PR genannt) beinhaltet Aktivitäten die in der Regel den Event indirekt vermarkten, indem die Öffentlichkeit über den Event informiert wird (siehe auch Checkliste). Ein Event kann Teil der Öffentlichkeitsarbeit für eine Firma oder der Kommunikation für eine Marke sein. Die PR für das Event, für den Veranstalter des Events (Organisation) oder für die Event-Agentur ist natürlich etwas ganz anderes als die mit dem Event eventuell beabsichtigte PR für eine Firma oder Marke.

Zielgruppen der Öffentlichkeitsarbeit können u. a. sein: potentielle Besucher/Zielgruppen, Medienvertreter, eigene Mitarbeiter (sofern ein Unternehmen eine Veranstaltung plant), ggf. Entscheidungsträger (innerhalb der Organisation die veranstaltet sowie im Umfeld z. B. bei Behörden), sowie ggf. wichtige Personen des öffentlichen Lebens (VIPs).

PR wird oft vernachlässigt, da Bedeutung und Wirkung unterschätzt werden. PR kann ein sehr kostengünstiges teilweise kostenloses Instrument sein, das eine hohe Frequenz erzeugt. Wichtig ist die Einschätzung, für welche Medien das Event interessant ist, d. h. wo sich Zielgruppen der Medien und der Veranstaltung überschneiden. Zu unterscheiden sind Fachzeitschriften, und Publikumszeitschriften. Die Meldungen müssen den Medien mundgerecht serviert werden: Über Pressemitteilungen inkl. guten Fotos oder auch Videos, Presse-Mailings oder über Pressekonferenzen. Inwieweit eine Pressekonferenz Sinn macht, hängt natürlich vom Umfang oder von der Einmaligkeit des Events ab. Oft ist ein gutes Timing erforderlich: Wann haben die Medien Platz für Meldungen? Hilfreich sind Verlosungen von Tickets, Merchandising-Artikeln etc. über die Pressearbeit. Radio-Sender nehmen gerne die Veranstaltung in eine Berichterstattung auf, wenn sie ihren Hörern einen Zusatznutzen, z. B. über die Verlosung von Tickets anbieten können. Interviews im Radiosender mit dem Künstler, der am Abend auftritt, können helfen, die letzten Tickets zu verkaufen.

Print-Medien und Radio-Sender sind häufig auch dankbar für Informationen über Veranstaltungen, die in die entsprechende Berichterstattung (Rubrik „Tipps und Termine") aufgenommen werden. Je nach Art der Veranstaltung können überregionale Fachzeitschriften (z. B. Musik-Magazine, Sportzeitungen etc.) für redaktionelle Beiträge gewonnen werden.

Zu beachten ist die Betreuung der Presse vor, während und nach der Veranstaltung über einen Pressebetreuer und über die Einrichtung von Presseräumen bzw. -sitzplätzen mit entsprechenden technischen Einrichtungen. Für die Presse sind Aufhänger wichtig. Ein solcher Anknüpfungspunkt kann ein Stargast oder Sponsor oder ein regionaler Bezug sein. Medien können ebenfalls sehr gut als Sponsoren eingebunden werden, da damit meist Werbeleistungen verbunden sind.

Wichtig sind im Rahmen der Öffentlichkeitsarbeit Anstrengungen, um eine positive Einstellung der durch die Veranstaltung betroffenen Öffentlichkeit erzeugen. Dazu sind folgende Fragen zu beantworten: Wen betrifft die Veranstaltung positiv oder negativ? Welche Interessengruppen sind betroffen, welche sind in der Region wichtig? Sind Anwohner durch die Veranstaltung betroffen (Lärm, Staus, Parkprobleme)?

Eine frühzeitige Einbindung der Anwohner ist ratsam durch z. B. Einberufung von Versammlungen, Verteilen von Flyern bzw. Infobriefen mit Informationen zur Veranstaltung, Ansprechpartner bei Problemen, Fragen, Beschwerden etc. Kleine Geschenke z. B. in Form von Getränkegutscheinen für Anwohner können ebenfalls sinnvolle Maßnahmen sein.

„Öffentlichkeitsarbeit“ muss auch nach innen erfolgen. Veranstaltet ein Verein oder eine Firma einen Event, sind die eigenen Mitarbeiter wichtige Multiplikatoren für die positive Darstellung eines Events nach außen.

Auch nach der Veranstaltung ist PR noch nicht zu Ende. Anzeigen, die nach der Veranstaltung geschaltet werden und mit denen den Teilnehmern, Helfern aber auch Anwohnern für die gelungene Veranstaltung ein Dank ausgesprochen wird, können ein Grundstein für den Erfolg einer wiederkehrenden Veranstaltung sein.

Im Rahmen der Öffentlichkeitsarbeit müssen Meinungsmacher und Persönlichkeiten des öffentlichen Lebens aus Wirtschaft, Politik und Kultur besonders berücksichtigt werden (siehe Checkliste). Zum einen kann dieser Personenkreis dafür sorgen, dass eine Veranstaltung leichter zu vermarkten ist, weil sie „in“ ist, da die entsprechenden Meinungsmacher sich positiv äußern oder vor Ort sind. Zum anderen steigert natürlich die Teilnahme dieser VIPs das Interesse der Medien, über den Event zu berichten. Mit diesen VIPs muss sorgsam umgegangen werden. Auch hier können entsprechende Agenturen für den notwendigen Rahmen sorgen – oder auch die gewünschten VIPs „engagieren“. Zunächst sollte natürlich versucht werden, diese VIPs kostenlos einzuladen. Das funktioniert dann, wenn die Veranstaltung die Interessen des Gastes (VIP) trifft bzw. auch für den Gast Vorteile hat (er trifft z. B. interessante Gesprächspartner, die Teilnahme wirkt sich positiv auf sein Image aus z. B. bei Benefizveranstaltungen). Es kann jedoch auch Sinn machen, einen „Stargast“ gegen Bezahlung zu buchen.

Wichtig ist der entsprechende Rahmen für diese Ehrengäste über besondere Parkplätze, separate Eingänge und Sitzplätze sowie die entsprechenden Speisen und Getränke. Eine Mischung der Sponsoren und ihrer VIP-Gäste mit VIPs des öffentlichen Lebens kann sinnvoll sein. Jedoch bedeutet VIP auch zwangsläufig die Begrenzung auf eine überschaubare Anzahl von Personen. Ein von VIPs gern angenommenes Detail sind die so genannten „Laminates“, d. h. in Folie geschweißte Ausweise, die bereits von weitem deutlich machen: Hier kommt ein besonderer Gast. Diese Ausweise sind nicht nur optisch „nett“, sondern vor allem für die Einlasskontrolle der Security-Mitarbeiter notwendig.

3.4.9 Internes Marketing

Marketing für Dienstleistungen kann neben den bereits genannten 4 bzw. 5 Instrumenten/Bereichen nochmals ergänzt werden um das so genannte „interne Marketing“ d. h. um Aktivitäten, die darauf abzielen, die Mitarbeiter des Dienstleistungsunternehmen (d. h. beim Event die Organisatoren und alle Beteiligten) auszubilden bzw. zu motivieren. Weiterhin kann das Instrument „interaktives Marketing“ hinzugefügt werden, d. h. die Schnittstelle zwischen den Mitarbeitern bzw. Organisatoren und den Kunden bzw. Besuchern.

Übertragen auf ein Event bedeutet es, dass es nicht ausreicht, ein Produkt Event gut zu kreieren, vielmehr müssen anschließend alle Mitarbeiter/Personen, die am Kunden bzw. an der Zielgruppe arbeiten, eine entsprechende Dienstleistungsmentalität an den Tag legen. Im Ergebnis bedeutet das in hohem Umfang Freundlichkeit, Schnelligkeit und hohe Qualität der Dienstleistungen vom Einlass (z. B. an der Garderobe) über den Service im Catering bis zum Ausgang über ein freundliches „vielen Dank für Ihren Besuch". Diese an sich selbstverständlichen Verhaltensweisen scheitern häufig in der Praxis an fehlender Erfahrung oder mangelhaftem Einfühlungsvermögen in die Wünsche und Bedürfnisse der Eventbesucher. Daher müssen je nach Umfang des Events umfangreiche Aufklärungen und Schulungen erfolgen, die die hohe Bedeutung der Dienstleistungsqualität veranschaulichen. Ein Mittel zur Zielerreichung kann der Besuch eines ähnlichen Events gemeinsam mit den Mitarbeitern sein. Dem Besuch folgt anschließend eine gemeinsame Bewertung des Erlebten.

3.5 Sponsoring

Eines der wichtigsten Instrumente im Zusammenhang mit Veranstaltungen ist die Suche nach Sponsoren sowie die Zusammenarbeit mit Sponsoren (siehe die Checklisten).

Zum einen kann Sponsoring als Instrument der Kommunikation für die eigene Veranstaltung genutzt werden, d. h. die eigene Veranstaltung tritt als Sponsor auf. In der Regel bedeutet Sponsoring jedoch, dass ein Dritter die Veranstaltung nutzt – als Teil seiner Kommunikation. Sponsoring ist ein ergänzendes Instrument der Gesamtkommunikation auf der Basis eines Sponsors, der eine Leistung – in der Regel Geld, aber auch Sachzuwendungen oder Dienstleistungen – zur Verfügung stellt, um vom Gesponsorten eine Gegenleistung – in der Regel eine Kommunikationsleistung – zu erhalten. Sponsoring bedeutet also die Planung, Organisation, Durchführung und Kontrolle der Aktivitäten, die mit der Bereitstellung von Geld, Sachspenden und Dienstleistungen durch Unternehmen zur Förderung von Personen, Organisationen oder Veranstaltungen i. d. R. im sportlichen, kulturellen oder sozialen Bereich zusammenhängen.

3.5.1 Eventsponsoring

Im Rahmen dieses Abschnittes soll es darum gehen, wie Sponsoring dazu genutzt werden kann, die Veranstaltung zu finanzieren, das Programm zu bereichern sowie durch Kommunikation der Sponsoren zusätzliche Vermarktungs- und Werbeleistung „einzukaufen". Hilfreich sind natürlich persönliche Beziehungen zu potentiellen Sponsoren. Daher ist es sinnvoll im Kreis der Veranstalter nach bestehenden Kontakten zu fahnden und diese zu nutzen.

Ganz entscheidend ist es, sich von Anfang an darüber klar zu werden, dass Sponsoring eine partnerschaftliche Zusammenarbeit sein muss. Sponsoring basiert auf dem Prinzip von Leistung und Gegenleistung.

Vor der Sponsorensuche muss definiert werden, was einem potentiellen Sponsor angeboten werden soll/kann. Dabei ist es notwendig, sich auf den Stuhl des potentiellen Sponsors zu setzen. Was hat er davon? Erreicht der Sponsor seine Zielgruppe?

Ein guter Sponsor kann nicht nur die Finanzierung des Events unterstützen, er kann das Event inhaltlich bereichern und die Wertigkeit erhöhen.

Unter dem Begriff Sponsoring denken viele Veranstalter (und Sponsoren) zunächst an ein Logo auf einem Plakat. In der Praxis entsteht schließlich ein Plakat mit einer Vielzahl von Sponsoren. Dieser so genannte „Sponsorenfriedhof" nutzt häufig weder Sponsor noch Veranstalter. Daher darf dieses Angebot, d. h. diese dem Sponsor angebotene Leistung, nicht zu hoch bewertet werden.

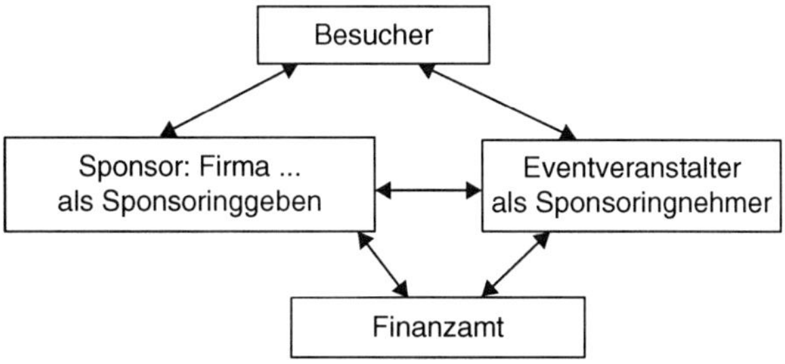

Abb. 3.9 Typische Beziehungen beim Eventsponsoring

Wichtiger beim eigentlichen Sponsoring ist es, einen Partner zu finden, der sich in das Gesamtkonzept einbindet und dem Event neben Geld einen Zusatznutzen anbietet. Meist erinnern sich die Besucher des Events eher an solche Zusatznutzen als an Logos oder Banner des Sponsors. So können Sponsoren z. B. durch die Einrichtung von Fahrradabstellplätzen oder einer Kinderbetreuung, das Verteilen von nützlichen Give-Aways (Ferngläser, Taschenlampen etc.) oder durch zusätzliche Programmpunkte die Veranstaltung abrunden.

Auch die Ansprache und Einbindung von nicht kommerziellen Partnern (lokale Gruppen von überregionalen Organisationen wie BUND, ADFC, lokale Organisationen und Vereine, Kindergarten etc.) kann die Veranstaltung ergänzen und bereichern. Dazu gehören auch Unternehmen, die – ohne Sponsor zu sein – die Veranstaltung ergänzen oder unterstützen.

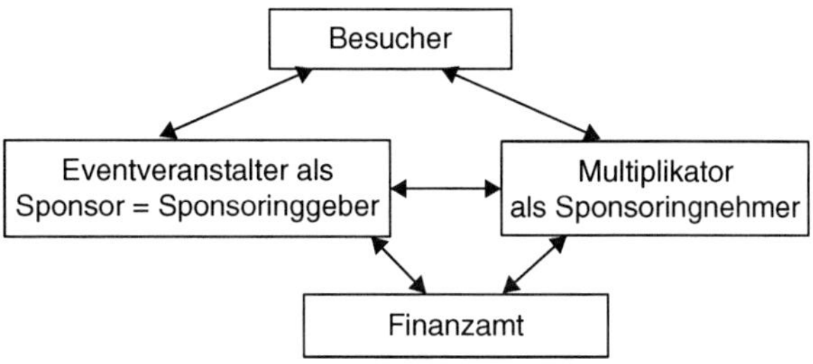

Abb. 3.10 Eventveranstalter als Sponsor

Vom Sponsoring unterschieden werden müssen Spenden bzw. „Mäzenatentum“. Hier geht es in vielen Fällen darum, eine Idee zu unterstützen, ohne eine konkrete Gegenleistung einzufordern.

3.5.2 Leistung und Gegenleistung

Sponsoring muss ein ausgewogenes Verhältnis zwischen Leistung und Gegenleistung beinhalten. Zur Erstellung einer Liste von möglichen Sponsoren dienen folgende Fragen:

- Welche Zielgruppe hat der Event, welche Sponsoren haben Interesse an dieser Zielgruppe (z. B. Sportveranstaltungen = Sportartikelhersteller)?
- Welche Marken/Firmen passen zum Event bzw. zum Image des Events?
- Welche Marken können den Event bereichern?
- Welche Unternehmen mit welchen Marken liegen in der Region?
- Welche Unternehmen/Marken sind generell an Sponsoring interessiert bzw. haben Budgets für Sponsoring?
- Zu welchen Unternehmen bestehen bereits Kontakte?

Ideal sind langjährige Partnerschaften bei wiederkehrenden Veranstaltungen. In diesen Fällen können Verträge über mehrere Jahre abgeschlossen werden, die beiden Seiten Planungssicherheit geben. Hinzu kommt, dass sich die Partnerschaft entwickelt und Lerneffekte entstehen.

Nachdem o. g. Fragen beantwortet sind, muss erarbeitet werden, welche Leistungen zu welchen Preisen angeboten werden können.

Angebote an Sponsoren zu senden, die keine konkrete Nennung der geforderten Leistungen (des €-Betrages) beinhalten, macht i. d. R. keinen Sinn. (Wer kauft schon Produkte ohne den Preis zu kennen?) Es zeigt auch vom Selbstbewusstsein für das Produkt Event, konkrete Preise zu nennen.

Man muss sich vor Augen führen, dass potentielle Sponsoren eine Vielzahl von Angeboten auf den Tisch bekommen. Angebote ohne Preise bedeuten Arbeit durch die nötigen Nachfragen.

Wichtig sind individuelle Angebote, die auf den Sponsor zugeschnitten sind, sowie Angebote, die unterschiedliche Kategorien bzw. Leistungspakete enthalten. Die Daten und Fakten zur Veranstaltung sollten realistisch bzw. eher vorsichtig formuliert werden, vor allem, wenn eine Veranstaltung zum ersten Mal stattfindet. Hilfreich können Szenarien sein, z. B. Besucherzahlen in Abhängigkeit vom Wetter (von x bis y Besucher). Werden Zahlen genannt, die offensichtlich geschönt sind (z. B. eine Verdoppelung der tatsächlichen Zuschauerzahlen), mag es einmalig gelingen, einen Sponsor zu gewinnen. Bei einer Wiederholungsveranstaltung wird dieser Sponsor nicht mehr mitmachen. Ein derartiges Verhalten wird sich bei potentiellen Sponsoren schnell herum sprechen. Daher kann der Rat nur sein: Eine partnerschaftliche Zusammenarbeit auf realistische Zahlen und Erwartungen zu begründen.

3.5.3 Exemplarisches Sponsoringangebot

Im Folgenden ist beispielhaft ein Paket formuliert. Angeboten wird das Hauptsponsoring einer Veranstaltung. Wichtig sind eine hochwertige Präsentationsunterlage sowie ergänzende Unterlagen z. B. Videos, Fotomappen etc. Die Präsentationsunterlage kann zusätzlich als CD-ROM zur Verfügung gestellt werden.

3.5.3.1 Hauptsponsoring

Das Angebot beginnt mit einem Titelblatt (zumindest Überschrift), in dem der potentielle Sponsor sich bereits wiedererkennt: Sponsor „Name“ präsentiert das dritte Musikfestival in Musterstadt. Der Inhalt des Angebotes gliedert sich in die Bereiche Konzept der Veranstaltung, Leistung und Gegenleistung.

Einführung

Hier erfolgt eine kurze Beschreibung der Veranstaltung, des Veranstalters, warum der Sponsor angesprochen wird und welchen Nutzen er als Sponsor hat. Hier werden die relevanten Daten zur Veranstaltung genannt. Zu unterscheiden sind Planzahlen und Referenzzahlen aus der vorherigen Veranstaltung. Wird eine Veranstaltung erstmalig durchgeführt, sind Vergleichszahlen von ähnlichen Veranstaltungen sinnvoll.

Konzept der Veranstaltung

Hier werden Detailinformationen zur Veranstaltung gegeben:

- Angaben zum Veranstaltungsort, Datum der Veranstaltung, Dauer etc.,
- Art der Veranstaltung, Programm (Bands), Beschreibung, Ablauf (Einlass, Ende des Programms) etc.,
- sonstige Angaben zur Veranstaltung: Eintritt bzw. Eintrittspreise, Art der Speisen und Getränke, Service (Parkplätze, Camping etc.), ggf. Investitionen des Veranstalters in Programm und Vermarktung,
- Angaben zur Veranstaltungsregion (Kaufkraft etc.),
- Besucherzahlen, Aufteilung der Besucher nach Tagen bzw. Uhrzeiten,
- Zielgruppen (wichtig sind vor allem Angaben zu Alter und Geschlecht, ergänzt um Daten zu Bildung, Einkommen, Kaufkraft),
- Kommunikationskonzept inkl. Art, Anzahl, Kontakte, Reichweite, Investitionen (TV, Funk, Print, Plakate, Internet etc.),
- Medienpartner,

- geplante Medien- und Pressekontakte,
- Umsatzzahlen der Veranstaltung (z. B. bei einer Brauerei Nennung des geplanten Bierabsatzes).

Anmerkung: Hilfreich sind Fotos, Videoaufnahmen und Presseberichte der Vorveranstaltung sowie Pläne und Skizzen vom Veranstaltungsort inkl. Darstellung der zu belegenden Werbeflächen etc.

Angebotene Leistungen des Veranstalters

Leistungen des Veranstalters können sein:

- Nennung Sponsor „Name" als Hauptsponsor unter dem Motto: „Name" präsentiert …
- Nennung des Sponsors auf allen Werbemitteln mit Namen und/oder Logo des Sponsors unter Angabe der Medialeistung (Nennung der Werbemittel: Anzahl Plakate, Flyer, Eintrittskarten, Prospekte, Kataloge, Mailings, Anzahl Anzeigen in Zeitungen mit jeweils Anzahl der Kontakte, TV, Funk etc.); Anmerkung: Idealerweise werden bereits gestaltete Werbemittel beigefügt auf denen die Art und Größe der Sponsorendarstellung sowie das Größenverhältnis zu anderen Sponsoren deutlich wird. Hilfreich können Prozent-Angaben sein, z. B.: Der „nächstgrößte" Sponsor hat max. 50 % der Schriftgröße des Hauptsponsors.
- Recht auf Markendarstellung am Event bzw. auf dem Veranstaltungsgelände in folgendem Umfang (hier ist eine detaillierte Aufstellung der Werbemöglichkeiten sowie Werbeflächen notwendig) inkl. Darstellung der Möglichkeiten auf Monitoren, Bühne, Zäune, über Blow-Ups, Personal-Kleidung etc. Auch hier können Prozentangaben das Verhältnis von Sponsoren untereinander regeln.
- Produktexklusivität für den Sponsor (z. B. bei einer Brauerei Ausschankrechte), sowie Werbeexklusivität für die Branche (d. h. es kann beispielsweise keine andere Brauerei auf dem Veranstaltungsgelände werben). Anmerkung: Bei Hallen oder Stadien muss vorab geklärt werden, ob der Veranstalter diese Rechte vergeben kann, also ob beispielsweise die Halle werbefrei bzw. ohne bestehende Bindungen gemietet werden kann.
- Promotion-Möglichkeiten am Event: Der Sponsor hat die Möglichkeit einen eigenen Stand aufzubauen, Promotion-Teams einzusetzen oder Merchandising-Verkauf durchzuführen.
- Nutzungsmöglichkeiten des Events für Kommunikations- und POS (point of sale) -Maßnahmen des Sponsors z. B. in Form von Handelspromotion des Sponsors (über „on-pack" Promotion, d. h. Nennung der Veranstaltung auf den Produkten des Sponsors) oder durch die Einbindung in die klassische Kommunikation des Sponsors (sofern von ihm gewünscht).
- Einbindung des Sponsors in die PR-Arbeit des Events über Presseberichte (Tages-, Wochenzeitungen, regionale- und nationale TV-Sender) sowie über Verlosungsaktionen mit Radiosendern.
- Anzahl Freikarten, Ehren-, VIP-Karten inkl. Catering.

- Treffen mit den Künstlern, Backstage Führung etc.
- Nennung der Medienpartner, zusätzliche Leistung der Medienpartner.
- Einrichten von VIP-Lounges, Möglichkeit der Kundenbetreuung für Kunden des Sponsors, Sonderparkplätze.

Gegenleistung vom Sponsor

Die Gegenleistungen müssen vollständig und mit allen Abhängigkeiten und Kriterien (Besucherzahl, Durchführung) beschrieben werden.

- Sponsoringbetrag (bestehend aus einer Fixsumme und ggf. einer variablen Summe z. B. einem bestimmten Betrag je Besucher).
- Zahlungsmodalitäten inkl. ggf. Art der Anzahlung, weitere Zahlungszeitpunkte, Angaben zur Vertragslaufzeit, Vertragsmodalitäten (wer erstellt den Vertrag?), Ausweis Mehrwertsteuer etc.
- Zusatzleistungen (z. B. Kommunikationsleistungen des Sponsors oder Sachleistungen in Form von z. B. kostenlosen Produkten des Sponsors).
- Hinweise: Das Angebot wird mit ergänzenden Informationen abgeschlossen. Hier müssen Angaben über mögliche Zusatzkosten für den Sponsor gemacht werden (z. B. Kosten für das Anbringen der Fahnen und Banner am Veranstaltungsgelände), Angaben zum Timing, d. h. wie lange dieses Angebot gültig ist bzw. bis wann eine Entscheidung getroffen werden muss.

3.5.3.2 Nebensponsoring

Aus diesem Hauptsponsoring lassen sich Nebensponsoringangebote ableiten, indem einzelne Bausteine angeboten werden. Neben einem Hauptsponsoring kann ein Titelsponsoring angeboten werden. Hier wird der Name des Sponsors in den Veranstaltungsnamen integriert. Die Zusammensetzung der Sponsoren muss genau überdacht werden. Konkurrierende Unternehmen werden nicht dieselbe Veranstaltung belegen. Hingegen können sich ergänzende Sponsoren sehr sinnvoll sein.

Dem Sponsor muss seiner Bedeutung entsprechend ein Ansprechpartner vor, während und nach dem Event zur Verfügung stehen. Die Arbeit des Ansprechpartners ist sehr anspruchsvoll. Er muss versuchen, die Wünsche der Sponsoren zu erfüllen, die Interessen der verschiedenen Sponsoren zu koordinieren, aber auch darauf achten, dass die Veranstaltung noch den gewünschten Charakter behält. So müssen und können nicht alle Wünsche der Sponsoren zwangsläufig erfüllt werden. Wichtig ist es, den Auftritt der Sponsoren nicht zu dominant werden zu lassen, da Besucher darauf verstimmt reagieren könnten.

In der Vergangenheit hat sich bei Großveranstaltungen wie z. B. Musikfestivals die Zusammenarbeit mit einem Sponsor aus dem Bereich Konsumgüter sowie mit einem oder mehreren Medienpartner(n) bewährt. Auch wenn es nur wenige Veranstaltungen in ähnlichen Größenordnungen gibt, lassen sich die Grundsätze sowie die Bausteine dieses Sponsorings auch auf kleinere Veranstaltungen übertragen.

Der Medienpartner stellt einerseits Werbezeiten oder andere Werbeleistungen zur Verfügung, nutzt dafür den Event zur eigenen Bekanntheitssteigerung in der definierten Zielgruppe. Der Sponsor nutzt seine eingeplanten Mediaetats, indem neben der klassischen Kampagne auf die Sponsoringaktivitäten hingewiesen wird.

So kann bei einer guten Zusammenarbeit die Leistung der Sponsoren nicht nur aus Geld bestehen, sondern aus Zusatzleistungen, wie z. B. einer Werbeleistung. Sehr sinnvoll können Partnerschaften sein, bei denen der Sponsor den Event aufgreift und vernetzt in seinen gesamten Marketingmix einbaut (siehe Abschn. 3.7). Neben einer Bewerbung der Veranstaltung bzw. des Sponsoring im Rahmen der klassischen Werbekampagne des Sponsors können Instrumente wie Printanzeigen, Internet-Seiten, Promotion und Kundenbindungsprogramme integriert werden. Eintrittskarten können im Rahmen von Promotions der Sponsoren verlost werden. Der Sponsor nutzt den Event, um in einer emotionalen Atmosphäre näher an seine Kunden zu kommen. Dazu dienen besondere so genannte VIP-Treatments, die besondere Leistungen enthalten, die ein normaler Besucher nicht erleben kann, wie z. B. „Meet & Greet" mit den Künstlern, Backstage-Führungen etc. Die Mitarbeiter des Sponsors stellen eine interessante Besuchergruppe für Eintrittskarten dar. Der Verkauf an die Mitarbeiter (zu ermäßigten Preisen) kann durch den Sponsor unterstützt werden. Die Zusammenarbeit mit Medienpartnern ist natürlich schwierig, wenn das Event erstmalig stattfindet oder der Erfolg ungewiss ist. In dieser Startphase halten sich Medienpartner mit zusätzlichen Leistungen in Form von z. B. „Gratis-Funkspots" zurück – die Investitionen muss der Veranstalter tragen. Stellt sich dann heraus, dass das Event ein großer Erfolg ist, dann springen die potentiellen Medienpartner auch freiwillig (mit den entsprechenden Leistungen) auf den fahrenden Zug.

Neben Sponsoren können Mittel über Kulturetats der Städte und Gemeinden angeworben werden. In der Regel stehen in den „Kulturetats" Gelder zur Verfügung, die attraktive überregional wirksame Veranstaltungen in die Region ziehen sollen. Die Möglichkeiten von Stadt zu Stadt sind sehr unterschiedlich. In der Regel sind die förderungswürdigen Veranstaltungen stark eingeschränkt bzw. unterliegen strikten Kriterien hinsichtlich wirtschaftlicher Faktoren (Gewinnerzielung etc.). Oftmals bieten die Städte neben finanziellen Unterstützungen auch Hilfe in Form von kostenlosen oder vergünstigten Hallenmieten an. Weiterhin stehen Beratungsleistungen bzw. Vermarktungsleistungen zur Verfügung. Teilweise übernehmen die zuständigen Behörden oder Einrichtungen auch die Akquise von Sponsoren. Die entsprechenden Informationen sind oftmals über die Homepage der Stadt bzw. der Kulturbehörde zu erhalten.

Abschließend sei noch darauf hingewiesen, dass die dem Sponsor angebotenen Leistungen auch rechtlich möglich bzw. zulässig sein müssen. Insbesondere muss mit den auftretenden Künstlern bzw. deren Management Rücksprache gehalten werden, welche Sponsoren sie ggf. akzeptieren und inwieweit der Sponsor auch (neben der Veranstaltung) den auftretenden Künstler nennen oder abbilden darf. Bei (finanziell oder juristisch) bedeutenden oder kritischen Sponsoringaktivitäten ist die Erstellung des Sponsorvertrages durch einen Anwalt ratsam.

3.5.4 Kooperationen

Events werden als Mittel der erlebnisorientierten Kommunikation immer wichtiger, aber die Finanzierung wird schwerer. Das klassische Sponsoring gerät so leicht an seine Grenzen.

Ein Lösungsansatz sind Syn-Events, bei denen zwei oder mehrere Organisationen synergetisch kooperieren. Wichtig dabei ist, dass sich die Zielgruppen beider Organisationen überlappen. Damit kann ein gemeinsames Events organisiert werden, das auf die gemeinsamen Teile der Zielgruppe abgestimmt ist.

Die beiden Partner profitieren nicht nur vom Event, sondern auch noch vom Image des jeweiligen anderen Partners. Ein Beispiel dazu ist die in [Attenberger] analysierte Kooperation zwischen Bruno Banani und Daimler.

3.6 Eventorganisation

3.6.1 Marketingplanung

Die dem Buch beigefügten Checklisten sind wesentliches Instrument zur Steuerung und Kontrolle des Erfolges. Wie eingangs erwähnt, steht zu Beginn der Erfolgstrategie die Festlegung von zu erreichenden Zielen. Dazu ist es notwendig, die Zielerreichung laufend oder in gewissen Abständen vor, während und nach der Veranstaltung zu überprüfen. Neben allen Kriterien, die gemessen werden sollen, müssen Timings und Verantwortlichkeiten bestimmt werden. Durch die „Einmaligkeit" von Veranstaltungen lassen sich viele Fehler nicht mehr beheben (vorbei ist vorbei). Trotzdem muss die Überprüfung der Zielerreichung auch nach der Veranstaltung erfolgen, um nötigenfalls Verbesserungen für die Wiederholungsveranstaltung im nächsten Jahr festzulegen.

Als Hilfsinstrument dient, „trocken" den Ablauf einer Veranstaltung aus Sicht der Besucher durchzuspielen:
- Wie erfahren die Besucher von der Veranstaltung?
- Wie reisen die Besucher an?
- Welche Parkplätze und Beschilderungen sind notwendig?
- Wie kommt der Besucher vom Parkplatz zu seinem Platz?
- Benötigt der Besucher eine Garderobe?
- Wie und wo kann der Besucher Hunger und Durst stillen?
- Wann und wie beginnt das Programm?
- Wie erlebt der Besucher das Programm?
- Welche Pausen werden eingelegt und was passiert da?
- Wie sind die Toiletten zu erreichen?
- Wann und wie endet das Programm?
- Wie erfolgt die Abfahrt nach Veranstaltungsende?

3.6.2 Marketingcontrolling

Mit Kontrolle ist in der Regel der Soll/Ist-Vergleich gemeint. Der Begriff Controlling steht nicht nur für die Kontrolle an sich, sondern beinhaltet die Planung (der Ziele), die Kontrolle (der Zielerreichung) sowie die sich daraus ergebenen Maßnahmen der Steuerung und Optimierung der Erfolgsfaktoren.

3.6.2.1 Kontrolle

Wichtig für ein erfolgreiches Controlling ist die Definition und die Beschaffung der notwendigen Informationen, um eine Einschätzung der aktuellen Situation vornehmen zu können (wo stehen wir?):

- Welche Ziele und Zielerreichungen wurden geplant?
- Wo stehen wir? Wo existieren Abweichungen?
- Welche Maßnahmen müssen daher ergriffen werden?

Entscheidend für die eigentliche Veranstaltung ist die kontinuierliche Überprüfung der Strategie im Vorlauf zur Veranstaltung. Bei Veranstaltungen mit Kartenvorverkauf sind die Vorverkaufszahlen Indikator und lassen sich häufig hochrechnen. Bei großen Veranstaltungen können Bekanntheit und Image der Veranstaltung vor und während der Veranstaltung durch Befragungen gemessen werden. Die Zufriedenheit der Besucher kann mittels verteilten Antwortkarten oder telefonischen Befragungen nach der Veranstaltung gemessen werden. Dazu sind natürlich die entsprechenden Telefonnummern notwendig. Zeigt sich eine Abweichung, muss gegengesteuert werden. Die Wirkung bzw. Kontakterreichung der Werbemaßnahmen kann über Mediaagenturen gemessen werden. Hilfreich sind dazu bereits im Vorfeld festgelegte „Notfallpläne", denn oft ist in solchen Situationen keine Zeit für ausführliche Neuplanungen. Sinnvoll ist folgende Unterteilung der Kontrolle (siehe Checkliste):

- Kontrolle der festgelegten Entwicklungsschritte vor der Veranstaltung inkl. Timing,
- Kontrolle während der Veranstaltung,
- Erfolgskontrolle nach der Veranstaltung,
- Abschlussbericht.

Der laufende Status sowie die Kontrollschritte können ideal auf regelmäßigen Meetings besprochen werden. Die für die einzelnen Bereiche Verantwortlichen berichten über die Zielerreichung und über Abweichungen. Bei diesen Meetings lassen sich häufig Probleme oder Fehler bzgl. ungenauen Verantwortungsbereichen sowie Kommunikationswegen erkennen.

3.6.2.2 Dokumentation und Erfolgsmessung

Für eine Erfolgskontrolle nach der Veranstaltung sind Aufzeichnungen der Veranstaltungen mit Fotos bzw. auf Video notwendig. Diese Bilder sollten das Umfeld darstellen (Halle, Dekoration, Einbindung der Sponsoren etc.) sowie Stimmungen der Besucher auffangen. Logistische Details wie z. B. die Anordnung der Bestuhlung, die Anordnung der Bühne sowie der Versorgungseinrichtungen sind hilfreiche Protokolle für eine Wiederholung der Veranstaltung einschließlich der sinnvollen Verbesserungsmöglichkeiten. Die Auswertung der Pressemeldungen runden den Eindruck ab.

Bei kommerziellen Veranstaltungen spielt natürlich das wirtschaftliche Ergebnis eine entscheidende Rolle. Die größte Besucherzufriedenheit nutzt wenig, wenn die Veranstaltung einen Verlust eingefahren hat – es sei denn, dieser Verlust ist als Investition in die Zukunft der Veranstaltung eingeplant.

Wichtig für eine Erfolgskontrolle ist die Einschätzung der tatsächlichen Erfolgsfaktoren. Dazu ist es anzustreben, die einzelnen Aktivitäten der Vermarktung bzw. der Veranstaltung an sich bzgl. des daraus entstehenden Erfolges zu messen. Die Veranstaltung kann insgesamt ein Riesenerfolg sein, obwohl ein Programmpunkt „floppte". Gleichfalls können einzelne Bausteine der Vermarktung „erfolglos" gewesen sein. So kann sich beispielsweise herausstellen, dass kaum jemand eine Eintrittskarte über die Homepage gekauft hat. Anhand der Autonummer auf dem Parkplatz wurde festgestellt, dass fast niemand aus der Nachbarstadt da war, obwohl gerade dort die meisten Plakate angeklebt wurden.

Für die Planung einer Wiederholung lässt sich daraus folgern, die wirksamen Instrumente der Vermarktung sowie die erfolgreichen Programmteile zu verstärken und die weniger erfolgreichen oder gar erfolglosen Instrumente zu streichen oder zu verändern.

Ratsam beim Feedback zu einer Veranstaltung ist es, eine Nachbesprechung mit allen Beteiligten durchzuführen. Diese Besprechung muss zeitnah erfolgen, denn dann sind die Erfahrungen noch frisch. Die Ergebnisse sind in Protokollen festzuhalten, um zeitgerecht bei der Planung einer Wiederholung darauf aufbauen zu können.

3.6.2.3 Beschwerdemanagement

Abschließend noch einige Hinweise zum Thema Beschwerdemanagement: Im Abschn. 3.4.6 wurde auf die Notwendigkeit hingewiesen, bei der Bewerbung einer Veranstaltung einen Absender, d. h. einen Veranstalter anzugeben. In diesem Zusammenhang ist zu prüfen, ob neben einer Adresse eine Telefonnummer angegeben werden soll. Diese Nummer kann als Hotline dazu dienen, bereits vor der Veranstaltung Fragen zu beantworten, die Probleme z. B. bei der Vermarktung aufzeigen. Nach der Veranstaltung können sowohl positive als auch negative

Stimmen helfen, den Optimierungsbedarf für Folgeveranstaltungen festzulegen. Wenn die Entscheidung für eine Hotline gefallen ist, dann muss diese auch konsequent ausgelebt werden. Wichtig sind einerseits auf allen Anfragen auch tatsächlich Antworten zu geben sowie andererseits schnell, kompetent und freundlich zu antworten.

3.6.2.4 Risikomanagement

Wie bereits angesprochen, müssen rechtzeitig im Vorfeld Kommunikationspläne für den Fall von unvorhergesehenen Ereignissen erstellt werden. Die beste Marketingstrategie, die zu einer ausverkauften Veranstaltung mit einer tollen Stimmung geführt hat, wird dann gegenstandslos, wenn sich plötzlich mitten in der Veranstaltung ein Unfall ereignet, bei denen Personen zu Schaden kommen oder eine Panik entsteht. Sind dann keine Notfallpläne vorhanden, in der die Vorgehensweise festgelegt ist bzw. sind die Veranstalter mit dieser Situation überfordert, so wird alles andere unwesentlich und unwichtig. Im Interesse der Besucher und natürlich auch im Eigeninteresse der Veranstalter müssen alle Vorkehrungen in Abstimmung mit den Sicherheitsdiensten, mit Polizei, Feuerwehr etc. getroffen werden, um den „Super-Gau“ zu verhindern bzw. wenn er entsteht, den Schaden zu begrenzen. Dazu gehört auch die Planung der Informationspolitik d. h. eine koordinierte Vorgehensweise, bei der festgelegt ist, wer, in welchen Fällen, wen, wie informiert.

3.6.2.5 Notfallplanung

Die Vorbereitungszeit eines Events ist um vieles länger als die tatsächliche Dauer des Events, Monate der Vorbereitung können in Minuten der Aufführung eines Events münden. Neben dem im vorherigen Abschnitt beschriebenen „Super-GAU“ können kleinere Abweichungen vom Soll behoben oder zumindest in der Wirkung optimiert werden. Die erste Regel lautet: Ruhe bewahren. Erkannt werden (erste) Abweichungen vom Plan häufig nicht von den Akteuren, d. h. von den Organisatoren eines Events, die gerade aktiv im Programmablauf eingebunden sind. Abhilfe kann eine Art „Supervisor“ schaffen, also eine Person, die nichts anderes macht, als die Abläufe zu überwachen. Dabei benötigen nicht unbedingt nur die großen Themenbereiche bzw. Programmpunkte eines Events eine Überwachung. Relativ kleine Elemente können bereits negative Auswirkungen haben bzw. zu größeren Störungen werden:

- Sind noch freie Parkplätze vorhanden?
- Bilden sich Schlangen an den Kassen/Garderoben?
- Ist die Raumtemperatur in Ordnung?
- Stimmen die Lichtverhältnisse?

- Ist auf den Toiletten alles in Ordnung?
- Gibt es einzelne Besucher, die negativ auffallen?

Der erste Schritt ist getan, wenn diese Abweichungen bereits im Keim erkannt und dann möglichst erstickt werden. Im nächsten Schritt muss daher mittels „Erste Hilfe Maßnahmen“ versucht werden, größere Abweichungen zu vermeiden bzw. einzudämmen. Dafür ist sowohl freie Manpower (Personalreserve) als auch ggf. Reserven an Material, Verbrauchsgüter bzw. der mögliche Ersatz von Technik und/oder Ersatzprogramm vorzuhalten. Diese „Erste Hilfe Truppe“ kann situativ eingesetzt werden, wo gerade Not am Mann ist. Materialreserven können für die wichtigsten Verbrauchsgüter oder beispielsweise für Technik in Form eines zweiten Beamers für Computerpräsentationen angelegt werden. Häufig reicht es auch, zu wissen, wer in Notfällen kurzfristig extern helfen kann. Nicht alle Eventualitäten lassen sich durch eine gute Vorbereitung bzw. durch eine hohe Erfahrung ausschließen. Jedoch lassen sich die negativen Auswirkungen durch ein überlegtes Handeln eingrenzen. Es gibt natürlich auch Situationen die an sich nicht mehr zu meistern sind. Stolpert der Künstler während der Aufführung und bricht sich ein Bein, dann kann in der Regel innerhalb weniger Minuten kein Ersatz beschafft werden. Innerhalb von wenigen Sekunden oder Minuten müssen aber Alternativen abgewogen und Entscheidungen über den weiteren Ablauf getroffen werden. Mildern kann die Situation ein Moderator, der die Gäste über den weiteren Ablauf bzw. – soweit unausweichlich – über den Veranstaltungsabbruch informiert und sich einfach nur bei den Gästen für die Unannehmlichkeiten entschuldigt. Voraussetzung ist auf jeden Fall, dass klar definiert ist, wer in solchen Notfällen die Entscheidungskompetenz hat.

3.6.3 Information

Ein Buch kann leider nicht zu allen Fragestellungen Antworten oder Kontakte liefern. Deshalb geben wir im folgenden einige Informationsquellen und Anregungen für weitere Informationsbeschaffung.

3.6.3.1 Informationsbeschaffung

Fragen wie „Wo kann ich die Band buchen? Wer baut mir ein Zelt auf? Wer hilft mir bei der Vermarktung?“ werden daher lediglich mit allgemeinen Hinweisen zu Informationsquellen sowie mit einigen speziellen Hinweisen auf das Internet beantwortet. Weitere allgemeine Informationen und Kontakte rund um Events bietet beispielsweise die zweimonatlich erscheinende Fachzeitschrift „Event Partner“ (Herausgeber: MM-Musik-Media-Verlag GmbH). Im Anhang dieser Zeitschrift befindet sich eine Serviceliste mit Adressen von Dienstleistern wie beispielsweise Event Agenturen, Catering Service, Verleiher, Ausstatter, Locations, Künstleragenturen, Versicherungen etc.

Zur Informationsbeschaffung gilt auch die weitere am Ende dieses Buches angegebene Literatur. Literatur zu speziellen Events findet sich anhand der entsprechenden Stichworte in Bibliotheken und im Buchhandel.

3.6.3.2 Information aus dem Internet

Eine umfassende Informationsquelle, um zu beinahe allen Fragen rund um das Thema Veranstaltung/Event Antworten zu finden, stellt das Internet dar. Über die Hompages der entsprechenden Städte lässt sich ein Überblick über Konkurrenzveranstaltungen oder der Bedarf nach bestimmten Veranstaltungen recherchieren. Allerdings sollten die Ergebnisse zur Sicherheit teilweise direkt hinterfragt werden.

Über die diversen Suchmaschinen (z. B. www.google.de), lassen sich die Kontakte zu Dienstleistern und Agenturen recherchieren. Allerdings sei an dieser Stelle auch auf die negative Seite des Internets hingewiesen: Die Datenflut ist enorm und es lassen sich oft nicht auf einen schnellen Blick nutzbare Adressen und Kontakte von sinnlosen unterscheiden. Im Allgemeinen ist die Zeit für eine Internet-Recherche trotzdem gut angelegt.

3.6.3.3 Information über das Internet

Das Internet stellt jedoch nicht nur eine Infobörse dar, sondern bietet – wie bereits in den vorangegangenen Abschnitten dargestellt – umfangreiche Möglichkeiten, die eigene Veranstaltung zu vermarkten.

Die Kommunikation und Vermarktung über eine Homepage ist je nach Art und Umfang günstiger als vielleicht vermutet. Das Einrichten einer Homepage kann ab 500 bis 1.000 € erfolgen, die laufenden Kosten (Aktualisierung etc.) kann ab 50 bis 100 € pro Monat erfolgen. Je nach Umfang der Homepage sind nach oben natürlich keine Kostengrenzen gesetzt.

Eine gute Unterstützung bei der Vermarktung von Veranstaltungen sind E-Mails, Nachrichten über soziale Netzwerke und SMS. Die Adressen können z. B. mit Hilfe der Anfragen aber auch Beschwerden zur Veranstaltung des Vorjahres aufgebaut werden. Oft reicht schon ein Tag Arbeit mit einer Person, um viele tausend Kontakte aufzubauen. Als Kosten kommen dann neben den o. g. Kosten für den Unterhalt der Homepage lediglich der Stundenlohn für die Bearbeitung der Mails bzw. SMS (sowie ggf. Telefongebühren etc.) hinzu. Spamming (z. B. durch undifferenzierte Nutzung von Verteilerlisten) sollte jedoch unterlassen werden. Wer den Verteiler einer Organisation für die Information über ein Event nutzt sollte in der Mail darauf hinweisen, warum das Event etwas mit der Organisation zu tun hat, und das am besten explizit mit Grund („Sie erhalten diese Email über den Verteiler … weil …") oder Bezugsperson („in Absprache mit …").

3.6.4 Einbindung von Agenturen

Je nach Art und Umfang der Veranstaltung kann es – wie bereits mehrfach erwähnt – sinnvoll oder notwendig sein, eine entsprechende Werbe-, Media- oder auch Eventagentur mit der Erarbeitung der Erfolgsstrategie oder der Umsetzung zu beauftragen. Aber auch beim Einsatz einer Eventagentur ist es notwendig, sich mit dem Thema Erfolgsstrategie zu beschäftigen und Ziele und Strategie festzulegen. Nur mit diesem Wissen kann dann ein entsprechendes Briefing der Agentur(en) erfolgen.

Auf dem Markt gibt es Full Service Eventagenturen, die alle Bereiche eines Events inkl. Kreation der Inhalte, der Marke und der Vermarktung sowie die Umsetzung des Events an sich anbieten. Darüber hinaus gibt es Agenturen, die sich auf Teile eines Events wie z. B. die Veranstaltungslogistik konzentriert haben. Letztlich hängt die Entscheidung von der Größe der Veranstaltung ab und von den eigenen Möglichkeiten des Veranstalters (vorhandenes Know How und Manpower).

Der Einsatz einer Agentur kann sehr teuer sein. Kosten können gespart werden, in dem genaue Vorgaben an die Agentur gemacht werden. Das Buch soll dabei helfen. So muss nicht bei jeder Veranstaltung durch eine Agentur „das Rad neu erfunden werden“. Es kann jedoch auch sehr viel Geld kosten, keine Agentur einzusetzen, in dem Fehler beim Konzept oder bei der Umsetzung gemacht werden. Daher muss diese Entscheidung sorgfältig getroffen werden.

Es ist in vielen Fällen ratsam, zumindest ein Gespräch mit Agenturen im Vorfeld zu führen, um sich über die Leistungen und die Preise einen Überblick zu verschaffen.

Auch bei kleineren (privaten) Feiern erfolgt häufig eine Zusammenarbeit mit „Agenturen“, am häufigsten mit einem Catering-Unternehmen. Auch für diese zunächst „einfache“ Einbindung eines „Externen“ sind die Beachtung der Erfolgsfaktoren wichtig. Der Erfolg der Speisen hängt entscheidend von der Aufgabenstellung durch den Veranstalter ab:

- Welche Gäste werden eingeladen? (Zielgruppe: z. B. Verwandte und Bekannte im Alter von … bis …)
- Gibt es besondere Wünsche? (z. B. vegetarische Gerichte)
- Wann werden die Gäste eingeladen? (Kategorie des Essens, z. B. gesetztes Abendessen, Niveau des Essens, Dauer des Essens)
- Was ist der Anlass? (Art des Essens, z. B. Hochzeitsmenü)
- Welchen Schwerpunkt/Stellenwert nimmt das Essen ein? (Budget, Umfang, Uhrzeit, kommen die Gäste bereits hungrig?)
- Welches Rahmenprogramm existiert? (z. B. Reden, die zu einer Verzögerung führen können)

Durch den Einsatz von Agenturen entstehen oft komplexe Vertragsverhältnisse. Zunächst gilt jedoch, dass der Veranstalter i. d. R. das Risiko der Veranstaltung trägt und nicht die Eventagentur, die oft „nur“ umsetzt.

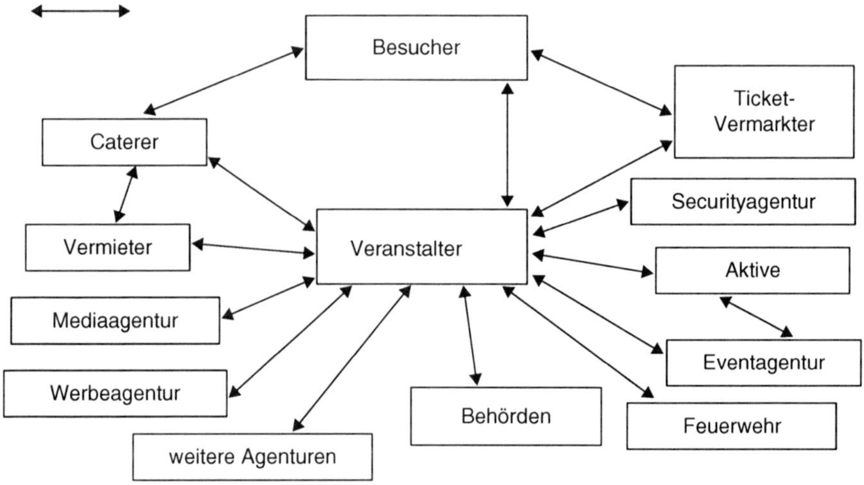

Abb. 3.11 Vertragsverhältnisse und Einbindung von Agenturen

Allerdings bestehen teilweise auch direkte Vertragsverhältnisse zwischen Agenturen bzw. Dienstleistern und den Besuchern (z. B. beim Caterer). Es ist auf jedem Fall ratsam, diese rechtliche Komponente einer Veranstaltung genau zu analysieren, um zu wissen, wer wofür verantwortlich ist und letztlich auch den Kopf hinhält. Dazu sollte das Thema Recht und Risiken betrachtet werden.

Abschließend sei an dieser Stelle die etwas unkonventionelle Phrase „garbage in – garbage out" bemüht. Das heißt, bei einer schlechten ungenügenden Aufgabenstellung, kann der beste Dienstleister kein gutes Ergebnis liefern.

3.7 Eventmarketing

In diesem Abschnitt soll ergänzend auf den Begriff Eventmarketing (im Gegensatz zum Marketing eines Events) eingegangen werden, d. h. auf die Einbindung von Events als ein Kommunikationsinstrument innerhalb der gesamten Unternehmens- oder Markenkommunikation.

3.7.1 Begriff Eventmarketing

Die Begriffe Eventmarketing und Sponsoring überschneiden sich dabei vielfach bzw. werden in der Praxis auch teilweise gleichbedeutend gebraucht. Eventmarketing steht eher im Zusammenhang mit Events, die zum Ziel der Marken- oder Unternehmenskommunikation kreiert werden. Der Begriff Sponsoring wird bei Events benutzt, die ohnehin (d. h. i. d. R. auch ohne den Sponsor) geplant sind bzw. stattfinden. Das bedeutet, dass die im Sinne des Eventmarketings entstehenden Events oft näher an der Marke sind, um die es geht, bzw. noch dichter an der gemeinten Zielgruppe sind, da sie genau zu diesem Zweck entwickelt werden.

Eine besonders effiziente Form des Event-Marketings stellen die bereits betrachteten Syn-Events dar. Der Begriff wurde durch Attenberger und Holzbaur entwickelt [Attenberger]. Hier wird durch Träger verschiedener Marken ein Event gestaltet, wobei die Marken eine gemeinsame Zielgruppe haben und bei dieser vom Event und im Optimalfall wechselseitig vom Image profitieren.

Den besonderen Charakter von Events nutzen heute viele Markenartikelunternehmen, um sie als Teil der Unternehmenskommunikation zu positionieren. Ein Hintergrund ist die Kommunikations- und Informationsflut, durch die es immer schwerer und teurer wird, Verbraucher über die klassischen Medien zu erreichen. Hinzu kommt in vielen Branchen eine hohe Austauschbarkeit der Produkte, eine Marktsättigung oder auch zunehmende Werberestriktionen. Die zu erreichenden Verbraucher tendieren zu immer mehr Freizeit- und Erlebnisorientierung. Emotionen liegen im Trend.

Diese Entwicklung nutzen Unternehmen, um im Rahmen von Events in einem attraktiven, positiven Umfeld eine emotionale Bindung zum Produkt herzustellen. Teilweise werden neue Events zu diesem Zweck kreiert, teilweise werden bestehende Events (Sponsoring) genutzt. Veranstalter von bestehenden Events können im Rahmen der Sponsorensuche von diesem Trend profitieren (siehe Abschn. 3.4).

Sichtbar wird die zunehmende Bedeutung von Eventmarketing bei der Untersuchung der Marketingetats von vielen Unternehmen. Festzustellen ist eine Umschichtung aus klassischen Mediaetats (so genannte Above the Line-Etats) in Sponsoring- oder Event-Budgets (so genannte Below the Line-Etats). Für eine umfassende Beschreibung des Nutzens von Eventmarketing müssen die Gesamtmarketingstrategien von Unternehmen oder Marken analysiert werden. Sofern dort Ziele definiert sind wie beispielsweise: „Stärkere Kundenbindung über eine emotionale Verbraucheransprache“ oder „Aufbau von Erlebniswelten, die der Freizeitorientierung der Konsumenten gerecht werden“, oder „Produkterlebnis in einem emotionalen Umfeld“, dann ist Eventmarketing ein potentielles Instrument.

3.7.2 Wirkung von Eventmarketing

Dieses Thema kann im Rahmen dieses Buches nur im Ansatz erörtert werden. Nichtsdestotrotz sollte ein Eventmanager wissen, welche Wirkungen durch Eventmarketing bei Zielgruppen erzielt werden können bzw. sollen. So kann er die Sichtweise der möglichen Partner aus Markenartikelunternehmen besser verstehen.

Was kann durch den Einsatz von Eventmarketing im Rahmen der Markenkommunikation erreicht werden? Wie in Abschn. 3.7 aufgezeigt, kann als Kommunikationsziel grob vereinfacht beispielsweise der „Aufbau von Erlebniswelten“ definiert werden. Im Folgenden soll es darum gehen, dieses mögliche Ziel etwas zu konkretisieren.

In der Kommunikation geht es darum, Reaktionen bei „von Marken" definierten Zielgruppen auszulösen. Gelingt dies, „wirkt" die Kommunikation. Diese Wirkung kann sich z. B. darin ausdrücken, dass sich bei der Zielgruppe die Bekanntheit einer Marke erhöht, Informationen über die Produkteigenschaften von Marken vorhanden sind oder sich die Einstellung zu einer Marke oder deren Image verändert. Im Idealfall führt diese Wirkung schließlich dazu, dass die Zielgruppe die Marke bzw. das Produkt kauft bzw. die Kaufintensität sich erhöht. Zunächst unabhängig von der Wirkung durch Eventmarketing existieren eine Reihe von Erklärungsmodellen zur grundsätzlichen Wirkung der Kommunikation. Im so genannten S-R-Modell d. h. Stimulus-Response-Modell geht man davon aus, dass ein Reiz (Stimulus) beispielsweise eine Werbebotschaft eine beobachtbare Reaktion (Response) beim Empfänger auslöst. Am Beispiel eines Events müssten nach diesem Modell alle Besucher eines Events die gleichen Reaktionen zeigen. Diese einheitliche Reaktion ist sicherlich aus der bisherigen praktischen Erfahrung auszuschließen. Insofern muss dieses Modell erweitert werden.

Die unterschiedlichen Reaktionen der Eventbesucher auf eine Markenbotschaft können in ihrer Ausprägung beispielsweise durch ein unterschiedlich hohes Involvement (Interesse, Grad der Beteiligung an einer Botschaft) im Hinblick auf die Marke, durch eine positive Stimmung des Besuchers oder durch bereits vorhandenes Wissen über eine Marke entstehen bzw. beeinflusst werden.

Beim Besucher eines Events laufen einerseits individuelle so genannte kognitive Vorgänge ab. Informationen bzw. Wissen über eine Marke/ein Produkt werden aufgenommen. Andererseits entstehen so genannte aktivierende Vorgänge. Hier entstehen Emotionen bzw. Einstellungen zu einer Marke/einem Produkt. Auf einem Event können somit einerseits die offensichtlichen Merkmale einer Marke bzw. eines Produkts kommuniziert werden (das Auto verbraucht 7 L Diesel auf 100 km) anderseits Emotionen geweckt werden (die Automarke steht für gewisse Attribute wie Sportlichkeit, Dynamik etc.).

Insofern muss bei der Ausgestaltung einer Botschaft durch Eventmarketing unterschieden werden, ob beispielsweise die Markenbekanntheit aufgebaut werden soll oder ob einer bekannten Marke etwas hinzugefügt werden soll. So kann das Image einer Marke positiv beeinflusst werden. Es ist grundsätzlich zu hinterfragen, ob Eventmarketing als Maßnahme zur Steigerung der Bekanntheit nicht ohnehin zu teuer ist. Für dieses Ziel können ggf. Sponsoringmaßnahmen (z. B. Trikotsponsoring oder Bandenwerbungen) der geeignetere Ansatz sein.

Das eingangs erwähnte Kommunikationsziel „Schaffung von Erlebniswelten" ist eine Maßnahme mit dem Ziel oder dem gewollten Ergebnis, eines positiven Imagetransfers (=Wirkung) bei einer Marke durch Eventmarketing. Dieser Imagetransfer setzt jedoch voraus, dass das Event über das positive Image verfügt von dem eine Marke profitieren möchte.

Folgende Empfehlungen für eine möglichst hohe Wirkung durch Eventmarketing lassen sich für Markenartikelunternehmen zusammenfassen:

- Ein hohes Involvement des Besuchers in den Event bzw. in die Marke fördert die Wirkung. Der Besucher muss die Marke und das Event interessant finden bzw. sich „beteiligen" am Event.

- Ebenso unterstützt eine gute Stimmung in der sich der Besucher befindet die Aufnahme von Signalen.
- Die Botschaft der Marke, die das Event nutzt, muss für den Besucher relevant sein.
- Das (Event-) Engagement der Marke muss sich differenzieren. Besetzen ähnliche Marken ebenfalls dieses Event-Thema, lässt die Wirkung nach.
- Stellen sich mehrere Marken auf einem Event dar, lässt die einzelne Wirkung je Marke ebenfalls nach.
- Marke und Event müssen im Kopf des Besuchers glaubwürdig zueinander passen. Zu einer exklusiven Marke passt ein exklusives Event.
- Eine Marke profitiert von den positiven Werten eines Events. Im Gegensatz dazu kann ein negativ besetztes Event das Gegenteil auslösen.
- Das Eventmarketing für eine Marke sollte langfristig angelegt sein und somit sollten sich Eventaktivitäten wiederholen, um eine hohe Wirkung zu erzielen.

Der Imagetransfer zwischen Event und Marke wird positiv beeinflusst, wenn das Erlebnis Event und die Information zur Marke gleichzeitig wahrgenommen werden. Zum Beispiel kann die Darstellung einer Marke im Rahmen eines Feuerwerks auf der Bühne erfolgen, so lange der Künstler noch auf der Bühne ist. Schwieriger ist ein Imagetransfer beispielsweise im Bereich Bandenwerbung bei Sportveranstaltungen. Eine sehr hohe Konzentration des Besuchers auf die sportliche Leistung kann die Aufnahme der Bandenwerbung deutlich reduzieren.

Dies führt erneut zur Differenzierung zwischen Marketingevents und Sponsoring. Bei Marketingevents sollte ausgeschlossen werden, dass Event und Marke eben nicht gemeinsam aufgenommen werden.

Eventmanager die o. g. Ausführungen bei der Ausgestaltung von Events für Marken oder bei der Sponsorensuche berücksichtigen werden eine wichtige Voraussetzung erfüllen, um als kompetente Partner wahrgenommen zu werden. Die Erfüllung dieser Kriterien sollte die Wirkung in ein gutes Verhältnis zwischen Aufwand und Nutzen bringen.

Die finale Messbarkeit der Wirkung von Eventmarketing ist ähnlich komplex wie generelle Messungen der Wirkung von Kommunikation. Einflüsse auf die Ergebnisse können durch weitere Kommunikationsmaßnahmen einer Marke entstehen. Aktivitäten von Mitbewerbern beeinflussen Resultate zusätzlich. Dadurch lässt sich nicht immer genau erheben, welche Maßnahme welcher Wirkung zuzuordnen ist. Es ist auf jeden Fall ratsam, sich mit dem Partner aus der Markenartikelbranche im Vorfeld über Möglichkeiten der Wirkungsmessung zu unterhalten. Häufig haben die Marktforschungsabteilungen dieser Unternehmen Instrumente, die eingebunden werden können.

3.7.3 Beispiel

Im Folgenden ein kurzes Praxisbeispiel für Eventmarketing bzw. Sponsoring (siehe auch Abschn. 8.12):

Im Jahr 1999 unterstützte die Brauerei Beck & Co mit Ihrer Marke BECK'S die Marius Müller Westernhagen Open Air Tournee. An diesem Beispiel wird zunächst die Abgrenzungsproblematik zwischen Eventmarketing und Sponsoring erneut deutlich. Die eigentliche Tourneepräsentation („BECK'S präsentiert Westernhagen 1999 LIVE") ist sicherlich in erster Linie in der Bedeutung von Sponsoring zu sehen. Die das Sponsoring begleitenden Aktivitäten hatten vielfach Eventcharakter, wie beispielsweise das mit dem Ziel der Kundenbindung errichtete BECK'S VIP Zelt mit Live Band, Promotion-Teams und einem anspruchsvollen Catering. Wichtig bei diesem Sponsoring (und stellvertretend für vergleichbare Sponsoringaktivitäten) war die sinnvolle Abgrenzung der Interessen des Künstlers und der Brauerei Beck & Co. Der Sponsor muss sich behutsam in die Vermarktung solcher Tourneen integrieren, der Künstler darf sich nicht „prostituieren". Ebenfalls wichtig aus Sicht der Brauerei Beck & Co war die Einbettung des eigentlichen Sponsorings bei den Konzerten (über Markendarstellung und Produktausschank) in die Marketingstrategie der Marke BECK'S in Form einer integrierten Kommunikation. Bestandteile waren: Eine TV-, Funk- und Printkampagne, eine Handelspromotion in Einzelhandelsgeschäften (d. h. in SB-Warenhäusern, Supermärkten und in Getränkeabholmärkten), die Produktion von Merchandising-Artikel, eine Interneteinbindung und umfassende Kundenbindungsprogramme für Kunden aus den Bereichen Groß- und Einzelhandel bzw. Gastronomie und Endverbraucher. Der Erfolg der Sponsoringaktivitäten wurde über detaillierte Marktforschungen gemessen.

Anhand dieses Beispiels schließt sich der Kreis zwischen Eventmarketing und Marketing eines Events bzw. lassen sich die Begriffe nochmals abgrenzen. Das Marketing des Events „Westernhagen LIVE 1999" erfolgte unter anderem über die o. g. TV-, Funk- und Printkampagne. Das Tourmanagement von Herrn Westernhagen (bzw. er selbst) erarbeitete eine Marketingstrategie, mit dem primären Ziel, alle Tickets für die Konzerte schnellstmöglich zu verkaufen, um weitere Zusatzkonzerte anzusetzen. Zusätzlich sollte die neue CD von Herrn Westernhagen vermarktet werden. Dazu entwickelte das Tourmanagement Vorgaben wie die Positionierung der Tournee bzw. des Künstlers, Inhalte und Botschaften („die letzte große Tour"), CD und CI sowie die Tourdaten (Datum, Ort, Programm etc.). Die Medienpartner wie SAT 1 und die BILD Zeitung sowie der Sponsor Beck & Co stellten Werbebudgets bzw. Werbezeiten/Schaltungen zur Verfügung. Hier ist die Schnittstelle zum Eventmarketing von Beck & Co für die Marke BECK'S. Die (Werbe-) Vorgaben von Herrn Westernhagen (Marketing eines Events) wurden in die Werbespots, Anzeigen und Promotionaktivitäten der Marke BECK'S eingebunden (Eventmarketing) und mit anderen Maßnahmen vernetzt (Kundenbindung im VIP Zelt etc.). Als gemeinsames Ziel wurde erreicht, dass zum einen die Konzerte ausverkauft waren (inkl. der Zusatzkonzerte) und zum anderen das Sponsoring der Marke BECK'S aus Sicht der Konsumenten wahrgenommen und als stimmig empfunden wurde.

Abschließend sei noch erwähnt, dass sich in den Folgejahren sowohl die Industriepartner (vor allem die Brauereien) als auch die Medienpartner (vor allem die privaten TV Sender) merklich beim Sponsoring von großen Open Air Tourneen zurückhielten. Die (genannten) Gründe sind vielfältig. So wurde oft die Kosten/Nutzen-Relation von den potentiellen Sponsoren in Frage gestellt. Dazu beigetragen haben vielleicht auch die (teilweise) unverhältnismäßig hohen finanziellen Forderungen und/oder das unseriöse Auftreten einiger Vermarktungsagenturen. (Selbstverständlich gilt diese Aussage für eine Vielzahl von – professionellen – Agenturen **nicht!**) Ein anderes Problem ist die fehlende Planungssicherheit für die Industriepartner: Wird als ein strategisches Marketinginstrument ein über mehrere Jahre angelegtes Toursponsoring definiert, so besteht immer die Gefahr, dass eine Tournee mit einem zur Marke bzw. zur Zielgruppe passenden Künstler entweder erst sehr kurzfristig feststeht (z. B. Entscheidung im Frühjahr, Tourstart im Sommer), oder für eine Saison überhaupt kein passender Künstler zur Verfügung steht. Hinzu kommen immer wieder auftretende kurzfristige Absagen von langfristig angekündigten Tourneen bzw. Konzerten. Wie also die weitere Entwicklung im Toursponsoring sein wird, bleibt abzuwarten.

Kapitel 4
Logistik

Logistik beinhaltet alle Aktivitäten, die notwendig sind, um Produkte (Waren, Dienstleistungen) zum Zeitpunkt und am Ort des Bedarfs zur Verfügung zu stellen. Die Eventlogistik umfasst alle Aktivitäten, die notwendig sind, um einen reibungslosen Ablauf eines Events zu gewährleisten. Hierzu gehören neben der Verpflegung auch beispielsweise die rechtzeitige Anfahrt eines Shuttlebusses oder der geleerte Mülleimer. Also beinhaltet die Logistik jegliche Art von Material-, Informations- und Personenflüssen.

Logistik soll Material (Produkte, Waren), Personal, Dienstleistung und Information

- zum richtigen Zeitpunkt,
- am richtigen Ort,
- in der richtigen Menge,
- und in der richtigen Qualität,
- zu den richtigen Kosten

bereitstellen.

Die Ergebnisse dieser Aktivitäten sind zwar verschieden, doch die organisatorischen Aufgaben sind ähnlich. In jedem Punkt muss dafür gesorgt werden, dass ein bestimmtes Ereignis zu einer definierten Zeit eintrifft. Soll alles reibungslos funktionieren, ist eine planerische Meisterleistung erforderlich.

Im Folgenden werden wir zunächst das für Events zentrale und charakteristische Thema Verpflegung betrachten und danach auf die allgemeine Logistik, insbesondere Transport und Bereitstellung von Waren, Personen und Energie eingehen.

4.1 Catering und Warenlogistik

„Für das leibliche Wohl ist bestens gesorgt" – dieser Slogan ist auf sehr vielen Einladungskarten zu lesen. Alles, was nötig ist, um für die Erfüllung dieses Versprechens zu sorgen, kann unter dem Punkt Catering zusammengefasst werden. Unabhängig davon, ob die Versorgung eines Events mit Verpflegung durch den Veranstalter oder

DOI 10.1007/978-3-642-12428-0_4,

durch einen professionellen Partner durchgeführt wird, handelt es sich immer um Catering. Bei der Betrachtung einer beliebigen Veranstaltung ist das, was negativ in Erinnerung bleibt, ein schlecht organisierter Getränkeverkauf und die damit verbundenen langen Wartezeiten.

Unabhängig vom Inhalt der Veranstaltung ist die Verpflegung ein wichtiger Beitrag zum Eventcharakter.

Essen und Trinken bieteten informelle Kommunikationsmöglichkeiten. Häufig werden beispielsweise, während Seminaren oder Präsentationen, die wirklich wichtigen Inhalte während eines Gesprächs – bei einem Glas Sekt oder Orangensaft – in den Pausen ausgetauscht. Die Qualität des Catering wird direkt mit dem Veranstalter in Verbindung gebracht. Dementsprechend viel muss einem Veranstalter daran liegen, das Catering für sein Event so perfekt wie möglich zu machen.

Was „perfekt" im Einzelfall bedeutet, hängt von der Art des Events ab. Geht es um ein Event, das zur Gewinnung wichtiger Sponsoren oder Multiplikatoren dient, sind höhere Ansprüche an die Auswahl der Speisen und Getränke und die Art des Services zu stellen als bei einem Tag der offenen Tür.

Soll das Catering eine der Hauptattraktionen oder nur Nebensache sein? Diese Entscheidung sollte baldmöglichst getroffen werden, da davon die weitere Planung abhängt. An erster Stelle steht die Entscheidung, welcher Aufwand für das Catering nötig ist: Werden nur kleine Snacks oder Butterbrezeln und dazu Getränke aus der Flasche angeboten oder soll das Angebot über verschiedene internationale Speisen und Getränke verfügen?

Bei beiden Möglichkeiten ist zwar für das leibliche Wohl gesorgt, aber der Aufwand, der dafür betrieben wird, ist nicht vergleichbar. Es ist durchaus denkbar, Events zu veranstalten, bei denen kein Catering erforderlich ist. Dies wird allerdings nur in den allerwenigsten Fällen so zutreffen.

Catering spielt bei den meisten Events eine Schlüsselrolle. Organisatorische Mängel wirken sich nachhaltig negativ auf die Erinnerungen der Besucher, die sie an ein Event haben, aus. Welche logistische Leistung allerdings hinter einem gut funktionierenden Catering steht, wird sehr oft unterschätzt.

4.1.1 Arten

Abhängig von den Zielen, die durch ein Event erreicht werden sollen, können grundsätzlich folgende Arten des Catering unterschieden werden.

4.1.1.1 Gästeverpflegung

Die Versorgung von Gästen mit Speisen und Getränken ist in diesem Fall nicht direkt mit einem kommerziellen Zweck verbunden. Die Versorgung erfolgt in der Regel gratis (d. h. die Gäste müssen nicht direkt für Speisen und Getränke bezahlen) oder gegen einen geringen Beitrag. Die Kosten der Verpflegung sind im Wesentlichen durch den Veranstalter zu tragen. Teilweise können diese Kosten wieder indirekt an die Gäste weitergegeben werden (z. B. bei Seminaren über die Seminargebühren).

Die Bedürfnisse der Besucher sollen befriedigt werden. Das Angebot und die Art, wie die Verpflegung an die Besucher abgegeben wird, hängt allein von den Eventzielen und den Ansprüchen des Veranstalters ab. Wobei sich der Veranstalter hierbei an den Ansprüchen orientieren sollte, die seine Besucher an das Event stellen. Während bei einem Tag der offenen Tür die Selbstbedienung in der Kantine angebracht ist, sollte bei einer Produktpräsentation, an der wichtige Kunden teilnehmen, eher an einen exzellenten Service mit professionellen Kräften gedacht werden.

4.1.1.2 Kommerziell

Bei anderen Events steht das Catering in direkter Verbindung mit hohem Umsatz und maximalem Gewinn. Das Erwirtschaften eines Gewinnes ist aus Veranstaltersicht verantwortlich für Erfolg oder Nichterfolg eines Events. Die Speisen und Getränke werden verkauft über Einzelpreise (je Portion bzw. Getränk) oder in einigen Fällen über Pauschalbeträge („all you can eat", „für 50 € Essen so viel Sie wollen" oder „Flatrateparty").

Der Gewinn muss nicht immer zu Gunsten des Veranstalters selbst gehen. Bei Veranstaltungen von Unternehmen verschaffen sich diese häufig ein sehr gutes Ansehen, indem Sie das Catering an örtliche Vereine oder soziale Einrichtungen abgeben, die den Gewinn für ihre eigenen Zwecke verwenden können. Für das Unternehmen entsteht zwar kein direkter Gewinn. Bei einer Gegenrechnung von Werbeausgaben, die nötig wären, um den gleichen positiven Eindruck bei den Besuchern zu erwecken, ist aber häufig ein indirekter Gewinn zu verbuchen.

4.1.2 Eigenständig oder Fremdvergabe

Nachdem feststeht, in welcher Art das Catering gestaltet werden soll, rückt die Frage näher, ob es selbst organisiert oder an einen Partner abgegeben werden soll. Dies muss je nach Einzelfall entschieden werden: Wird beispielsweise ein Vereinsfest organisiert, bei dem in der Regel eine große Anzahl freiwilliger Helfer zur Verfügung steht, liegt es nahe, das Catering selbst durchzuführen. Bei einem Konzert im Olympiastadion dagegen ist es unumgänglich, das Catering an einen professionellen Partner abzugeben.

Die Entscheidung hängt also u. a. von folgenden Kriterien ab:

- Anzahl der Besucher bzw. Gäste,
- Art und Umfang des Caterings (Komplexität der Speisen d. h. Bratwurst oder Hummer),
- vorhandene Ausstattung (Equipment, Räume), Know-how, Personal etc. des Veranstalters.

Darüber hinaus ist auch die Form des Services entscheidend, ob das Catering überhaupt eigenständig durchgeführt werden kann. Der Aufwand, der durch das Bedienen von Publikum entsteht, wird häufig unterschätzt.

Beides hat Vor- und Nachteile. Wird die Verpflegung vom Veranstalter selbst verkauft, ist die Gewinnmarge sicherlich höher als bei der externen Vergabe. Betrachtet man allerdings das Risiko und den Aufwand, welche mit dem Verkauf entstehen, kann dies den Gewinn sehr schnell aufwiegen.

4.1.3 Externe Vergabe

Wenn eine Vergabe an einen externen Partner in Erwägung gezogen wird, gilt es, geeignete Partner ausfindig zu machen. Neben Branchenbüchern und Gastronomieführern bietet auch das Internet eine Vielzahl von Agenturen, die Catering anbieten. Hierbei ist allerdings zu bedenken, dass bei Veranstaltungen, die einen regionalen Bezug haben, auch regionale Marken zum Einsatz kommen sollen. Ob bewusst oder unbewusst, ein großer Anteil der Bevölkerung hat eine enge Bindung und einen gewissen Stolz auf die eigene Region und deren Erzeugnisse. Abhängig von der Art des Catering und dem Stil des Events wird die Auswahl der Getränke getroffen. Dabei fließen mehrere Faktoren in die Entscheidung mit ein ob regionale, nationale oder internationale Wein- oder Biersorten zum Verkauf angeboten werden. Während einige Events Besucher gerade wegen ihrer regionalen Produkte anziehen (z. B. ein Weinfest in der Pfalz), sind bei anderen Events (z. B. bei einem internationalen Sportfest) internationale Gerichte angebracht.

Nach einer Zusammenstellung verschiedener potentieller Catering-Agenturen ist es empfehlenswert, Veranstaltungen zu besuchen, auf der diese im Einsatz sind. Dadurch kann ein eigener Eindruck gewonnen werden und es können Erfahrungen mit den jeweiligen Veranstaltern ausgetauscht werden (auch über deren Zufriedenheit mit der Agentur). Als Entscheidungshilfe empfiehlt sich die Verwendung einer Nutzwertanalyse. Auf die Nutzwertanalyse wird im Kapitel Managementtechniken näher eingegangen.

4.1.4 Vertragsgestaltung

Während im Kapitel Recht und Haftung auch über Vertragsgestaltung geschrieben wird, beziehen sich die nachfolgenden Punkte nur auf Inhalte von Catering-Verträgen. Weitere wichtige Kriterien sind auch im Kapitel Randbedingungen beschrieben. Verträge müssen entweder mit den Lieferanten oder mit den Caterern geschlossen werden.

4.1.4.1 Mengenplanung

Die benötigten Mengen können nur durch eine möglichst exakte Planung vorhergesagt werden. Hierzu sind Informationen von vergleichbaren Veranstaltungen von Vorteil bzw. notwendig. Neben möglichst vielen Informationen und Erfahrungswerten müssen mehrere Annahmen gemacht werden, die für die Mengenplanung wichtig sind. Hierzu gehören unter anderem Wetterprognosen oder andere Veranstaltungen, welche die eigene Besucherzahl beeinflussen (meist verringern Konkurrenzveranstaltungen die Besucherzahl, eine in der Nähe abgehaltene Veranstaltung kann aber auch zu einem plötzlichen Zustrom von hungrigen Besuchern führen).

Basis der Schätzung sind Kriterien wie die Anzahl der Gäste und die Verweildauer (siehe die Kennzahlen im Kapitel Grundlagen). Bei einer Fremdvergabe hat der Caterer in der Regel das Risiko der Mengenplanung. Der Veranstalter muss jedoch möglichst genaue Zahlen über die erwarteten Besucher liefern, da nur er Einfluss auf diese Größe hat. Im Vertrag mit einem Caterer muss jedoch auch festgelegt werden, inwieweit ggf. akzeptiert wird, dass Teile des Speisenangebotes bereits während der Veranstaltung „ausgehen dürfen". Grundsätzlich muss der Caterer verpflichtet werden, dass zumindest einige Speisen und die gängigsten Getränke bis zum Veranstaltungsende angeboten werden. Eine Vereinbarung mit einem Caterer für eine Gästeversorgung kann folgende Bestandteile haben:

- Veranstaltungstag,
- Anzahl der Gäste,
- zeitlicher Ablauf (wann gibt es was),
- Art der Versorgung (Buffet, gesetztes Essen etc.), Aufbau (pläne) des Buffets,
- Speisenangebot (Vorspeisen, Hauptspeisen, Desserts etc.),
- Getränkeauswahl,
- Anzahl Servicekräfte, Bekleidung der Servicekräfte,
- Dekoration der Speisen, des Equipments etc.,
- Preise: pro Person; alles inklusive oder mit zusätzlichen Nebenkosten (für Personal, Equipment, Transport, Geschirr),
- Mengen und Regelung von Übermengen (Rücknahmeverpflichtungen),
- erforderliche Parkplätze, elektrische Anschlüsse, Tische etc., die der Caterer benötigt.

4.1.4.2 Rückgabe

Dieser Punkt ist bei einem Catering in Eigenregie wichtig. Theoretisch kann bei einer exakten Planung davon ausgegangen werden, dass am Ende des Events keine Waren übrig bleiben. Doch was, wenn es statt den angenommenen 24 °C und blauem Himmel in Wirklichkeit 15 °C und Nieselregen hat? Bei dieser Konstellation, die sicherlich öfter vor kommt als Veranstaltern lieb ist, werden unter Umständen nur 20 % der geplanten Mengen benötigt. Um zu vermeiden, dass massenweise Ware übrig bleibt, empfiehlt sich ein Vertrag, der dieses Risiko durch eine Rücknahmeverpflichtung minimiert. Zu beachten ist jedoch, dass ein Lieferant beispielsweise Tiefkühlware nicht mehr zurücknehmen darf, wenn die Ware außerhalb seines Zugriffsbereiches war und die Einhaltung der Kühlkette nicht sichergestellt ist.

4.1.4.3 Nachbestellung/Nachlieferung

Um bereits im Vorfeld auszuschließen, dass verschiedene Waren bald von der Angebotsliste gestrichen werden müssen, weil sie eventuell beliebter sind als angenommen, sollten Regelungen über eine Nachlieferung getroffen werden. Dazu ist bei Catering in Eigenregie die Dokumentation von Bestellfristen und Lieferzeiten erforderlich. Ferner hilft die Definition eines einzuhaltenden Mindestlagerbestands sicherzustellen, dass immer ausreichend Ware am Verkaufsstand ist. Die Lieferkette (Supply-Chain) muss definiert sein und darf nie unterbrochen werden.

4.1.4.4 Preisverhandlung/Preisfindung

Sicherlich einer der wichtigsten Punkte im Vertrag ist der Preis. Bei einer Durchführung in Eigenregie müssen Einkaufspreise verhandelt und Verkaufspreise kalkuliert werden. Bei einer Fremdvergabe werden häufig die Gastronomierechte verkauft. Die Preisfindung für die verkauften Speisen und Getränke liegt dann zwar rein rechtlich in der Verantwortung des Caterers, der Veranstalter muss aber bei diesem für den Erfolg des Events wesentlichen Punkt mitbestimmen können: Überhöhte Preise oder schlechte Qualität werden letztendlich ihm angelastet. Sowohl der Veranstalter, als auch der Caterer wird bestrebt sein, eine für ihn möglichst gute wirtschaftliche Basis zu verhandeln.

Die Preisgestaltung hängt von der Abrechnung mit den Besuchern ab:

- Bei einem Event, auf dem die Speisen und Getränke kostenlos an die Besucher abgegeben werden, wird in der Regel pauschal oder über einen Preis je Portion abgerechnet.
- Bei Events, auf denen verkauft wird, gestaltet sich der Vertrag meist so, dass der Caterer pro Verkaufsstand oder pro Besucher einen bestimmten Betrag an den Veranstalter abführt. Ferner besteht grundsätzlich auch die Möglichkeit einer umsatzabhängigen Abrechnung zwischen Caterer und Veranstalter.

4.1.4.5 Weitere Kriterien

Beim Catering sind noch weitere wichtige Punkte zu beachten:

- Mitarbeiterverpflegung
  Die Frage der Mitarbeiterverpflegung muss vertraglich geregelt werden. Trägt die Kosten der Veranstalter oder die Catering-Agentur? Darf jeder Mitarbeiter beliebig viel verzehren oder bekommt er ein Budget in Form von Verzehrmarken? Erfahrungswerte zeigen, dass die Kosten für komplett freie Verpflegung der

Mitarbeiter im Rahmen bleiben. Es sind also keine Sonderausgaben zu erwarten. Im Gegenteil, diese Methode verhindert einen Schwund und motiviert die beschäftigten Mitarbeiter.

- Angebot
  Das Angebotsspektrum (siehe folgender Abschnitt) muss im Vertrag definiert sein. Auch die Qualität (eventuell auch die Marke) der verwendeten Produkte sollte vertraglich geregelt werden.
- Haftung/Verantwortung
  Die Haftung für einen eventuellen Schaden, der durch das Catering verursacht wurde, und die Verantwortung für eventuelle Fehlkalkulationen muss im Vertrag geregelt werden. Gerade die Folgen von mangelhaften Speisen, die zu Gesundheitsschäden der Besucher führen können, sind ein Risiko für hohe wirtschaftliche Schäden aber auch Imageschäden.

4.1.5 Angebotsspektrum

Je nach Veranstaltung reicht das Angebotsspektrum der Verpflegung von Knabberware über belegte Brötchen, bis hin zu Delikatessen aus aller Welt. Die Wahl des Produktmix hängt davon ab, welchen Stellenwert das Catering im Event einnimmt. Während bei einem zehnjährigen Vereinsjubiläum die klassische Bratwurst und das Steak im Brötchen ausreichend sind, werden bei anderen Veranstaltungen alle Register gezogen.

4.1.5.1 Strategie

Theoretisch könnte man die Konzeption eines Events planen ohne die Speisen und Getränke zu berücksichtigen, da diese als „notwendiges Übel" und „zweitrangig" betrachtet werden. Speisen und Getränke spielen aber bei den meisten Events und bei allen Arten von Events eine wichtige Rolle, so dass diese Planung eine wesentliche Komponente der Eventplanung ist. Die Art und Darbietung der Speisen und Getränke ist eine wesentliche Komponente des Eventerlebnisses und muss zur Eventstrategie (und damit zur Strategie der Organisation) passen.

Wichtige Aspekte sind

- Stil und Kosten,
- ethische, ökologische, saisonale, regionale und kulturelle Aspekte,
- Erlebnisaspekt der Mahlzeiten und Getränke,
- Einfluss der Mahlzeiten und Getränke auf das Verhalten der Teilnehmer.

Selbst wenn bei einer Veranstaltung nur Wasser gereicht wird, können folgende Aspekte eine Rolle spielen:

- Verpackung (Dosen, Glasflaschen, Kunststoffflaschen, Karaffen),
- Darbietung (z. B. in Karaffen mit Eis, Zitrone, Minze),
- Herkunft (regional),

- Vielfalt (stilles und kohlesäurehaltiges Mineralwasser),
- Gläser (Pappbecher, Plastikbecher, Glas),
- Versorgung (auf Nachfrage oder ständig am Tisch verfügbar).

4.1.5.2 Die Mengenplanung

Eine möglichst genaue Planung der benötigten Speisen und Getränke hängt von den erwarteten Besucherzahlen ab.

Von der Mengenplanung kann direkt die Anzahl der benötigten Verkaufsstellen abgeleitet werden. Bei Open-Air Konzerten dient als Kenngröße ca. ein Getränke- und ein Food-Stand je 1.200 bis ca. 2.000 Besucher. Hierbei ist die Trennung des Verkaufes von Speisen und Getränken wichtig. Ein Grund hierfür ist, dass Getränkestände eine andere Ausstattung benötigen als Food-Stände. In der Regel beschleunigt diese Maßnahme die Abläufe (auch innerhalb der Bereiche Food und Getränke kann die Differenzierung der Ausgabe und eine wohlüberlegte Anordnung zur Verringerung von Wartezeiten genutzt werden).

Hierzu ist es empfehlenswert, sich Rat bei Personen einzuholen, die bereits eine ähnliche Veranstaltung mit ähnlichem Publikum und vor allem in der gleichen Jahreszeit durchgeführt haben. Wie jede Planung beruht auch diese auf Erfahrungswerten. Je mehr Erfahrungswerte einfließen und je genauer diese sind, desto besser wird die eigene Planung. Professionelle Agenturen bauen Ihre Kalkulationen auf dem kleinsten Detail auf. Bei einer Veranstaltung im Freien sind Annahmen bezüglich des Wetters, wie z. B. „23 °C, leicht bewölkt und 40 % Luftfeuchtigkeit", die Regel. Die Mengenplanung ist in großem Maße auch abhängig vom Zielpublikum (Altersstruktur, Anteil Männer/Frauen) und den sonstigen Umständen (Dauer, Anreise).

Während des Events ist eine ständige Inventur der vorhandenen Ware notwendig. Ein leeres Zentrallager muss noch lange nicht heißen, dass keine Ware mehr verfügbar ist. Häufig wird aus „Sicherheitsgründen" an den Verkaufsständen Ware gehortet. Nur durch die gezielte Bestandsaufnahme wird vermieden, dass am Ende des Events zu viel Ware übrig bleibt.

4.1.5.3 Speisen

Die Vielzahl und Qualität der Speisen wirkt sich unweigerlich auf den Erfolg eines Events aus. Die Auswahl der angebotenen Speisen sollte deshalb äußerst sorgfältig getroffen werden. Das Angebot an Speisen, die auf Events erhältlich sind, hat sich in den vergangenen Jahren deutlich verändert. Kaum eine Veranstaltung, bei der nicht wenigstens eine Besonderheit dabei ist – sei es der Ochs am Spieß, Tortillas oder wenigstens die gebutterten Maiskolben. Bei der Auswahl sollte man also nicht zu zurückhaltend sein, denn die Herstellung exotischer Gerichte stellt dank Convenience Food in der Regel kein Problem dar. Der Einkauf von tiefgekühltem

Pfannengyros, der oft annähernd die gleiche Qualität aufweist, wie der in einem griechischen Lokal, ist möglich.

Regionale, internationale oder saisonale Gerichte sollten der Veranstaltung entsprechend ausgewählt werden.

Je nach Auswahl des Sortiments werden unterschiedliche Hilfsmittel zur Herstellung der Speisen benötigt. So selbstverständlich dies klingt, werden häufig Dinge bei der Planung nicht berücksichtigt, die zur Durchführung notwendig sind. So kommen z. B. die besten Scampis nicht an, wenn dazu nicht die geeignete Sauce angeboten wird.

Die Zahl der Vegetarier hat in den vergangenen Jahren beträchtlich zugenommen. Ein ausgewogener Produktmix sollte aus diesem Grund wenigstens über eine vegetarische Hauptspeise verfügen. Wenn diese dann noch fettarm zubereitet wird, findet sie auch bei gesundheitsbewussten Personen Anklang. Der Trend zu Bioprodukten ist weiter anhaltend.

4.1.5.4 Getränke

Wie auch bei den Speisen ist die Auswahl der Getränke von der Art der Veranstaltung abhängig. Genügen bei einem kleinen Vereinsfest Bier und Mineralwasser in Flaschen oder Bechern serviert, so finden bei wichtigen Firmenevents Cocktails und Champagner den richtigen Anklang. Auch hier sollte nichts dem Zufall überlassen werden. Nahezu jährlich erscheinen neue Modegetränke. Hier sei das Beispiel Bier erwähnt: Früher ging nichts über ein „Helles Bier“; heute hat sich dies grundlegend geändert. Der Trend geht zu anderen Biersorten (lokale Spezialitäten, nationale und internationale Pilsbiere, mexikanische Biere, Biermischgetränke), die teilweise in 0,33 L Einheiten direkt aus der Flasche getrunken werden. Ähnliches gilt bei Cola oder Limonade. Hier zeigt sich der Einfluss der Werbung der großen Hersteller. Hat man bei einem markenorientierten Publikum ein „No-Name-Produkt“ in seinem Angebot, wird sich der Absatz eher in Grenzen halten.

Ob Flaschen- oder Fassbier ausgeschenkt wird, hängt neben geschmacklichen Überlegungen und dem Charakter der Veranstaltung auch von der zu erwarteten Absatzmenge ab. In jedem Falle ist auf die ausreichende Kühlung (Kühlschränke/Durchlaufkühler) zu achten. Die Lagerung in der Sonne wirkt sich sehr negativ auf die Qualität der Getränke aus.

Wie auch die Speisen sollten die Getränke so ausgewählt werden, dass sie zu dem Event und auch zum Veranstalter passen.

4.1.6 Verpflegungs-Infrastruktur

Für die Verpflegung ist eine logistische Infrastruktur extrem wichtig. Angefangen von der Lieferkette (Supply Chain), über die Kühlkette bei verderblichen Waren, bis hin zum Personal und den Geräten, die zur Zubereitung und Herstellung der Speisen und Getränke notwendig sind.

4.1.6.1 Equipment

Je nach Auswahl des Sortiments werden für die Speisen und Getränke besondere Utensilien benötigt, angefangen von Servietten über Holzgabeln bis hin zu Waffeltüten für die Eiskugeln (z. B. für einen Cocktail genügt nicht nur der erforderliche Rum, Saft und Zucker, sondern man braucht auch eine Lemonenpresse, einen Eiscrusher und einen Shaker). Um hierbei keine Unannehmlichkeiten durch fehlendes Equipment zu erleiden, ist es sinnvoll, alles nötige bei den Zulieferern der Speisen und Getränke mit zu bestellen. Denn diese haben das nötige Wissen und die Erfahrung, ob einfache oder exquisite Details bevorzugt werden. Auch die Geräte, die für die Zubereitung von Gerichten gebraucht werden, wie beispielsweise Gasgrills, große Pfannen, Kühlschränke usw. werden am besten vom Lieferanten gleich zusätzlich bezogen. So werden unnötige Verzögerungen in der Anlaufphase des Events – die eventuell durch eine leere Gasflasche auftreten – vermieden.

Das für den Getränkeausschank benötigte Equipment wie Tresen, Durchlaufkühler, Ausschankwagen, Gläser etc. kann in der Regel direkt mit der Getränkebestellung bei einem Getränkefachgroßhändler oder bei einer Brauerei geordert werden. Gegebenenfalls kann ein 24-Stunden-Service für die Ausschanktechnik sinnvoll sein. Der Ausfall eines Durchlaufkühlers in der Stoßzeit ist alles andere als angenehm. Helfen kann ebenfalls Reserveequipment (z. B. ein Durchlaufkühler als Ersatz). Dieser Service kostet natürlich Geld. Die zusätzlichen Kosten stellen jedoch häufig eine sehr sinnvolle Investition dar.

4.1.6.2 Zentrallager

Um eine lückenlose Versorgung der Verkaufsstände mit Waren zu gewährleisten, empfiehlt es sich, ab einer gewissen Veranstaltungsgröße ein Zentrallager einzurichten. Dieses sollte so organisiert sein, dass nur autorisiertes Lagerpersonal auf die dortigen Waren Zugriff hat. Dadurch wird sichergestellt, dass Waren rechtzeitig nach- bzw. abbestellt werden. Das Lager sollte mit ausreichender Kühlung ausgerüstet sein. Da aus jedem Verkaufsstand Personal zu diesem Lager kommt, dient es gleichzeitig als optimales Kommunikationszentrum, an dem eventuelle Probleme und Erfahrungen, die für andere Verkaufsstände wichtig sind, weitergegeben werden können.

Die Einrichtung der Funkzentrale in diesem Lager ist ein weiterer Vorteil. Denkbar ist auch das Lager als Anlaufstelle für alle Angelegenheiten des Personals zu definieren. Von hier aus kann das Event wie von einem Leitstand aus geführt werden. Um Aussagen über den Verbrauch der verschiedenen Verkaufsstände machen zu können empfiehlt es sich, Waren nur mit Entnahmescheinen auszugeben. Dies hat den weiteren Vorteil, dass der Lagerbestand jederzeit nachvollziehbar ist.

Der Weg, den Ware, also z. B. ein Bierfass bei einem Event durchläuft, könnte beispielsweise wie folgt dargestellt werden:

Abb. 4.1 Warenfluss

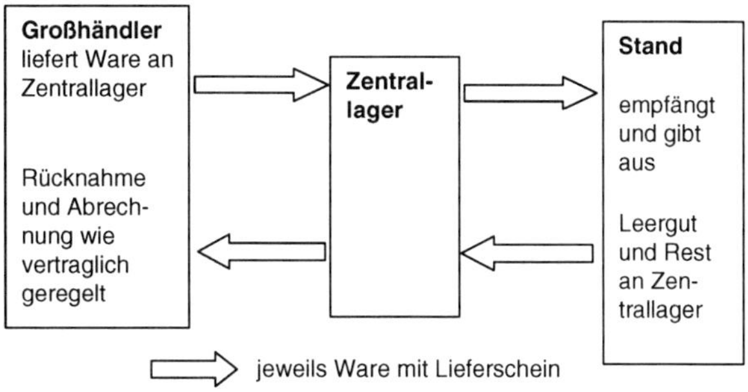

4.1.6.3 Service

Selbstbedienung oder Kellner in schwarzen Anzügen? Auch diese Frage muss je nach Anlass beantwortet werden. Es gibt eine Unzahl von Faktoren, die in Sachen „Service" berücksichtigt werden müssen. Entschließt man sich beispielsweise dafür, das Publikum zu bedienen, so muss sichergestellt werden, dass während des gesamten Eventverlaufs eine zügige und dennoch freundliche Bedienung erfolgt. Während z. B. in Seminaren während der Redebeiträge kein Personal benötigt wird, kommt es in den Pausen zu einem Ansturm auf die Verpflegungsstände. Hier bewegt sich der Veranstalter auf einem schmalen Grad. Denn auch in Stoßzeiten muss sichergestellt sein, dass Gäste nicht 15 min auf ihre Getränke waren müssen. Möchte man dies vermeiden, so muss die Anzahl der Servicekräfte sehr hoch angesetzt werden. Dies hat wiederum zur Folge, dass die Kosten dramatisch steigen. Auch hier setzt ein gute Planung möglichst viele Erfahrungswerte voraus. Gerade bei diesem Punkt lohnt es sich, die Erfahrungen von Veranstaltern ähnlicher Events zu erfragen.

4.1.6.4 VIP

Die Versorgung besonderer Gäste erfordert auch ein besonderes Angebot. Auf die Verpflegung der wichtigsten Sponsoren und der Akteure (z. B. Künstler) sollte besonders Wert gelegt werden. Besondere Wünsche sollten erkannt und berücksichtigt werden. Um keinen der VIPs zu vergessen, empfiehlt sich eine Auflistung aller wichtiger Personen.

Normative Ansprüche der VIPs sollten in jedem Falle bedacht werden. Einem Oberbürgermeister, der die Förderung von regionalen Märkten und Produkten anstrebt, sollte nicht gerade ein mexikanisches Nationalgericht serviert werden.

4.1.7 Catering und Geld

Erfolgt die Ausgabe von Speisen und Getränken an die Besucher gegen Bezahlung, so muss die Art und Weise der Bezahlung genau geplant werden.

Beim Catering geht es also nicht nur darum, Essen und Trinken bereitzustellen, es muss auch sorgfältig überlegt werden, wie die Bezahlung abgewickelt werden soll:

- Wer muss wie viel für Essen und Trinken zahlen?
- Wie werden die Preise für die Produkte absolut und in Relation zueinander gestaltet?
- Wer bekommt freie Verpflegung oder Gutscheine?
- Wie werden VIPs und eingeladene Gäste behandelt?
- Wie wird die Bezahlung abgewickelt: pauschal, über Marken/Gutscheine oder gegen Bares?
- Wie werden Pfandbeträge zurückerstattet?

4.1.7.1 Preisniveau

Die Faktoren der Preisgestaltung hängen direkt mit den Intentionen des Events zusammen. Gilt es die Vereinskasse aufzubessern, so dürfen die Preise deutlich höher kalkuliert sein als bei einem Tag der offenen Tür, bei dem sich ein Unternehmen der Bevölkerung vorstellen möchte. Auch die Zielgruppe ist entscheidend für das Preisniveau. Bei Jugend- oder Familienevents handelt man sich mit günstigen Preisen sicherlich großes Wohlgefallen ein.

Die Preisgestaltung hat nicht nur eine direkte Auswirkung auf den finanziellen Erfolg. Sie setzt auch Zeichen, wie der Veranstalter das Event sieht. Deshalb muss der Veranstalter seine Kosten sorgfältig planen. Unmut über die Preisgestaltung kann durch Überschreitung bestimmter „Schwellenpreise", Fehlen von preiswerten Alternativen (z. B. für Kinder), durch hohe Preise in Spezialbereichen (z. B. teure vegetarische Essen) oder durch eine nur formale Einhaltung von „alkoholfrei billiger" erzeugt werden. Dies kann sich schnell auf die Wahrnehmung des gesamten Events und damit auf das Image auswirken.

Hohe Preise sprechen übrigens nicht direkt für hohen Umsatz. Bei unzähligen Produkten gibt es Preise, die nahezu auf jedem Event gleich hoch sind. Wird ein solches Produkt dann nur unwesentlich günstiger angeboten, so steigert sich dessen Absatz überproportional. Im Kapitel Marketing sind weitere Faktoren bezüglich der Preisgestaltung beschrieben.

4.1.7.2 Pfand

Auch die Entscheidung, auf einem Event mit Pfand zu arbeiten, muss eventspezifisch getroffen werden. Ist das Verlangen von Pfand für Geschirr oder Gläsern bei

Veranstaltungen wie zum Beispiel VIP-Empfängen eher unangebracht, so ist es bei Events mit großen Zuschauerzahlen durchaus sinnvoll.

Das Verlangen von Pfand hat u. a. folgende Vorteile:

- Verringerung von Abfall durch die Verwendung von mehrfach verwendbarem Geschirr.
- Minimierung des Aufwands für Reinigungspersonal.
- Durch das Servieren auf einem Porzellanteller wird die Qualität – im Gegensatz zu Papptellern – gesteigert und mehr hervorgehoben.
- Es wird weniger Equipment benötigt, da es immer wieder zurückgebracht wird.
- Verringerung von Verlusten durch abhanden gekommenes Equipment.

Gegen Pfand spricht der Mehraufwand, der durch die Rückgabe entsteht.

Häufig wird Pfand von Besuchern als lästig empfunden, da sie verpflichtet werden, Disziplin zu wahren und den als beschwerlich empfundenen Weg zur Rückgabe gehen müssen. Wird auf einem Event Pfand verlangt, so sind folgende wichtige Rahmenbedingungen zu beachten:

- Das Pfand darf nicht zu hoch sein. Eine Gabel, für die 5 € Pfand berechnet wird, schreckt die Besucher von einem Kauf der Speise ab. Es kann dann sogar vorkommen, dass sich manche Besucher kein Essen leisten können, da sie mit einem hohen Pfand nicht gerechnet haben und nicht ausreichend Geld bei sich tragen.
- Es muss genügend Wechselgeld zur Verfügung stehen. Besonders am Ende des Events ist ein großer Rückgabeansturm zu erwarten.

Durch die Verwendung von zusätzlichen Pfandmarken kann verhindert werden, dass fremdes, von den Besuchern mitgebrachtes Equipment unrechtmäßig gegen Entgelt eingetauscht wird.

Werden bei einem Event pfandpflichtige Einwegverpackungen an den Endverbraucher ausgegeben, so muss ein Pflichtpfand erhoben werden. Nach den derzeitigen Richtlinien des Bundesministerium für Umwelt, Naturschutz und Reaktorsicherheit (BMU) betrifft das Pflichtpfand die Getränkebereiche Bier, Mineralwasser und Erfrischungsgetränke mit Kohlensäure und gilt unabhängig vom Verpackungsmaterial, das heißt für Dosen, Einweg-Glas- und Einweg-Plastikflaschen.

Frei von Pflichtpfand sind Verpackungen von Fruchtsäften, Getränke ohne Kohlensäure, Wein, Sekt, Spirituosen (auch Mischgetränke), Milch, Joghurt und Kefirgetränke.

Die Pfandhöhe richtet sich nach der Gebindegröße. Für Einweg-Getränkeverpackungen, die bis zu 1,5 L Flüssigkeit fassen sind 25 Cent, über 1,5 L sind 50 Cent Pfand zu zahlen.

4.1.7.3 Bargeld/Wertgutscheine/Chipkarte

Auf vielen Events verdrängen eigens für das Event produzierte Wertmarken das Bargeld. Der Ablauf gestaltet sich beispielsweise so, dass man an einer Zentralkasse Bargeld gegen Wertmarken eintauscht, mit denen auf dem gesamten Event bezahlt werden kann. Gängige Größen sind 1, 5 und 10 €. Diese „Eventwährung" ist meist mit dem Logo des Veranstalters bzw. von Sponsoren versehen. Es müssen bestimmte Voraussetzungen erfüllt sein, damit die Verwendung einer solchen Währung auf dem gesamten Eventgelände funktioniert.

- Alle Verkaufsstände, unabhängig davon ob es sich um einen oder verschiedene Caterer handelt, müssen diese Wertmarken akzeptieren.
- Die Preise müssen so ausgelegt sein, dass auf alle Scheine passend herausgegeben werden kann (wenn der kleinste Gutschein den Wert 1 € hat, darf kein Preis mit 50 Cent vorhanden sein).
- Die Marken müssen möglichst fälschungssicher sein – auch in der Zeit von perfekten Scannern und Fotodruckern.
- Zuviel gekaufte Wertmarken müssen von den Veranstaltern wieder in Geld zurück gewechselt werden.
- Es müssen ausreichend Wertmarken vorhanden sein.
- Der Geld- und Wertmarkenfluss muss koordiniert ablaufen. Sind die Wertmarken nur an Zentralkassen erhältlich, so muss sichergestellt werden, dass die Wertmarken von den Verkaufsständen wieder an diese Kassen zurückfließen. Dadurch kann die Menge der benötigten Wertmarken verringert werden.

Werden diese Bedingungen erfüllt, so kann der Einsatz von Wertmarken folgende Vorteile erzielen:

- Der Besucher kann an allen Ständen mit diesen Marken bezahlen.
- Das Verkaufspersonal kommt nicht mit Geld in Berührung, was zum einen hygienischer ist und zum anderen Diebstahl verringert.
- Der Konsum wird erhöht, denn Besucher, die vor dem Verlassen des Events noch Marken besitzen, brauchen diese eher auf, als dass sie diese zurücktauschen.
- Nicht an jedem Verkaufsstand wird eine Kasse mit Bargeld benötigt.

So ausgeklügelt ein System auch ist, es darf die Besucher nicht verärgern. Der schlimmste Fall, den man unbedingt vermeiden sollte, sieht in Stichpunkten folgendermaßen aus:

1. Schritt: Besucher (B) geht an einen Verkaufsstand und erfährt, dass er einen Bon benötigt (er hat bisher kein Schild gesehen, auf dem dies vermerkt war).
2. Schritt: B holt sich eine Wertmarke an der Kasse.
3. Schritt: B holt seinen gewünschten Artikel am Verkaufsstand und bekommt seinen Restbetrag in Wertmarken.
4. Schritt: B geht an die Pfandrückgabe und bekommt dort Wertmarken.
5. Schritt: B tauscht die Wertmarken an der Kasse gegen Bargeld ein und verlässt genervt das Event.

* jeder dieser Schritte kann durch Schlangestehen verlängert werden.

Die Verwendung von Bargeld hat den Vorteil, dass kein Aufwand für die Erstellung von Wertmarken entsteht. Besonders bei kleinen Events ist dieser Aufwand häufig zu hoch. Eine weitere Möglichkeit ist eine Zentralkasse, an der man für jeden Artikel eine separate Marke erhält. Bei dieser Version kann der Besucher genau für das bezahlen, was er momentan möchte. Das Thekenpersonal kommt auch hier nicht mit Geld in Berührung. Wichtig sind die Planung der Besucherströme (Kasse, Essen, Getränke) und das Verhindern von überflüssigen Schlangen.

Anstelle von Wertmarken können auch Karten verwendet werden, die je nach Art und Menge des Verzehrs abgestempelt werden. Auch eine Kopplung mit dem Zugangskontrollmedium (Karte, Transponder) ist möglich.

Bezahlung mit einer Chipkarte ist beispielsweise mit der „Knappenkarte" erfolgreich in der „Arena Auf Schalke" realisiert. Diese kann mit bis zu 200 € aufgeladen werden, wobei ein Euro einem Knappen entspricht. Die Vorteile dieser elektronischen Währung liegen in der schnellen und sicheren Versorgung. Ein Wechselgeldproblem oder langwieriges abzählen verschiedener Münzen entfällt. Speziell bei Veranstaltungen, bei denen nur in einer relativ kurzen Zeit ein Verkauf stattfinden kann, wirken sich diese Vorteile positiv auf den Umsatz aus.

4.1.8 Lebensmittelvorschriften

Um zu verhindern, dass ungenießbare Lebensmittel verzehrt werden und Menschen dadurch Schaden zugefügt wird, gibt es eine Reihe wichtiger Vorschriften, die unbedingt einzuhalten sind.

4.1.8.1 Kühlkette

Verderbliche Lebensmittel erfordern eine ständige Kühlung. Hierfür wird eine Temperatur zwischen 2–7 °C als optimal bewertet. Diese Kühlkette sollte – wenn möglich – nie unterbrochen werden, da sonst mit Qualitätsverlusten oder gar mit Verderben der Lebensmittel zu rechnen ist. Besonders bei tiefgefrorenen Waren ist es unabdingbar, die Temperatur unter dem Gefrierpunkt (i. d. R. bei −8 °C) zu halten, da ein unbedenklicher Verzehr dieser Waren ansonsten nicht gewährleistet werden kann.

Die Begründung dieser Temperaturen liegt darin, dass sich die Mehrzahl aller Mikroben bevorzugt bei Temperaturen um 30 °C vermehren. Oberhalb 70 °C dagegen können kaum Mikroben überleben. Kälte liebende Mikroben haben Ihr bestes Wachstum bei ca. 10 °C.

Die folgende Darstellung gibt einen Anhaltspunkt für die optimalen Bereiche für Lagerung und Keimfreimachung (für Geflügel ist z. B. eine Kerntemperatur von min. 80 °C für mindestens 3 min vorgeschrieben):

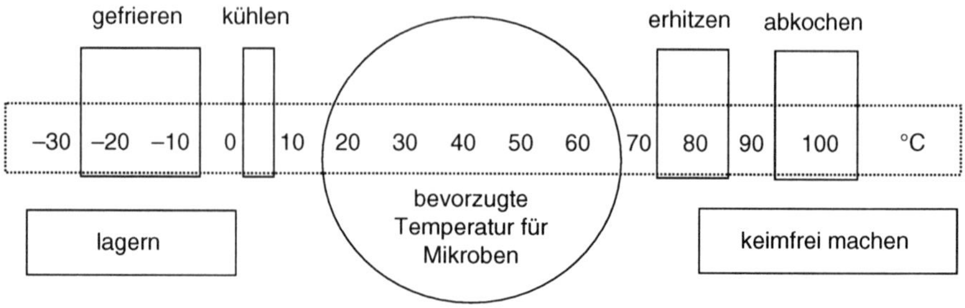

Abb. 4.2 Temperaturbereiche zur Lebensmittelhygiene

Auch wenn es sich nicht immer gleich um verdorbene Lebensmittel handelt, ist es ratsam, diese Temperaturen dennoch einzuhalten. Neben der Gefahr, dass Lebensmittel verderben können, verlieren Waren auch an Geschmack, wenn sie nicht entsprechend temperiert sind.

4.1.8.2 Beförderung und Lagerung

Lebensmittel dürfen nur in dafür vorgesehenen Behältern transportiert werden. Auch bei der Beförderung ist darauf zu achten, dass die vorgesehene Temperatur nicht unter- bzw. überschritten wird.

Auch die Lagerung der Lebensmittel darf nur in geeigneten Behältnissen bei bestimmten Temperaturen erfolgen; sowohl im Zentrallager, als auch beim Transport und an den Verkaufsständen.

4.1.8.3 Verantwortung

Der Veranstalter eines Events trägt die Verantwortung für die Einhaltung der Lebensmittelvorschriften. Hat dieser einen professionellen Partner für das Catering beauftragt, so kann dieser im Nachhinein belangt werden. Die erste Schuld trifft allerdings den Veranstalter.

Bei kleineren Vereinsfesten ist es durchaus üblich, dass Mitgliederspenden in Form von Kuchen oder Salaten angeboten werden. Die Verantwortung, dass diese Waren unbedenklich zu verzehren sind, liegt in erster Instanz bei dem Veranstalter. Bezüglich der Regelung von Verantwortung und Haftung sind weitere Hinweise im Kapitel Randbedingungen enthalten.

4.1.9 Controlling

Das Controlling, also die Überwachung, stellt je nach Phase verschiedene Ansprüche. Grundsätzlich kann gesagt werden, dass jedes Kriterium, das in der Planung auftaucht, auch im Controlling betrachtet und geprüft werden muss. In diesem Buch können nicht alle relevanten Controlling-Aktivitäten erwähnt werden. Jedes Event und jede Art Catering verlangt spezielle Aktivitäten im Controlling.

Controlling-Aktivitäten sind beispielsweise:

- Überprüfen der Verträge im Vorlauf.
- Sind Verkaufsstände rechtzeitig aufgebaut, verfügen diese über die richtige Ausstattung, ist ausreichende Stromversorgung vorhanden, sind die Stände gut platziert?
- Schankverluste: Werden die geforderten maximalen bzw. minimalen Füllmengen der Gläser eingehalten?
- Betrugsgefahr: Hat das Personal eventuell eigene Waren dabei und verkauft diese in die eigene Tasche? An dieser Stelle sei erwähnt, dass nicht immer das Schlechteste im Menschen zu suchen ist, allerdings zeigen Erfahrungen, dass eine gut organisierte Kontrolle vorzubeugen hilft.

Die Checkliste Controlling hilft dabei, wichtige Kriterien nicht zu vergessen.

4.1.10 Nachbereitung

Im Folgenden wird auf die Nachbereitung eines Events eingegangen.

4.1.10.1 Geordneter Rückzug

Ein geordneter Rückzug am Ende eines Events ist genauso wichtig, wie es die exakte Planung zu Beginn war. Für jeden Bereich muss eine Person definiert sein, die Verantwortung übernimmt. Sofern das Gelände nicht von einer Security Agentur überwacht wird, müssen alle Verkaufsstände geleert werden. Das heißt, alle wertvollen Gegenstände sollten daraus entfernt werden. Neben den Hilfsmitteln wie Messer, Grill, Gasflaschen auch die Kisten, Fässer etc. Am Ende von Events werden häufig sehr viele Gegenstände entwendet, da Sie einladend und unbeaufsichtigt umherliegen. Hinzu kommt, dass das Personal häufig müde ist und schnellstmöglich nach Hause möchte.

Der Rückzug sollte mit Hilfe von Rückzugslisten stattfinden, auf denen dokumentiert wird, dass alles im unversehrten Zustand eingeräumt wird. Eine Checkliste hilft dabei, den Rückzug zu organisieren.

4.1.10.2 Übrig gebliebene Lebensmittel

Auch bei den besten Planungen existiert eine mehr oder weniger große Unsicherheit, wodurch Abweichungen des Ist-Zustandes von der Planung entstehen. Bei der Planung des Catering wird in der Regel von einem höheren Bedarf ausgegangen, um zu vermeiden, dass im Verlauf des Events diverse Waren nicht ausreichen. Am Ende eines Events sind somit häufig überschüssige Waren vorhanden. Da es sich sehr oft um verderbliches Gut handelt, sollte – bezüglich der Verwendung – zügig eine Entscheidung herbeigeführt werden. Für die Verwertungen von überschüssigen Lebensmitteln sind unter Anderem folgende Lösungen denkbar:

- Rückgabe an den Lieferanten oder Verkauf der Reste an Großkantinen: Dies ist meist nur dann realisierbar, wenn es vorher vertraglich geregelt wurde – und selbst dann nur unter bestimmten Bedingungen. Ein Lieferant darf beispielsweise keine tiefgekühlte Ware zurücknehmen. Denn er hat, sobald die Ware seine Kühlhalle verlässt, keine Kontrolle mehr darüber, dass die Ware stets tiefgekühlt war.
- Verteilen unter den Helfern: Die erfordert zum einen klare Regelungen für die Verteilung und eine vertrauensvolle Kooperation (kein Horten) und zum andern die Beachtung der rechtlichen und lebensmittelhygienischen Randbedingungen (Verderb, Allergien).
- Spenden an hilfsbedürftige Einrichtungen („Tafeln"). Dies hat den Vorteil, sich nachhaltig noch positiv in der Öffentlichkeit ins Gespräch zu bringen.

4.2 Infrastruktur

Eine weitere Schlüsselfunktion für den Erfolg eines Events stellt die Infrastruktur dar. Die Infrastruktur beinhaltet alles, was zu einem reibungslosen Ablauf des Events benötigt wird.

4.2.1 Der Veranstaltungsort

Abhängig vom Veranstaltungstyp sind für den Veranstaltungsort unterschiedliche Kriterien zu beachten, bzw. kommen nur bestimmte Plätze infrage.

4.2.1.1 Mögliche Plätze suchen

Nach der Initialisierungsphase steht die Idee, ein Event zu veranstalten. Unabhängig von der Art und Größe des geplanten Events kommt dafür in der Regel nur eine begrenzte Anzahl von Orten in Frage. Um eine gezielte Suche nach dem potentiellen Veranstaltungsplatz durchführen zu können, werden vorab Rahmenbedingungen und Kriterien definiert, die der Platz in jedem Fall erfüllen sollte. Diese Randbedingungen sind bei allen Events ähnlich. Folgende Kriterien müssen geprüft werden:

- Der Platz muss an den potentiellen Terminen verfügbar sein (hierbei handelt es sich um ein Killerkriterium, das unbedingt erfüllt werden muss, da dieser Platz als potentieller Veranstaltungsort ansonsten unweigerlich ausscheidet).

- Er muss hinsichtlich der Kapazität für die geplante Besucheranzahl ausreichen bzw. darf nicht zu groß sein (für ein Jubiläum im engsten Kundenkreis stellt eine Sporthalle, die für 10.000 Besucher ausgelegt ist, kein erstklassiges Ambiente dar).
- Besondere Infrastruktur muss verfügbar sein (beispielsweise ein See für Wettbewerbe auf dem Wasser bei einem Sportfest oder ein multimedial ausgestatteter Seminarraum, um die Mitarbeiter der internationalen Vertriebsniederlassungen zu schulen).

4.2.1.2 Platz auswählen

Circa acht Jahre vor einer Fußball WM läuft die Bewerbungsfrist für die Ausrichtung ab. Rund sechs Jahre vor der WM wird entschieden, in welchem Land diese ausgetragen wird. Bei einem Großteil aller anderen Events wird die Vorlauffrist wesentlich kürzer sein, und die Besitzer der potentiellen Plätze werden keine so spektakuläre Werbeveranstaltung abhalten. Die Entscheidung muss in der Regel anhand der selbst erarbeiteten Vor- oder Nachteile, die ein Ort bietet, getroffen werden.

Um die Entscheidungsfindung zu vereinfachen, empfiehlt sich z. B. die Verwendung der morphologischen Methode für Plätze und ihre Kombinationen und insbesondere einer Nutzwertanalyse (siehe Managementmethoden) für die Auswahl des Standorts.

Tab. 4.1 Nutzwertanalyse (Scoring-Verfahren)

Standort-Kriterien	G	Standort 1		Standort 2		Standort 3	
		B	Z	B	Z	B	Z
Erreichbarkeit	10	6	60	8	80	6	60
Image, Stil, Ambiente etc.	7	3	21	1	7	4	28
Preis	8	2	16	3	24	2	16
Summe Bewertungszahlen	**25**		**97**		**111**		**104**

4.2.1.3 Verträge

Vertraglich geregelt werden sollten Preis (inkl. Nebenkosten), Stornierungsbedingungen, Dauer (ab wann steht das Gelände zur Verfügung), Straßensperrungen, Baubehörden und weitere eventspezifische Kriterien. Weiteres zur Vertragsgestaltung findet sich im Kapitel Randbedingungen.

4.2.1.4 Verpflegung

Abhängig vom gewählten Veranstaltungsplatz kann die Art, Anzahl und Organisation der Verkaufsstellen für Speisen und Getränke gewählt werden. In Gaststätten beispielsweise ist der Standort vorgegeben, während dieser auf einem Festplatz frei variiert werden kann. Grundsätzlich sind folgende Kriterien bei Verkaufsständen von Bedeutung:

- Es müssen ausreichend Stände vorhanden sein. Die Anzahl lässt sich von der erwarteten Besucherzahl ableiten. Besonders bei großen Events empfiehlt sich eine Trennung von Speisen und Getränken.
- Mobile Verkaufsstände, wie Bauchladen, Kellner mit Tabletts, Eiswagen oder Rucksackzapfanlagen regen zu Impulskonsum an.
- Der Standort muss so gewählt werden, dass das Event nicht gestört wird. Also beispielsweise nicht in der Nähe eines Rednerpultes.
- Die Stände sollten so beschildert sein, dass sofort erkannt werden kann, was angeboten wird und zu welchen Preisen (bzw. ob Bons erforderlich sind und wo diese verkauft bzw. ausgegeben werden).
- Die Ausrüstung an den Ständen muss den angebotenen Waren entsprechen: Zu einem Stand, an dem Hähnchen verkauft werden, gehört auch ein Tisch, an dem man dieses verzehren kann.
- Die Bekleidung des Service-Personals kann dem Anlass oder Produkt entsprechend angepasst werden (einen Cocktail lässt man sich gerne von Sambatänzerinnen servieren).
- Durch eine geeignete Platzierung der Bestuhlung um die Stände kann der Besucherstrom gezielt beeinflusst werden.
- Für jeden Stand ist eine Erstausstattungsliste zu erstellen, auf der genau vermerkt ist, welches Equipment an dem Stand benötigt wird. Um einen reibungslosen und frühzeitigen Zugang zu gewährleisten, müssen die Stände rechtzeitig bestückt werden, wenn möglich einen Tag zuvor.
- Mitarbeiter des Catering Teams sollten auf das Essen, Trinken und vor allem Rauchen am Stand und im Ausgabebereich verzichten.
- Die Zu- und Ableitungen für Wasser und Strom müssen in ausreichender Form vorhanden sein.

4.2.1.5 Aktionsplätze

Im ersten Kapitel wurde das Event als eine Veranstaltung definiert, die sich durch ihren besonderen Charakter von anderen abhebt. Ein Kriterium hierfür kann sein, dass sich die Aktionen nicht auf einem zentralen Punkt abspielen, sondern auf einem weitläufigen Gelände verteilt sind. Bei Konzerten spielt sich der Hauptteil zwar auf einer Tribüne ab, jedoch zeichnet sich die Einzigartigkeit des Events erst durch die Gestaltung der Umgebung und der dort angebotenen Waren aus. Unabhängig von der Art des Events lassen sich grundsätzlich zwei Arten von Aktionsplätzen unterscheiden: Dies sind zum einen die frei zugänglichen Plätze und zum anderen diejenigen Plätze, die nur mit beistimmten Berechtigungskarten betreten werden können.

4.2.1.6 Sperrzonen

In Sperrzonen ist der Zutritt nur mit bestimmten Zugangsrechten möglich. Es werden verschiedene Zonen eingerichtet. Betrachtet am Beispiel eines Rock-Konzertes existiert eine Zuschauerzone, zu der jeder Zutritt hat, der über eine gültige Eintrittskarte verfügt. Ferner ist die Einrichtung einer behindertengerechten Zone erforderlich, unter Umständen mit der Sondergenehmigung für den Bereich direkt vor der Bühne. Mit entsprechenden VIP- oder Backstage-Pässen wird es außerdem erlesenen Besuchern ermöglicht, tiefere Einblicke in das Leben hinter der Bühne zu bekommen. Diese Berechtigungen müssen vorab eindeutig geklärt sein und vor allem auch eingehalten werden. Um dies umzusetzen, werden entsprechende Security Agenturen beauftragt. Diese müssen allerdings genau informiert werden, welche Karte mit welchen Rechten verbunden ist. Es wäre nicht das erste Mal, dass das Catering Team aufgrund nicht vorhandener Ausweise nicht auf den Platz kommt, um die Besucher mit Verpflegung zu versorgen. Als Orientierung für Besucher und Security sind Schilder, welche die jeweiligen Ausweise abbilden, sehr hilfreich.

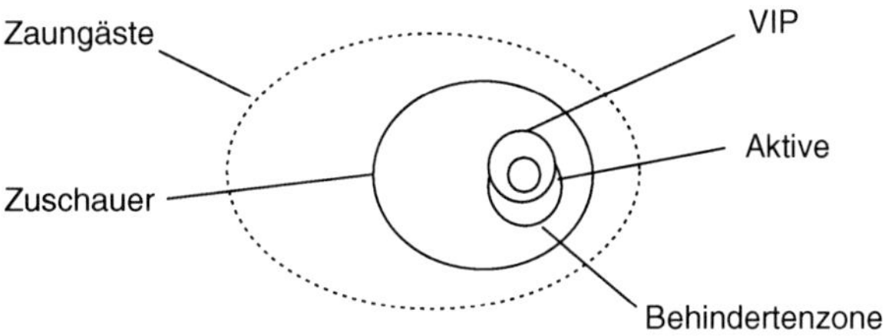

Abb. 4.3 Zonen/Bereiche im Event

4.2.2 *Sicherheit*

Zum Erfolg eines jeden Events gehört, dass niemand zu Schaden kommt. Oftmals wurde in Sachen Sicherheit ungenügend vorgebeugt und die Unversehrtheit von Mensch und Umwelt aufs Spiel gesetzt. Um eine maximale Sicherheit zu erreichen, müssen mindestens folgende Punkte beachtet werden:

- Notausgänge
  Fluchtwege müssen in ausreichender Anzahl vorhanden und gut beschildert sein und dürfen vor allem nicht zugestellt werden.
- Feuerwehr
  Bei Veranstaltungen in Hallen existieren Vorschriften, dass Feuerwehrleute vor Ort sein müssen. Bei Großevents empfiehlt es sich auch, einen Löschwagen vor Ort zu haben. Welche Vorschriften diesbezüglich gelten, kann bei der zuständigen Feuerwehr erfragt werden.
- Polizei
  Die Polizei muss auf jeden Fall bei Straßensperrungen einbezogen werden. Bei Events, bei denen Unruhen zu erwarten sind, sorgt die Präsenz von Polizei ggf. für eine Entspannung der Situation.
- Ersthelfer
  Beispielsweise das Rote Kreuz stellt Personal, mobile Einsatzwagen oder Zelte für die medizinische Erstversorgung bereit. Abhängig vom Event sollten auch Rettungsfahrzeuge vor Ort sein (Vorgaben klären).

- Gefahrenquellen
  Grundlegend muss darauf geachtet werden, dass die gesamte Umgebung keine Gefahrenquellen bietet. Sollten dennoch einige potentielle Gefahrenquellen unvermeidlich sein (z. B. ein See), müssen diese ausreichend abgesichert werden und entsprechende Rettungskräfte (DLRG) vor Ort sein.
- Security
  Auf private Sicherheitsdienste kann auf vielen Events nicht verzichtet werden. Angefangen von Zugangskontrollen bis zum Personenschutz sorgen diese für die nötige Personensicherheit.
- Absperrungen
  Bei Events, auf denen vor einer Bühne großes Gedränge zu erwarten ist, sind nötige Absperrungen zu errichten. Hierfür existieren mehrstufige Konzepte. Zwischen der Bühne und dem Publikum besteht ein Abstand mit 5 m Zwischenraum, der als Notschleuse benutzt werden kann. Dann erfolgt nach 20 m eine weitere Absperrung. Somit wird auf die Personen in den ersten Reihen kein starker Druck von den hinteren Reihen ausgeübt. Es sind in jedem Falle Experten hinzuzuziehen, die solche so genannten Wellenbrecher einplanen. Auf keinen Fall dürfen irgendwelche Absperrungen Hindernisse bei eventuellen Notfällen darstellen.
- Zugangskontrolle
  Ein Zugangskontrollsystem, das ansonsten für die Bezahlung genutzt werden kann, muss Besucher von gefährdeten Bereichen fernhalten und maximale Personenzahlen überwachen.

4.2.3 Personal für Infrastruktur

Für die vielen unterschiedlichen Aufgaben, die bei der Veranstaltung eines Events anfallen, wird eine große Anzahl an Personal benötigt. Je nach Aufgabengebiet wird qualifiziertes Personal oder Hilfspersonal benötigt. Nachfolgend sind wichtige Gebiete aufgeführt, bei denen die Personalplanung eine kritische Rolle spielt:

- Catering
  Bei einem externen Catering ist nur Controlling nötig. Werden eigene Leute dafür eingesetzt, so ist darauf zu achten, dass von diesen genügend Personen bereits Erfahrung in diesem Bereich haben. Nicht nur wegen der ordnungsgemäßen Zubereitung der Speisen, sondern auch, weil es in den Stoßzeiten zu sehr stressigen Situationen kommt, die eine gewisse Routine erfordern. Ein Wechsel in der Besetzung der Verkaufsstände und vor allem der zugehörigen Verantwortlichkeiten während des Festes ist äußerst kritisch. Die neue Mannschaft muss unter Umständen neu eingelernt werden, was einen enormen Zeitaufwand bedeutet und während des Festes oft nahezu unmöglich ist. Wichtige Informationen und Erfahrungswerte werden dann oftmals in der Hektik nicht weitergegeben. Eine zeitliche Abgrenzung der Verantwortlichkeit ist in den meisten Fällen nicht möglich.
- Management
  Wie in Kap. 6 beschrieben sollen die Rollen klar definiert sein. Die Last der Aufgaben muss auf mehrere Schultern verteilt werden, aber sie muss klar geregelt sein.

- Technischer Support
  Dieser Bereich darf keineswegs unterschätzt werden. Denn eine noch so ausgeklügelte Technik hat keinen Sinn, wenn sie nicht funktioniert. Geschickte Handwerker, die beispielsweise einen defekten Grill reparieren oder einen verstopften Ablauf reparieren, oder IT-Spezialisten, die eine Schnittstelle anpassen oder einen Beamer bedienen können, sind unerlässlich für ein Event.
- Programm
  Die Akteure müssen zur richtigen Zeit an den richtigen Ort gebracht werden. Auch dafür wird spezielles Programmpersonal benötigt.

4.2.4 Anreise, Übernachtung, Abreise

Für Besucher beginnt ein Event nicht erst mit dem Erreichen des Veranstaltungsortes. Bereits die Anreise ist ein Teil vom Event. Der Transport von Personen zum und vom Event wird um so wichtiger, je mehr Personen an dem Event teilnehmen und je ausgefallener die Location ist.

Auch dieser Teil des Events bleibt dem Besucher in Erinnerung – ob positiv oder negativ kann durch den Veranstalter gesteuert werden. Eine Parkplatzsuche, die sich über eine Stunde erstreckt und danach einen dreißigminütigen Fußmarsch mit vollem Gepäck erfordert, wird von einem großen Teil der Besucher mit Unmut bestraft. Genauso auch das Ende, also die Abreise: Auf vielen Events lässt sich beobachten, dass Besucher bewusst die letzten 10 min. versäumen und sich auf den Weg zum Auto machen, um noch vor dem großen Andrang auf der Straße zu sein und lange Autoschlangen zu umgehen.

Streckenposten und Lautsprecherdurchsagen helfen dabei, den Besucherstrom so zu leiten, dass der Verkehr nicht beeinträchtigt wird.

4.2.4.1 Transport als Teil des Events

Der Erlebnischarakter der Anreise kann durch ausgefallene Verkehrsmittel unvergesslich gestaltet werden. Bei bestimmten Veranstaltungen kann die Anreise als Hauptattraktion gelten. Eine Fahrt mit einer historischen Dampflokomotive ist auch für nicht eisenbahninteressierte Besucher eine Besonderheit. Genauso wird ein Transport von der Bushaltestelle zum Event mit einer chinesischen Rikscha positive Eindrücke hinterlassen.

4.2.4.2 Umweltfreundliche Mobilität

Die Anreise und Bewegung am Ort des Events stellt eine wesentliche Umweltbelastung dar (Energieverbrauch, Abgase, Lärm, psychische Belastung der Besucher). Hier kann durch umfassende Vorbereitung (Planung, Bereitstellung von Transportmitteln, Werbung) einiges erreicht werden.

Das österreichische Bundesministerium für Umwelt, Jugend und Familie hat im Projekt „Großveranstaltungen – umweltgerecht und ohne Stau" an drei exemplarischen Projekten (Nordische Ski-WM Ramsau, Messe Wieselburg, Internationale Gartenschau Graz) die Möglichkeiten umweltfreundlicher Personenlogistik aufgezeigt.

Wichtige Punkte sind auch auf kleinere Events übertragbar:

- Die Besucher müssen durch Werbung informiert und überzeugt werden. Die Anreise kann selbst Eventcharakter bekommen und in das Gesamtevent integriert werden.
- Finanzielle Anreize (Kombikarten, Vergütungssysteme) und bevorzugte Behandlung (kürzere Wege, bevorzugter Eintritt) motivieren zur Nutzung des Angebots.
- PKW-Nutzer können durch Parkleitsysteme, Parkplatzbewirtschaftung und Anreize für Fahrgemeinschaften zu umweltfreundlicherem Verhalten geführt werden.
- Ein pünktlicher, zuverlässiger und freundlicher Betrieb des öffentlichen Personentransports ist für die Akzeptanz entscheidend.

4.2.4.3 Anfahrtsskizze

Eine Anfahrtsskizze ist vor allem für Anreisende im PKW eine wertvolle Erleichterung, um sich im fremden Umfeld zurechtzufinden.

Die Genauigkeit der Skizze kann bis zum detaillierten Stadtplan reichen. Hilfreich und oft ausreichend sind jedoch die Auflistung markanter Punkte und die Beschreibung der groben Fahrtstrecke.

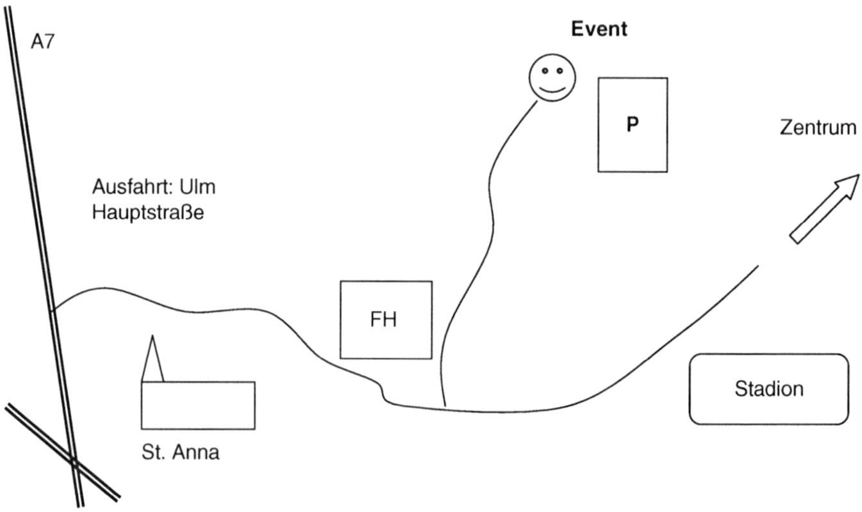

Verlassen Sie die A7 Ausfahrt Ulm.
Folgen Sie der Hauptstraße Richtung Stadion/Zentrum.
Nach 5 km sehen Sie auf der rechten Seite die St. Anna Kirche.
Nach weiteren 2 km biegen Sie nach der FH links in die Albert-Einstein-Straße ab.
Von dort aus folgen Sie der Beschilderung „Event".

4.2.4.4 Ausschilderungen

Eine ausreichende Kennzeichnung der Zufahrten zum Event ist unerlässlich. Ausreichend bedeutet, dass der Weg eindeutig gekennzeichnet ist. Um dies zu gewährleisten, muss an jeder Kreuzung, an der die Vorfahrtstraße verlassen werden muss, ein Wegweiser angebracht werden; weitere Wegweiser sind sinnvoll (Redundanz, Sicherheitsgefühl für die Anreisenden, Auffangen von Verirrten). Zur Kontrolle kann ein Ortsunkundiger damit beauftragt werden, anhand der Beschilderung zum Event zu gelangen. Als sinnvoll erweisen sich markante Kennzeichnungen, die sich vom restlichen Schilderwald deutlich abheben (Aufnehmen des Logos bzw. der Corporate Identity). Eine weitere Überlegung wäre, bereits auf den Einladungen eine Anfahrtsbeschreibung abzudrucken.

4.2.4.5 Parkmöglichkeiten

Für ausreichende Parkmöglichkeiten ist zu sorgen. Neben Parkmöglichkeiten, die auf dem Event-Gelände vorhanden sind, werden häufig noch zusätzliche benötigt. Denkbar sind hier angrenzende Wiesen, wobei hier im Vorfeld mehrere Bedingungen abzuklären sind. Zum einen muss der Eigentümer befragt werden, damit er die Wiese auch rechtzeitig mähen kann. Zum anderen ist es unter Umständen notwendig, sich beim Wasserschutzamt eine Genehmigung einzuholen, um auf der Wiese Fahrzeuge parken zu dürfen. Dies ist abhängig von der Wasserschutzzone oder eventuellen Naturschutz-Auflagen. Bei Großevents ist es denkbar, ganze Parkhäuser oder Firmenparkplätze in Industriegebieten zu mieten. Von diesen sollte der Transport zum Event gesichert sein – auch bei Regen oder Glatteis.

4.2.4.6 Parkleitsystem

Das Parkleitsystem darf nicht erst am Parkplatz beginnen. Der Verkehrsstrom kann durch frühzeitige Führung unter Kontrolle gebracht werden. Die rechtzeitige Verkehrsführung trägt dazu bei, ein Verkehrschaos zu vermeiden. Bei Events, bei denen diese rechtzeitige Lenkung nicht gegeben ist, würden unter Umständen die von Westen Anreisenden im Osten parken und umgekehrt.

4.2.4.7 Parkwächter/Einweiser

Um sicherzustellen, dass die im Regelfall knappen Parkmöglichkeiten effektiv genutzt werden, empfiehlt sich der Einsatz von Parkeinweisern. So wird ineffizientes Parken verhindert. Dieses Personal erfüllt auch noch den Zusatznutzen, Autodiebstähle bzw. Einbrüche in Fahrzeuge zu verhindern bzw. einzugrenzen. Dieser Aspekt darf bei Events nicht unterschätzt werden. Denn häufig nutzen Langfinger die turbulente Situation auf einem Event. Es ist allerdings nicht empfehlenswert, einen Parkplatz als bewacht auszuschildern, wenn nur Einweiserpersonal vor Ort ist. Bei einem eventuellen Diebstahl kommt es unter Umständen schnell zu einer Haftungsklage. Wenn dann keine ausreichende Versicherung abgeschlossen wurde, kann das schnell sehr teuer werden.

4.2.4.8 Parkverbote

Ebenso wichtig wie Parkmöglichkeiten können auch ausgewiesene Parkverbote sein. Das normale Verkehrsaufkommen darf durch das Event nicht gestört werden. Ferner sind Zufahrten für Not- und Rettungsfahrzeuge freizuhalten. Bei Zuwiderhandlungen muss hier konsequent durchgegriffen werden: Widerrechtlich geparkte Fahrzeuge müssen bei der Polizei angezeigt und von dieser entfernt werden.

4.2.4.9 Transfers/Shuttles

Transfers von und zu „Park-and-Ride-Parkplätzen" sind von Besuchern gern gesehene Dienstleistungen. Der Stress der Parkplatzsuche entfällt, und das Gelände um das Event wird somit entlastet. Wird dieser Service noch kostenlos angeboten, verschafft sich der Veranstalter noch zusätzliches Wohlwollen. Die Finanzierung des Ganzen kann über Werbezuschüsse erfolgen.

4.2.4.10 Sonderzüge

Für große Events ist es denkbar, Sonderzüge bei der Deutschen Bahn bereitzustellen. Ein großer Anteil von Besuchern nutzt einen solchen Service gerne. Besonders bei Events, bei denen eine Alterszielgruppe unter 18 Jahren angesprochen wird, empfiehlt sich der Einsatz von Sonderzügen. Neben den relativ günstigen Fahrpreisen nutzen die Besucher diesen Service auch deshalb, weil die Anreise mit unzähligen Gleichgesinnten erfolgt und somit schon ein frühzeitiges Einstimmen auf das Event stattfinden kann. Ab welcher erwarteten Besucherzahl und unter welchen Konditionen sich ein Einsatz eines Sonderzuges lohnt, ist bei der Deutschen Bahn in Erfahrung zu bringen (www.bahn.de).

4.2.5 Übernachtung

Bei mehrtägigen Events werden sowohl für „aktive" Teilnehmer als auch für „passive" Besucher Übernachtungsmöglichkeiten benötigt. Je nach Anlass wird eine unterschiedliche Qualität der Übernachtung gefordert. Für die einen genügt eine Iso-Matte auf freiem Feld, während für die anderen eine Luxussuite mit Whirlpool angemessen erscheint. Für eine realistische Planung, mit der den unterschiedlichen Ansprüchen der Besucher bezüglich der geeigneten Schlafstätte genüge getan wird, empfiehlt es sich, Übernachtungspläne anzulegen. Eine Übernachtung ist notwendig, wenn die Besucher des Events von weiter her anreisen oder das Event länger dauert bzw. spät endet. Welche Möglichkeiten es gibt und auf was bei diesen Möglichkeiten geachtet werden sollte, wird nachstehend dargestellt.

4.2.5.1 Hotels

Als Standard-Übernachtungsmöglichkeiten sind Hotels und Pensionen anzusehen. Diese sind rechtzeitig zu reservieren, wobei rechtzeitig je nach Situation zwischen einem Tag und mehreren Monaten (bis zu Jahren, z. B. während einer internationale Messe) bedeuten kann. Führt der Veranstalter die Reservierungen durch, muss er ferner darauf achten, dass er die passenden Kategorien reserviert. Je nach Anspruch der Besucher muss ausgewählt werden.

Bei der Reservierung von Kontingenten kann in der Regel ein günstigerer Preis erzielt werden. Stornierungsbedingungen für eventuelle Verschiebungen oder Ausfälle des Events dürfen nicht vergessen werden. Eine Anbindung von den Hotels hin zum Event sollte möglich sein. Befindet sich das Hotel außerhalb, ist über einen Shuttleservice nachzudenken.

4.2.5.2 Sporthallen/Schulen

Diese Art der Unterbringung ist (z. B. bei Sportveranstaltungen) mit mehreren Vorteilen verbunden. Neben der Tatsache, dass die Unterbringung wetterunabhängig ist, spricht auch die vorhandene Ausstattung für diese Art der Unterbringung. Neben den sanitären Anlagen ist in den meisten Fällen auch eine Küche vorhanden. Jedoch ist im Vorfeld zu prüfen, ob die Sporthalle nicht für andere Zwecke wie etwa die Austragung von Wettbewerben reserviert ist oder ob sie als Ausweichmöglichkeit für Open Air Veranstaltungen bei schlechtem Wetter benötigt wird.

4.2.5.3 Zeltplatz

Besonders im Sommer eignet sich diese Art der Unterbringung für die weniger anspruchsvollen Besucher. Es genügt eine abgemähte Wiese, die vorzugsweise etwas außerhalb des Wohnbezirks liegt. Dadurch werden nächtliche Ruhestörungen vermieden. Der Zeltplatz sollte jedoch mit einer bestimmten Minimalausstattung ausgerüstet sein. Hierzu zählen ausreichende sanitäre Anlagen und eine Ersthelferstation, die über Verbandsmaterial verfügt. Als zusätzlichen Service werden Duschen sehr gerne in Anspruch genommen. Am unkompliziertesten geht dies mit voll ausgestatteten Duschcontainern. Denkbar ist auch, dass der Campingplatz mit Verkaufsständen ausgestattet ist, an denen der morgendliche Kaffee serviert wird.

4.2.5.4 Gastfamilien

Diese Form der Unterbringung wird hauptsächlich bei Events bevorzugt, die von Vereinen veranstaltet werden. Für die Besucher hat diese Form mehrere Vorteile. Zum einen ist es eine relativ preiswerte Alternative und zum anderen lernt man von den Gastfamilien die besten Insider-Tipps kennen. Jedoch funktioniert dieses System nur auf der Basis der Gegenseitigkeit: Diejenigen, die bei einer Gastfamilie untergebracht werden sollten auch bereit sein, bei einem Event in Ihrem Wohnort Besucher aufzunehmen. Bei der Einteilung der Besucher auf die Gastfamilien empfiehlt es sich, diese nach den Interessen der Beteiligten durchzuführen. Dadurch werden eventuell unterschiedliche Auffassungen über die Tages- bzw. Nachtgestaltung der Beteiligten vermieden.

4.2.6 Sanitäre Anlagen, Wasser- und Stromversorgung

Bei Events, die in einem Gebäude stattfinden, ist die Mengenplanung der sanitären Anlagen in der Regel hinfällig. Allerdings ist zu überprüfen, ob genügend sanitäre Anlagen insgesamt und für die einzelnen Besuchergruppen zur Verfügung stehen (Damenklo, Wickelräume, Behinderten-WC, Reinigungsgelegenheiten). Gegebenenfalls müssen rechtzeitig Maßnahmen (z. B. Beschilderung) ergriffen werden.

Bei Freiflächen müssen einige wichtige Arbeitspakete beachtet werden:

- Sanitäre Anlagen müssen in ausreichender Anzahl vorhanden sein.
- Die Standorte sollten so gewählt werden, dass sie zwar zentral liegen, das Event aber nicht gestört wird.
- Ein Reinigungsplan sollte definiert und umgesetzt werden. Neben der Reinigung müssen auch Toilettenpapier und Papierhandtücher aufgefüllt, sowie Mülleimer geleert werden.
- Bei der Verwendung von portablen WC-Häuschen, ist die Leerung zu organisieren (auf die Zufahrtmöglichkeit ist zu achten).

Wasser wird nicht nur in der Küche benötigt. In sanitären Anlagen, an Verkaufsständen oder an Aktionsplätzen darf es nicht fehlen. Es bestehen gesetzliche Bestimmungen darüber, in welcher Form beispielsweise Food-Stände auszustatten sind.

Die unterschiedlichen Anschlussvarianten vom Schnellverschluss bis zum 3/4-Zoll-Gewinde können leicht zum Verhängnis werden.

Wie wichtig Strom geworden ist, wird häufig erst dann bemerkt, wenn keiner mehr zur Verfügung steht. Selbst ein 100 m langes Stromkabel ist nutzlos, wenn die Distanz zur nächsten Verteilerdose 101 m beträgt. Es empfiehlt sich, auch ausreichend Notstromaggregate zur Verfügung zu haben.

Um an alles zu denken, sollte in der Planung des Events ein Lageplan erstellt werden. Auf diesem werden alle Verkaufsstände, sanitäre Anlagen, Aktionsplätze etc. eingetragen. Es wird definiert, welche Versorgung an den einzelnen Orten benötigt wird. Ein Stromverteilungsplan ist bei der Planung der Anschlüsse, der Absicherung und der Kabellängen hilfreich und zeigt auf, wo sich Stromkabel und Besucherströme kreuzen (wenn ein VIP über ein Stromkabel stolpert und die Bühne lahmlegt, ist dies in zweierlei Hinsicht peinlich).

Abb. 4.4 Stromverteilungsplan

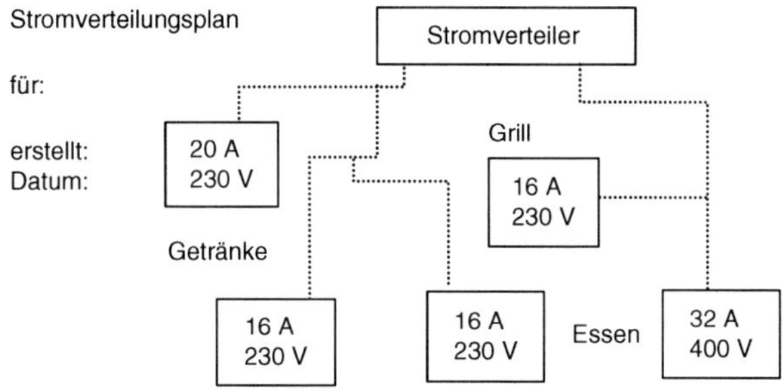

Um den Bedarf abschätzen zu können, empfiehlt sich für Strom und Wasser die Erstellung eines Bedarfsplans, der mit den Verantwortlichen für die einzelnen Bereiche schriftlich abgestimmt wird. Dies verhindert, dass beim Event Streit um die notwendigen Anschlüsse entsteht oder ein Teil des Events nicht in der geplanten Form stattfinden kann.

Hierzu ein kleines Beispiel:

Ein Verkaufsstand bietet Leberkäse, Steaks und Pommes an. Es wird also mindestens benötigt:

- Stromversorgung für Grill
- Stromversorgung für Friteuse
- Stromversorgung für elektrisches Messer
- Stromversorgung für Warmhaltegrill (Leberkäse)
- Stromversorgung für Beleuchtung
- Wasseranschluss (Zu- und Abwasser)

Stromanschlüsse allein sind nicht ausreichend. Wichtig ist auch deren ausreichende Absicherung.

4.2.7 Telefon, Funk

Kommunikation ist – angefangen von der Veranstaltungsleitung bis zum Reinigungspersonal – nötig. Dadurch, dass Mobiltelefone eine hohe Durchdringung gefunden haben, kann die Kommunikation vorzugsweise über diese erfolgen. Um von allen relevanten Ansprechpartnern eine richtige Nummer zu haben, empfiehlt sich die Erstellung einer Telefonliste.

Eine weitere sinnvolle Kommunikationsmöglichkeit ist sie Verwendung von Funkgeräten. Diese können an den Verkaufsstationen stationär oder mobil verwendet werden. In Gegenden, in denen die Abdeckung von Mobilfunknetzen nicht immer gewährleistet ist (Funklöcher), haben Funkgeräte gegenüber dem Handy einen Vorteil. Der zweite Vorteil ist hierbei darin zu sehen, dass keine Nummernvielfalt benötigt wird. Demgegenüber steht die Tatsache, dass keine „externen" Gespräche wie etwa von und zu Lieferanten oder zur Feuerwehr getätigt werden können.

4.2.8 Müllentsorgung

Abfall soweit das Auge reicht: Papierhandtücher, Servietten, Blechdosen oder Speisereste. Am Ende vieler Events stellt sich dieses Szenario ein. Um diese nachträgliche Unannehmlichkeit zu vermeiden, empfiehlt es sich, diesem Punkt in der Planungsphase gebührend Zeit einzuräumen.

Dabei ist die Müllvermeidung vorrangig. Entsorgung und Säuberung sind dennoch erforderlich.

4.2.8.1 Umweltfreundliche Verpackungen

Umweltschutz wird ein zunehmend wichtiger Aspekt im alltäglichen Leben. Auch bei Events darf dieser Aspekt nicht aus den Augen verloren werden. Die Lebensmittel- und Verpackungsindustrie hat sich in den vergangenen Jahren in Sachen umweltfreundliche Verpackungen sehr verdient gemacht. Die Currywurst muss heute nicht mehr aus Styropor- oder Kunststofftellern gegessen werden. Es gibt viele alternative Methoden, von kompostierbaren Zellulose-Verpackungen bis hin zu essbaren Waffeln. Ferner kann man Spül-Mobile mieten oder Systeme mit Mehrweg-Geschirr nutzen, die ein Spülen vor Ort überflüssig machen.

4.2.8.2 Behälter

Abhängig von den gewählten Verpackungen werden die Behälterarten bestimmt. Hierbei ist die Mülltrennung zu berücksichtigen. Mittlerweile hat sich dieser wichtige Punkt in die meisten Köpfe eingeprägt, so dass die Trennung akzeptiert bzw. gefordert wird. So findet man in den meisten deutschen Haushalten eine Bio- und Restmülltonne. Hierbei ist allerdings zu beachten, dass die Behälter eindeutig identifizierbar sind. Ferner eignen sich offene Behälter besser als geschlossene. Denn der Aufwand, der betrieben werden muss, um einen Behälter zu öffnen, ist einzelnen Besuchern doch zu hoch, so dass diese den Abfall zwar zu den Behältern bringen, diesen allerdings nur auf dem Deckel abstellen. Dadurch wird oftmals ein Stein ins Rollen gebracht: Die nachfolgenden Personen stellen ihren Abfall ebenso oben drauf. Da dadurch das Öffnen erst recht erschwert wird, stellen die nächsten Personen ihren Abfall in kürzester Zeit auch neben dem Behälter und dann bald irgendwo in dessen Nähe ab. Bei offenen Behältern ist wegen der Belästigung (Geruch, Wespen) eine häufigere Leerung notwendig.

4.2.8.3 Aufstellungsorte

Abfallbehälter sind vergebens, wenn sie nicht sinnvoll platziert sind. Durch die Bequemlichkeit des Menschen sind selbst kurze Strecken bereits zu weit zum Gehen. Die Behälter sollten also in unmittelbarer Nähe des Ortes aufgestellt werden, an dem der Abfall erzeugt wird. Allerdings nicht so nahe, dass diese belästigend und somit abstoßend wirken.

4.2.8.4 Leerung

Generell ist dafür zu sorgen, dass die Behälter nie überfüllt sind. Dies verärgert zum einen diejenigen Personen, die ihren Abfall gerne in den dafür vorgesehenen Behältern entsorgen wollen und bestätigt die anderen, die ihren Abfall an Ort und Stelle fallen lassen. Der Zyklus, in dem die Behälter entleert werden, ist abhängig von den Ansprüchen an die Sauberkeit und vom Müllaufkommen, das seinerseits von Faktoren wie der Besucherfrequenz, der Art der Veranstaltung und des Caterings, und dem Verhalten des Publikums beeinflusst wird. Ein Behälter für Pappteller (falls so etwas sein muss) wird um die Mittagszeit schneller voll als zu einem anderen Zeitpunkt.

4.2.9 Zugangskontrollsystem

Die Eintrittskarte ist das klassische Zugangskontrollmedium bei Events. Bei komplexeren Veranstaltungen oder bei Gefahr von Missbrauch müssen ausgeklügeltere Systeme eingesetzt werden. Das geht vom Abriss bis zu elektronischen Systemen. Zugangssysteme können verschieden realisiert werden, z. B.:

- Papier (mit/ohne Abriss bzw. Verschweißung)
- Magnetstreifen oder Transpondersysteme
- Schlüssel, Kennwort-Systeme
- Kartensysteme (z. B. EC-Karte)

Zugangskontrollsysteme können verschiedene Funktionen übernehmen, z. B.

- Zutritt zu verschiedenen Bereichen und Teilevents (räumlich, zeitlich)
- Bezahlung von Waren und Dienstleistungen
- Reservierungs- und Identifikationsfunktion (z. B. Alterskontrolle)

Während Eintrittskarten und Bons als Debit-System vorab bezahlt werden, können elektronische Systeme auch als Kredit-System eingerichtet werden.

4.3 Marketing für Catering und Infrastruktur

Catering und Infrastruktur sind zusätzliche Dienstleitungen, die der Eventveranstalter (oder ein vertraglich mit ihm Verbundener) für die Teilnehmer erbringt. Da sie wesentlich zum Erlebnischarakter und zum finanziellen Erfolg beitragen können, müssen Sie ebenso sorgfältig geplant werden wie die eigentliche Veranstaltung. Dies gilt auch im Bereich des Marketing, und zwar vor allem für die Bereiche Transport (An- und Abreise, Transport vor Ort und innerhalb des Events), Unterkunft (Übernachtung, Treffpunkte, Ruhe- und Besprechungspunkte), Verpflegung (Essen, Getränke, Geschirr), aber auch für die Infrastrukturbereiche Entsorgung und Hygiene. Für alle diese Bereiche ist der gesamte Marketing-Mix zu planen:

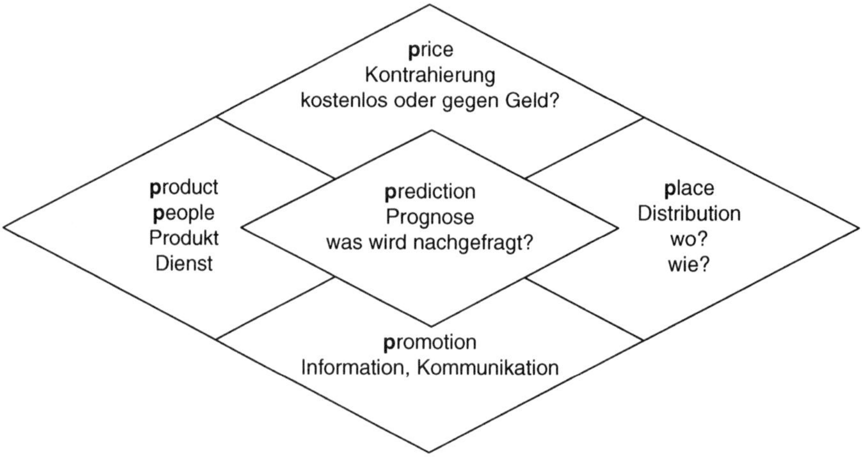

Abb. 4.5 Marketing-Mix für Catering und Infrastruktur

Die Überlegungen sind von der strategischen Seite her den Marketing-Überlegungen zum Event untergeordnet, sie können aber extreme Auswirkungen auf Wahrnehmung und Finanzen haben und sollten deshalb nicht unterschätzt werden.

Tab. 4.2 Marketing-Mix für Catering

	Generell	Verpflegung	Transport	Entsorgung
Produkt	Angebot, Zielgruppen, Produkte, Dienstleistungen	Niveau, Stil und Breite der Palette	ÖPNV/PKW	Sammelstationen
Kontrahierung	Preisgestaltung, Kontingentierung	Bons, all-you-can-eat	Ticket im Event enthalten	Pfand, Becher als take-away
Distribution	Zentrale/Dezentral, Hol- oder Bring-Prinzip	Zentrale, Buden/ Mobile Stände	Organisierte Anreise (Bahn, Bus)	Einsammeln/Bringen lassen
Kommunikation	Information der Teilnehmer über das Angebot	Speisekarte	Fahrplan, Reservierungen	Informationsblätter, Leitsystem
Prognose	Vorhersage der Nachfrage	Schätzung und Berechnung		

4.4 Informationsmanagement

Eventmanagement ist zum großen Teil Umgang mit Informationen. Evententwicklung (Strategie), Eventplanung (Vorbereitung) und Eventsteuerung (Controlling) haben jeweils ihren speziellen Bedarf an Informationen.

Auf spezielle Informationsquellen wurde bereits in den Kapiteln Marketing und Infrastruktur eingegangen, wir wollen hier die generelle Behandlung von Informationen zusammenfassen.

Generell ist in der Evententwicklung die Beschaffung von Informationen extrem wichtig. In der Vorbereitung steht die Information der potentiellen Teilnehmer und aller Beitragenden im Vordergrund während in der aktiven Phase und danach der Informationsaustausch mit Mitwirkenden, Besuchern und Externen wichtig ist.

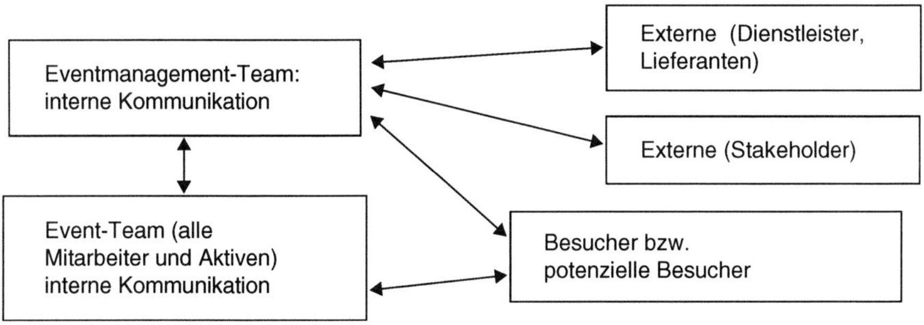

Abb. 4.6 Informationsflüsse nach Gruppen

Die internen Informationsflüsse sind Aufgabe des Eventmanagements und müssen im Rahmen der Organisation (Projektmanagement) geklärt werden. Die externen Informationsflüsse betreffen Eventmanagement und Öffentlichkeitsarbeit.

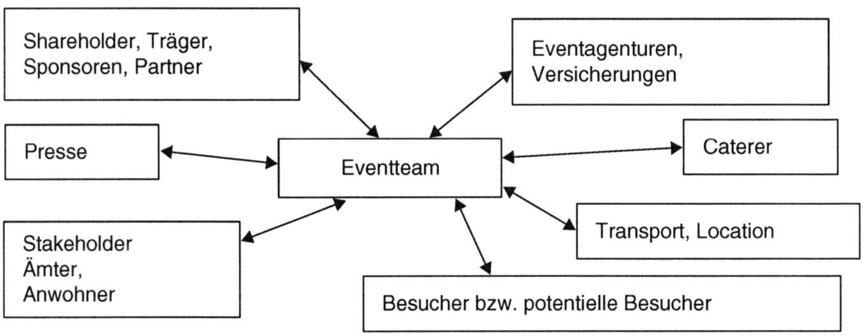

Abb. 4.7 Externe Informationsflüsse

Insbesondere ist festzulegen, ob bzw. wo das Grundprinzip push (Informationsbringpflicht: „ich weiß was") oder pull (Informationsholpflicht, „ich muss was wissen") gilt. Dabei wird einer Bringpflicht durch individuelle Zustellung und einer Holpflicht durch Anfrage genügt. In Projekten sind auch physische oder elektronische „schwarze Bretter" sehr sinnvoll, in denen Informationen dem Team zur Verfügung gestellt werden (push), die einzelnen Mitglieder aber zum regelmäßigen Nachschauen verpflichtet sind. Auch bei elektronischer Post (und Papier) muss sich der Teamleiter klar sein, dass diese nur funktioniert, wenn alle Teammitglieder regelmäßig in ihr Postfach schauen.

Letztendlich muss festgelegt werden, wer (Person, Rolle oder Stelle) wann (an Termine, Bedingungen oder Ereignisse geknüpft) wen (Person, Rolle oder Stelle) wie (schriftlich, elektronisch, persönlich) informiert.

Tab. 4.3 Kommunikationsmaßnahmen im Eventmanagement

	Strategisch/Geplant	Regelmäßig	Spontan/Im Notfall
Intern	Meetings, Briefing Verträge	Informationsaustausch, Controlling	Briefings, Alarmplan
Extern	PR, Öffentlichkeitsarbeit	Mailings, Pressearbeit	Notfallpläne Nachbestellungen

Weitere Punkte, die im Rahmen des Informationsmanagements zu klären sind, umfassen:

- Öffentlichkeitsarbeit und PR: Wer informiert Presse und Öffentlichkeit, welches Genehmigungsverfahren ist vorgesehen? Hier ist ein Kompromiss zu finden zwischen einem unflexiblen System, das demotivierend wirkt, und einer möglichen uneinheitlichen Informationspolitik bzw. einem Konflikt zwischen dem PR-Stab des Trägers und dem Projekt.
- Dokumentation und Dokumentenmanagement: wo werden welche Informationen gesammelt und abgelegt? Wer hat die Rolle eines Schriftführers? Drei Punkte sind hier zentral:
  - Projektordner mit allen projektrelevanten Informationen (siehe Projektmanagement).
  - Ordner für den gesamten ein/ausgehenden Schriftverkehr, Verträge und Bestellungen. Die Archivierung von elektronischen Bestellungen und Post (email) muss ebenfalls geregelt werden.
  - Presseordner für alle über das Event erschienenen Artikel.

Ein wesentlicher Aspekt des Informationsmanagements ist auch die Information der Eventbesucher vor, während und nach dem Event. Diese Punkte wurden zum Teil im Bereich Marketing betrachtet. Wichtige Aspekte, die sich positiv aber auch negativ auswirken können, sind:

- Ankündigung, Information über Termine (Reservierung, Verkauf, Event)
- Wecken von Erwartungen, Aufbau und Erhalt von Spannung (Unsicherheit, Überraschung)
- Information über (umweltfreundliche) Anreise
- Information über die Randbedingungen vor Ort, damit sich die Besucher darauf einstellen können (Kleidung, Verpflegung).

Kapitel 5
Randbedingungen

Risiken entstehen bei jedem unternehmerischen Handeln. Bei Events ist das Risiko enorm hoch, da viele Personen betroffen sind und auch größere finanzielle Mittel im Spiel sind. Um das Risiko zu vermindern, sind einige wichtige Punkte zu beachten. Die Sorgfaltspflicht und das eigene Interesse erfordern eine sorgfältige Beachtung dieser Punkte, wobei die folgende Darstellung nur einige Anhaltspunkte geben kann. Jeder, der ein Event plant, sollte sich über die kritischen Punkte von den entsprechenden Fachleuten innerhalb und außerhalb der eigenen Organisation beraten lassen. Es ist wichtig, die kritischen Punkte vorab mit der Finanzabteilung, dem Kassier oder dem Finanzamt, dem Juristen oder dem Ordnungsamt abzusprechen.

Dieses Kapitel geht daher zunächst auf die verschiedenen Rechtsbeziehungen ein, die bei einer Veranstaltung bestehen und denen sich der Veranstalter im Klaren sein sollte. Danach werfen wir einen Blick auf Fragen der Haftung, des Risikos und weiterer Rechtsbereiche wie beispielsweise Jugendschutz, Schankerlaubnis, GEMA und Markenschutz. Im Anschluss daran informieren wir zu den Themen Umwelt, Gesundheit und Unfallschutz.

Abschließend gehen wir in diesem Kapitel auf wesentliche Punkte des doch sehr breiten Feldes der Finanzen und Steuergesetzgebung ein. Detaillierte Kenntnisse in diesem Bereich sind für den Veranstalter unerlässlich, da der Erfolg einer Veranstaltung oder des Veranstaltungsmanagers – je nach Zielvorgabe – doch meistes auch am finanziellen Ergebnis gemessen wird.

5.1 Recht und Haftung

Die Planung und Durchführung von Veranstaltungen bergen eine Reihe von Risiken und Haftungsfragen. Das Planungsteam muss sich der rechtlichen Rahmenbedingungen und der Risiken bewusst sein und muss diese auch stets im Auge behalten. Für das Rechtsgebiet des Veranstaltungswesens gibt es bisher nur wenige Grundlagen, Gerichtsurteile oder Stellungnahmen.

Eine wichtige und sehr hilfreiche Darstellung der wichtigsten relevanten Rechtsbereiche stellt das „Eventrecht kompakt" [Risch, Kerst] dar, daneben gibt es um-

U. Holzbaur et al., *Eventmanagement*,
DOI 10.1007/978-3-642-12428-0_5, © Springer-Verlag Berlin Heidelberg 2010

fangreiche Literatur zum Thema Eventrecht. Um das Risiko für den Veranstalter minimal zu halten, wird im Folgenden für die Problematik sensibilisiert, und auf mögliche Risiken und Haftungsfolgen hingewiesen. Diese Darstellung kann weder die eigene Beschäftigung mit dem Thema Recht noch eine Beratung im konkreten Fall ersetzten.

5.1.1 Übersicht Recht

5.1.1.1 Rechtsbereiche

Wer eine Veranstaltung vorbereitet, initiiert damit vielfältige Rechtsbeziehungen. Dabei sind die Hauptbereiche des Rechts betroffen:

- Privatrecht:
  Es regelt die Beziehung der „zivilen" Beteiligten (z. B. Bürger, Firmen oder auch Kommunen) untereinander auf der Grundlage der Gleichordnung und Selbstbestimmung (BGB, HGB). Darunter fallen alle Verträge, der Verkauf (von Waren, Eintrittskarten, das gesamte Catering), die Miete (auch wenn der Partner eine Kommune ist) und das Sponsoring. Innerhalb dieses rechtlichen Rahmens gilt das Prinzip der Vertragsfreiheit.
- Ordnungsrecht:
  Es regelt die Grenzen der Freiheit und Sanktionen für Bürger, Unternehmen und Staat. Hierunter fallen alle Genehmigungen und Vorschriften. Im Ordnungsrecht sanktioniert der Staat tatbestandsmäßige, rechtswidrige und vorwerfbare Handlungen (StGB, OWiG) (z. B. das Lebensmittelrecht). Das Ordnungsrecht besteht aus Gesetzen und Verordnungen und tritt an den Stellen in Kraft, wo die Veranstaltung andere Personen oder Sachen betrifft, wie beispielsweise: Lärm und Emissionen, Straßensperrung, Umleitung, Anfahrt, Parken (siehe auch Infrastruktur), Schutz der Umwelt, Gesundheit von Besuchern und Personal und die Entsorgung.
- Öffentliches Recht:
  Es regelt die Beziehung des Staats zum Bürger (Verfassungsrecht, Verwaltungsrecht).

Aufgrund der teilweisen „Rechtsleere" im Bereich Veranstaltungswesen, sichern sich die beteiligten Personen (Hallenbetreiber, Akteure, …) in der Regel mit umfangreichen privatrechtlichen Vertragswerken ab, in denen ein Großteil von Eventualitäten geregelt ist. Wichtig für die Verantwortlichen ist, diese Verträge genauestens zu prüfen und auch die rechtlichen Hintergründe zu verstehen. Jedoch muss auch beachtet werden, dass nicht alles, was in Verträgen und beispielsweise auf Eintrittskarten steht, rechtswirksam ist. Für den Veranstalter selbst ist es ratsam, sich gegen verschiedene Risiken durch Abschluss einer Versicherung abzusichern. Ggf. ist eine Beratung durch einen Rechtsanwalt sinnvoll.

5.1.1.2 Rechtsbeziehungen

Der Veranstalter muss die vielfältigen Rechtsbeziehungen zwischen den Beteiligten erkennen und sich vergegenwärtigen, um Vorsorge zu treffen, sich und andere abzusichern und auf Ansprüche richtig reagieren zu können.

Rechtsbeziehungen werden z. B. begründet durch:

- Einladung, Buchung,
- Verkauf von Eintrittsberechtigungen (Eintrittskarten, z. B. in fremde Messehalle),
- Engagieren von Akteuren (Dozent, Künstler), Werks- oder Dienstvertrag,
- Vermittlung von Akteuren, Personal, Objekten und Dienstleistungen durch Agenturen,
- Mieten von Räumlichkeiten und Infrastruktur, Ton- und Beschallungsanlagen,
- Engagieren von Cateringfirmen.

Eine Verantwortung (Haftung) kann aus einem Vertrag oder aus einer Handlung abgeleitet werden. Die folgende Graphik gibt die wichtigsten Rechtsbeziehungen an, weitere sind durchaus möglich (z. B. direkte Haftung des Teilnehmers gegenüber dem Personal oder Ansprüche der Kommune an den Caterer).

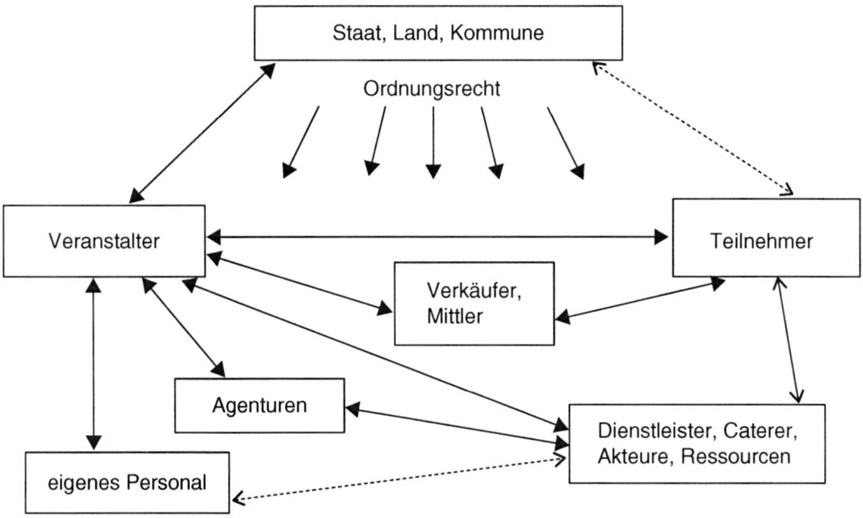

Abb. 5.1 Exemplarische Rechtsbeziehungen beim Event

5.1.1.3 Vertragsgestaltung

Im Vorfeld der Veranstaltung werden die unterschiedlichsten Verträge abgeschlossen. Wichtige Beispiele sind:

- Mietvereinbarungen für den Veranstaltungsort (Hallen, Zelte),
- Lieferverträge für Getränke, Nahrungsmittel (siehe Catering),
- Honorarvereinbarungen mit Künstlern,
- Sponsoringverträge.

Die abzuschließenden Verträge betreffen ein weites Feld und sind mehr oder weniger standardisiert.

Standardisierte Vertragsformen existieren für den Bereich der Lieferverträge für Getränke und Nahrungsmittel sowie der Mietvereinbarungen für Veranstaltungsorte. Inhomogen ist jedoch das weite Feld der Honorarvereinbarungen, Verträge mit Musikgruppen usw. Hier schmieden die Anbieter die unterschiedlichsten Vertragsentwürfe.

Daher gilt grundsätzlich: Jeder Vertrag muss genauestens unter die Lupe genommen werden, damit auch die kleinsten Unklarheiten geklärt werden können. Hier genügt teilweise bereits ein gesunder Menschenverstand, um kritische Punkte zu erkennen. Und genau diese Vertragspunkte kommen meist nur dann zum Tragen, wenn irgendwas nicht so läuft, wie es sich die Beteiligten vorgestellt haben.

Folgende Punkte, Fragen und Hinweise müssen bei der Betrachtung jedes einzelnen Vertrages kritisch betrachtet werden:

- Welche Konsequenzen hat ein Veranstaltungsausfall?
- Welche Kosten entstehen bei einem Ausfall?
- In welcher Weise ist der Vertrag an die Anzahl der Besucher gekoppelt?
- Welche Konsequenzen hat eine Fehleinschätzung bzw. Fehlkalkulation? Wer nimmt unter welchen Umständen Waren zurück?
- Wann müssen welche Leistungen erfolgen (Vorauszahlung)?
- Welche Gewährleistungsansprüche enthält der Vertrag?
- Passt der Vertragsinhalt zur zeitlichen Planung der Veranstaltung (Aufbau, Abbau, Anlieferung, ...)?
- Geht aus dem Vertrag klar hervor, wer für welche Eventualitäten haftet? Wenn ja, ist dies im Sinne des Veranstalters?
- Können aus dem Vertrag im ungünstigsten Fall weitere finanzielle Verpflichtungen erwachsen?
- Welche Vereinbarung besteht, wenn der Referent ausfällt? Wer sorgt für Ersatz? Muss jeder Ersatzreferent und jede Vertretung vom Veranstalter akzeptiert werden?
- Stellt die Vereinbarung klar, wer in welcher Höhe für eventuelle Beschädigung des geliehenen Materials haftet?
- Ist der Vertragspartner finanziell gesund? Wie ist die Bonität (Schufa-Auskunft, Creditreform)? Ist eine Bankbürgschaft sinnvoll?
- Sind Geschäftspartner versichert?

Diese Liste kann beliebig fortgesetzt werden. Bei größeren Veranstaltungen ist es daher sinnvoll, einen Anwalt zur Beratung hinzuzuziehen bzw. bei Unternehmen sollte es selbstverständlich sein, dass die Rechtsabteilung die Verträge prüft.

Hilfreich ist ebenfalls, wenn der Weg eines Besuchers durchgespielt wird und dabei jeweils mögliche Risiken identifiziert werden, nach dem Motto „Was kann alles passieren?“.

Eine Liste der Stationen hilft, Schwachpunkte zu identifizieren:

- Weg zum Event,
- Parkplatz,
- Eingang,
- Garderobe,
- Essen, Trinken, Sitzbereich,
- Material, Handouts, Verkauf,
- WC,
- Abfahrt.

In jedem Fall sollte der Veranstalter bei der Prüfung der Risiken und vor allem auch der Anforderungen an die Veranstaltungslocation die so genannte Versammlungsstättenverordnung beachten. Aus dieser ergeben sich z. B. die Anforderungen an die Fluchtwege und an die Abstände bei einer Reihenbestuhlung, die Vorschriften für das Freihalten von Rettungswegen, die Bestimmungen für Ausgänge und Brandschutzeinrichtungen wie Wandhydranten, Feuerlöscher etc., die Anforderungen an die Einhaltung der Brandschutzbestimmungen, Unfallverhütungsvorschriften etc.

5.1.2 Risiko

Wir betrachten zunächst die unterschiedlichen Risiken und anschließend den systematischen Risikomanagementprozess. Eine gute Zusammenfassung gibt [Tarlow]. Unterschieden wird im unternehmerischen Bereich zwischen Finanzrisiko, Betriebsrisiko und Rechtsrisiko.

5.1.2.1 Finanzrisiko

An erster Stelle stehen die finanziellen Risiken. Finanzrisiken umfassen alle Risiken, bei denen es in Bezug auf die Veranstaltung um eingehende oder ausgehende Zahlungen geht. Unbedingt notwendig ist eine detaillierte und vor allem realistische Vorkalkulation der Veranstaltung. Defizite durch eine Veranstaltung können Existenz bedrohend werden. Je nach Rechtsform (Personengesellschaften) kann der Veranstalter sogar mit seinem Privatvermögen haften. Der Veranstalter muss sich über die Risiken im Klaren sein. Es kommt leider zu häufig vor, dass mit großem Aufwand und mit großem Engagement eine Veranstaltung organisiert und durchgeführt wird, unterm Strich stellt sich die Aktion aber als Verlustgeschäft heraus. Ein Grund kann beispielsweise eine viel zu optimistisch angenommene Besucherzahl sein. Nun lassen sich verschiedene Faktoren nicht immer genau planen, oftmals müssen Zahlen auch geschätzt werden. Es ist sinnvoll, verschiedene Szenarien (Aufzeigen möglicher Entwicklungen) durchzuspielen, um sich die Risiken schon im Vorfeld ins Bewusstsein zu rufen. Im Szenario wird die Entwicklung zum einen optimistisch, zum anderen pessimistisch betrachtet. Danach wird entschieden, welche Entwicklung die wahrscheinlichste ist, und welche Auswirkungen (auch langfristig) dies haben kann. Das Erstellen von Szenarien ist selbstverständlich auch für die anderen Risikoarten sinnvoll. Der Veranstalter muss sich im Klaren sein, dass der Grundsatz gilt: Hohes Risiko – höhere Chancen auf Gewinn bzw. geringes Risiko – geringere Chancen auf Gewinn.

Beispiele für Finanzrisiken sind:

- Geplante Umsätze oder vertragliche Leistungen werden nicht oder nicht im angestrebten Umfang erreicht (wegen einer Parallelveranstaltung kommen weniger Besucher, ein Sponsor kann die zugesagten Mittel nicht aufbringen).
- Preise von Waren im Einkauf ändern sich, was zu höheren Kosten, niedrigeren Einnahmen oder sinkenden Umsätzen führen kann. Um dieses Risiko zu vermeiden, müssen für die großen Ausgabenposten Angebote eingeholt und Verträge abgeschlossen werden.
- Eingekaufte Ware oder erstellte Leistungen können nicht abgesetzt werden (Absatzrisiko). Beispielsweise wird aufgrund schlechten Wetters weniger Essen verkauft, als geplant war.
- Forderung aus Leistungen (Verkauf, Dienstleistungen, Sponsoring) werden nicht erfüllt.
- Forderungen aufgrund Haftungsverpflichtungen (siehe unten).

5.1.2.2 Betriebsrisiko

Betriebsrisiko heißt, dass irgendetwas „passieren" könnte. Es beschreibt die Gefahr von Verlusten aufgrund unpassender Kontrollmechanismen, menschlichen Versagens oder Managementfehlern. Letztendlich sind diese Risiken oder ihre nicht angemessene Vermeidung Fehler des Managements. Diese Risiken können nicht komplett beseitigt werden, jedoch weitgehend minimiert.

Beispiele hierfür sind:

- Verdorbene Nahrungsmitteln aufgrund unzureichender Kühlung,
- Umweltschäden, Störfälle,
- Beschädigungen aller Art,
- Unfälle,
- Transportschäden, technische Störungen.

5.1.2.3 Rechtsrisiko

Rechtsrisiko kann entstehen aus:

- Haftung (siehe folgendes Kapitel),
- strafrechtlicher Verantwortung,
- Verwaltungsakten,
- Rechtsstreitigkeiten.

Die aufgeführten Risiken stellen nur einen Teil der denkbaren Risiken dar. Auch aufgrund Haftungsverpflichtungen entstehen für die Veranstalter gewisse Risiken, die im folgenden Abschnitt aufgezeigt werden.

5.1.2.4 Risikomanagementprozess

Zum rechtzeitigen Erkennen und Bewältigen der oben angeführten Risiken dient der Risikomanagementprozess. Dieser besteht aus:

- Risikoidentifikation,
- Risikoanalyse, Risikobewertung,
- Risikobewältigung.

Bei der Risikoidentifikation geht es darum, auftretende Risiken rechtzeitig zu erkennen. Dies bedarf der umfassenden Bestandsaufnahme aller möglichen Risiken. Ziel der Risikoanalyse ist, für die erkannten Risiken einerseits sowohl die genaue Ursache, und auch die Eintrittswahrscheinlichkeit und andererseits die Höhe des möglichen Schadens festzustellen (vgl. Finanzrisiko).

Die Risikoidentifikation führt zum Risikoportfolio, in dem alle Risiken nach Größe (Schaden beim Eintreten des Risikos) und Wahrscheinlichkeit aufgelistet oder graphisch dargestellt werden. Bei der grafischen Darstellung des Risikoportfolios (siehe Abb. 3.7 und 5.2) sollten die Wahrscheinlichkeit und die Schadenshöhe jeweils logarithmisch abgetragen werden.

Bei der Risikobewältigung wird versucht, die Eintrittswahrscheinlichkeit eines Risikos zu verringern bzw. die Auswirkungen zu begrenzen. Risiken mit hoher Eintrittswahrscheinlichkeit jedoch geringen Auswirkungen sind meist hinnehmbar. Risiken mit einem potentiell großen Schaden müssen genauestens beobachtet werden, auch wenn die Eintrittswahrscheinlichkeit gering ist. Beispielsweise sollte eine Unwetterwarnung bei einer geplanten Veranstaltung im Freien ernst genommen werden, ggf. muss die Veranstaltung abgesagt werden, wenn eine Gefahr für

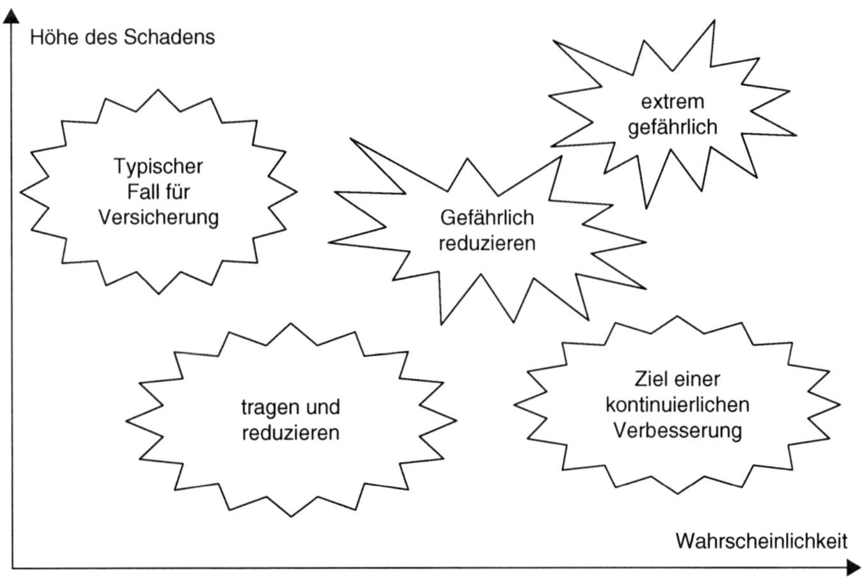

Abb. 5.2 Risiko-Portfolio mit typischen Maßnahmen

die Besucher besteht (Umstürzen von Bäumen). Wenn der Veranstalter für die Folgen von Unwettern auch nicht unbedingt selbst haftet, jedoch wird dieser zumindest moralisch zur Verantwortung gezogen und muss sich mit schweren Vorwürfen konfrontiert sehen.

Zur Reduktion von Risiken gibt es mehrere Möglichkeiten. Eine Möglichkeit der Risikobegrenzung ist die Risikostreuung. Hierbei werden bewusst bestimmte Bereiche bei der Veranstaltung komplett aus dem Verantwortungsbereich ausgelagert. Denkbar ist hierbei die Vergabe des kompletten Caterings zu einem festen Preis. Zwar ist in diesem Fall die mögliche Gewinnspanne geringer, jedoch auch das Gesamtrisiko.

Des Weiteren kann ein Risiko durch Verteilen verringert werden. Das Risiko zweier unabhängiger Aktivitäten ist kleiner als das einer einzelnen doppelt so großen. Hier wird der stochastische Effekt ausgenutzt.

5.1.3 Haftungsfragen

Haftungsfragen spielen im Veranstaltungsmanagement eine wichtige Rolle.

5.1.3.1 Privatrechtliche Haftung

Privatrechtlich haftet jeder als Person für Schäden, die er anderen zufügt. Er ist dann zum Ersatz des Schadens verpflichtet. Dabei kann ein Anspruch entweder aus einem Vertragsverhältnis (§ 462 BGB: Schadensersatz wegen Nichterfüllung) oder aus schuldhaftem Handeln (§ 823 BGB: Schadensersatzpflicht und folgende) entstehen.

Wichtig für Veranstaltungen ist insbesondere die Erkenntnis, dass der Veranstalter auch für Handlungen oder Unterlassungen seines Teams (seiner Erfüllungsgehilfen) haftet, wenn er nicht die organisatorischen Maßnahmen getroffen hat, dass diese korrekt handeln.

5.1.3.2 Haftung bei Veranstaltungsausfall

Ein wesentlicher Punkt, der oftmals nicht ausreichend berücksichtigt wird, ist die Frage, wer bei einem Veranstaltungsausfall in welcher Form haftet.

Hier gibt es (je nach Vertrag) Risiken für den Veranstalter, aber auch für den Hallenbetreiber. Die verschiedenen Problemsituationen werden im Folgenden aufgezeigt:

- Zur Risikosphäre des Hallenbetreibers (Vermieter des Veranstaltungsortes) gehört der Ausfall der Veranstaltung auf Grund der Unmöglichkeit der Raumnutzung, beispielsweise aufgrund eines technischen Defekts, den nicht der Mieter oder dessen Erfüllungsgehilfen zu verantworten haben. Für den Veranstalter als Mieter entfällt in diesem Fall i. d. R. die Bezahlung des Mietzinses. Wenn der Mangel schon beim Abschluss des Mietvertrages vorlag, kann der Veranstalter ggf. sogar Schadensersatz wegen Nichterfüllung gegenüber dem Hallenbetreiber geltend machen.

- Besucher können bei Veranstaltungsausfall ihr Eintrittsgeld inklusive Vorverkaufsgebühr zurückverlangen, denn sie haben mit der Lösung der Eintrittskarte einen Werkvertrag mit dem Veranstalter auf Durchführung der Veranstaltung geschlossen. Dies ist der Fall, wenn die Werkleistung (beispielsweise die Theateraufführung oder der Auftritt des Hauptdarstellers) nicht erbracht wird, weil eine wichtige Person krank ist, oder wenn aufgrund von Regen die Veranstaltung abgesagt werden muss.
- Ein Veranstaltungsausfall birgt ein großes Risiko für den Veranstalter. Es muss im Vorfeld geklärt sein, ob und in welcher Höhe beispielsweise der Mietzins an den Hallenbetreiber zu bezahlen ist, welche Mengen von bestellten Waren abgenommen werden müssen oder auch welche vertraglichen Verpflichtungen mit evtl. Sponsoren bestehen. Unklarheiten diesbezüglich sollten im Vorfeld vertraglich abgestimmt sein.
- In der Regel gibt es zwischen den Darstellern und dem Veranstalter eine vertragliche Abmachung, die Regelungen für den Ausfall des Hauptdarstellers (z. B. bei Krankheit) enthält. Diese Regelung gilt nicht im Verhältnis zwischen Veranstalter und Besucher.

5.1.3.3 Die Vorverkaufsgebühr

Ein besonderes Problem für den Veranstalter stellt hier die Vorverkaufsgebühr dar. Die Vorverkaufsstellen haben ihren Auftrag erfüllt und die Karten verkauft. Nun muss der Veranstalter die Vorverkaufsgebühr an die Besucher zurückzahlen, obwohl diese die Vorverkaufsstelle eingenommen hat.

Mit dem Verkauf einer Eintrittskarte liegt, wie bereits erwähnt, zwischen dem Veranstalter und dem Besucher ein Werkvertrag vor, d. h. der Veranstalter schuldet eine Werkleistung, sprich beispielsweise die Durchführung des angekündigten Programms.

Damit für den Besucher klar hervorgeht, mit wem er einen Vertrag abgeschlossen hat, sollte auf jeder Eintrittskarte und auch auf den anderen Werbeträgern der Veranstalter aufgedruckt sein.

Die Vorverkaufsgebühren müssen Aufwendungscharakter besitzen, d. h. sie dürfen keine wucherähnlichen Formen annehmen und damit eine zusätzliche Einnahmequelle des Veranstalters bzw. Ticketvertreibers darstellen.

Auf der Eintrittskarte müssen die Endpreise (inkl. Vorverkaufsgebühr und ggf. Buchungsgebühr) angegeben werden.

Oftmals finden sich auf der Eintrittskarte verschiedene Haftungsausschlussklauseln (z. B. „Keine Haftung für Sach- und Körperschäden“ oder „Rückerstattung des Kaufpreises nur bei vollständiger Absage der Veranstaltung“). Diese Klauseln haben in der Regel keinen Bestand. Zum einen haftet der Veranstalter bei einem Verstoß gegen die Verkehrssicherungspflichten trotzdem, zum anderen, und dies ist die wesentliche Aussage, wird diese Karte erst nach Vertragsabschluss ausgehändigt. Dadurch hat der Besucher in der Regel im Vorfeld keine Chance auf Einsichtnahme der Klauseln.

5.1.4 Versicherungen

Besteht ausreichender Versicherungsschutz? Für größere Veranstaltungen ist es ratsam sich gegen mögliche Gefahren zu versichern. Welche Versicherungen der Veranstalter bereits hat oder für die Veranstaltung noch abschließen sollte, muss im Einzelfall geklärt werden und hängt von der Veranstaltungsart ab.

Es sollte in jedem Einzelfall zunächst eine umfangreiche Risikoanalyse durchgeführt werden, da für jede Veranstaltung unterschiedliche Schadensrisiken bestehen können. Die Risikoanalyse dient der Findung der tatsächlichen besonderen Gefahrenquellen und Gefährdungsbereiche. Zu prüfen sind entsprechend risikosteigernde Faktoren, wie zum Beispiel:

- Besonders hohe Anzahl von Konzertbesuchern oder Zuschauern.
- Hard- Rock-Konzertveranstaltungen mit hoher Lautstärke.
- Besondere Gefahrenquellen durch Veranstaltungen auf öffentlichen Straßen und Plätzen.
- Veranstaltungen in fremden Locations.
- Motorsportveranstaltungen mit besonderem Haftungsrisiko.
- Reisen, insbesondere, wenn der Veranstalter nicht nur als Reisevermittler sondern auch selbst als Reiseveranstalter auftritt.
- Die unterschiedlichen Aufgaben- und Verantwortungsbereiche auf einer Veranstaltung werden durch mehrere Agenturen bzw. Organisatoren durchgeführt.

Gespräche mit Versicherungen oder Anwälten sind hier sinnvoll. Oftmals decken Haftpflichtversicherungen Musik-, Tanz- und Theaterveranstaltungen ab, bei Pop-, Rock- oder Techno-Konzerten sowie Open-Air-Festivals und Freiluft-Aufführungen sind Zusatzabschlüsse notwendig. Leider stellt sich meist erst dann die Frage, welche Versicherung was zu bezahlen hat, wenn es zu spät ist.

Für Veranstalter und Agenturen die häufig Events durchführen, ist ein Jahresvertrag bei einer Versicherungsgesellschaft sinnvoll. Dadurch können die Kosten deutlich reduziert werden.

5.1.4.1 Veranstalter-Haftpflichtversicherung

Sinnvoll ist in allen Fällen eine Veranstalter-Haftpflichtversicherung, die den gesamten Bereich der Planung, Vorbereitung und Durchführung von Veranstaltungen gegen Sach- und Personenschäden absichert. Die Prämie einer solchen Versicherung berechnet sich auf der Basis der erwarteten Zuschauer oder Teilnehmerzahl. Der

Prämiensatz variiert zwischen 5 Cent je Besucher bei Klassikkonzerten bis 10 Cent je Besucher bei Rockkonzerten. Gängige Deckungssummen liegen durchaus bei 2 Mio. € pauschal für Personen- und Sachschäden, wobei bei größeren Events auch Deckungssummen bis 5 Mio. € oder noch größer zu empfehlen sind.

Diese Versicherungen haben meist eine Grunddeckung, wobei je nach Bedarf für verschiedene Punkte (beispielsweise für Auf- und Abbau von Zelten, Bühnen oder Ständen, für sogenannte Gefahr erhöhende Umstände wie Feuerwerk oder Abschalten der Straßenbeleuchtung, sowie für mögliche Flurschäden) optional eine Zusatzdeckung benötigt wird. Oftmals verlangen Hallenvermieter den Abschluss einer solchen Versicherung, bevor ein Mietvertrag unterzeichnet wird. Zu beachten ist, dass eine Veranstalter-Haftpflichtversicherung oftmals keine Schäden absichert, die durch Zuschauer (insbesondere Vandalismus) verursacht werden oder gemietete, geliehene oder überlassene Mobilien betrifft. Für das letztere kann eine Equipment-Versicherung (Elektronikversicherung) den nötigen Schutz bieten. Der Prämiensatz hier beträgt ca. 0,6–0,9 % der Versicherungssumme abhängig von Veranstaltungsort und -dauer.

5.1.4.2 Veranstaltungs-Unfallversicherung

Im Weiteren kann eine Veranstaltungs-Unfallversicherung, sowohl für Mitarbeiter und Mitwirkende, als auch für Teilnehmer und Besucher sinnvoll sein. Die Versicherungsprämien hängen jeweils von der Personenzahl und von der Höhe der Deckung ab.

5.1.4.3 Ausfallversicherung und Wetterversicherung

Als weitere Versicherungsarten sind die Ausfallversicherung sowie die Wetterversicherung zu nennen. Diese treten ein, wenn eine Veranstaltung nicht durchführbar ist und die Gründe nicht beim Veranstalter selbst, sondern beispielsweise im Wetter, in der Erkrankung von Künstlern oder in Naturkatastrophen liegen. Die Versicherung von Ausfällen durch schlechtes Wetter ist schwierig zu erhalten. Versicherungen halten sich hier zunehmend zurück. Noch schwieriger zu erhalten ist die in früheren Zeiten angebotene Versicherung von Verdienst- bzw. Gewinnausfall.

Detaillierte Informationen, welcher Schutz benötigt wird und welche Versicherungsart welche Gefahren abdeckt, sind am besten bei den Versicherungen direkt einzuholen. Wichtig ist, dass sich der Veranstalter rechtzeitig darum kümmert.

5.1.5 Jugendschutz

Ein weiterer vom Veranstalter genau zu beachtender Punkt ist der Jugendschutz. Rechtsgrundlage ist das Gesetz zum Schutze der Jugend in der Öffentlichkeit vom

25. Februar 1985, zwischenzeitlich mehrfach angepasst, zuletzt geändert zum 01.01.2009. Dieses regelt u. a. den Aufenthalt von Kindern (bis 14 Jahre) und Jugendlichen (bis 18 Jahre) an jugendgefährdenden Orten, den Aufenthalt in Gaststätten, den Verzehr und die Abgabe alkoholischer Getränke und Tabakwaren sowie die Anwesenheit bei öffentlichen Tanzveranstaltungen oder öffentlichen Filmveranstaltungen. Zuwiderhandlungen sind zum Teil mit empfindlichen Bußgeldern belegt, die den Erfolg einer Veranstaltung gefährden können.

Die für das Veranstaltungswesen wichtigsten Inhalte des Gesetzes in gekürzter Form sind:

- § 9 (1) In Gaststätten, Verkaufsstellen oder sonst in der Öffentlichkeit dürfen Branntwein, branntweinhaltige Getränke oder Lebensmittel, die Branntwein in nicht nur geringfügiger Menge enthalten, an Kinder und Jugendliche, andere alkoholische Getränke an Kinder und Jugendliche unter sechzehn Jahren weder abgegeben noch darf ihnen der Verzehr gestattet werden …
- § 10 (1) In Gaststätten, Verkaufsstellen oder sonst in der Öffentlichkeit dürfen Tabakwaren an Kinder oder Jugendliche weder abgegeben noch darf ihnen das Rauchen gestattet werden.
- § 5 (1) Die Anwesenheit bei öffentlichen Tanzveranstaltungen ohne Begleitung eines Personensorgeberechtigten bzw. Erziehungsbeauftragten darf Kindern und Jugendlichen unter sechzehn Jahren nicht und Jugendlichen ab sechzehn Jahren längstens bis 24 Uhr gestattet werden.
- § 2 (1) Soweit es nach diesem Gesetz auf die Begleitung durch eine erziehungsbeauftragte Person ankommt, haben auch diese Personen auf Verlangen ihre Berechtigung vorzuweisen. Veranstalter und Gewerbetreibende haben in Zweifelsfällen die Berechtigung zu überprüfen.
  (2) Personen, bei denen nach diesem Gesetz Altersgrenzen zu beachten sind, haben ihr Lebensalter auf Verlangen in geeigneter Weise nachzuweisen. Veranstalter und Gewerbetreibende haben in Zweifelsfällen das Lebensalter zu überprüfen.
- § 3 Veranstalter und Gewerbetreibende haben die geltenden Vorschriften sowie die Alterseinstufung durch deutlich sichtbaren und gut lesbaren Aushang bekannt zu machen.

Folgende Tipps erleichtern die Durchführung dieser Bestimmungen:

- Eine „Schleuse" am Eingang ermöglicht die genaue Alterskontrolle und das Abnehmen von mitgebrachten alkoholischen Getränken und von Gegenständen (Messer, Flaschen, Dosen, …).
- Die Bekanntgabe der Altersbeschränkung auf einem Schild im Eingangsbereich, sowie der Aushang des Jugendschutzgesetzes sind erforderlich.
- Als Kontrollpersonal reiferes Personal (Autorität) oder Sicherheitsfirma einsetzen (Kontrollpersonen sollten nicht gleichzeitig als Kassier eingesetzt sein).
- Jede Person muss altersmäßig eingeschätzt werden. Im Zweifelsfall Altersnachweis fordern (ohne Nachweis kein Einlass).
- Eine Alterskennzeichnung der Personen ist über Plastikarmbänder (verschiedene Farben) oder unterschiedliche Stempel möglich (unter 14 Jahre … über 18 Jahre je nach Veranstaltung).

- Erziehungsbeauftragte müssen die Berechtigung nachweisen. Selbst Geschwister oder Verwandte sind in der Regel nicht erziehungsbeauftragt.
- Der Veranstalter muss eins sog. „Übertragung der Aufsichtspflicht" nicht akzeptieren. Ein Hinweis bereits bei Bekanntmachung der Veranstaltung ist hilfreich.
- Einlasskontrolle muss bis Veranstaltungsende durchgeführt werden.
- Durchsagen und direktes Ansprechen mit der Aufforderung an die jeweilige Altersgruppe zum Verlassen der Veranstaltung (bspw. kurz vor 24:00 Uhr: Aufforderung an die unter 18 jährigen die Veranstaltung zu verlassen).
- Bei Barbetrieb müssen Kontrollen gewährleisten, dass Jugendliche unter 18 Jahren keine branntweinhaltigen Getränke (die ggf. befreundete Erwachsene kaufen) konsumieren.
- Im Zweifelsfall kann auch bereits im Vorfeld rechtzeitig vor der Veranstaltung Kontakt mit den Behörden insbesondere der Polizei aufgenommen werden. Diese berät i. d. R. gerne und gibt auch nützliche Tipps. Die Polizei ist Partner, niemals Gegner!

Seit einigen Jahren ist verstärkt der Verzehr von Modedrinks wie z. B. Alkopops zu beobachten. Als Alkopops wurden ursprünglich branntweinhaltige Limonaden bezeichnet (z. B. Rigo und Smirnoff). Hier muss der Veranstalter, wie auch bei den anderen sog. Premixgetränken (Limonaden-Mischgetränke mit Bier, Wein, Branntwein) besonders aufmerksam sein, an wen er diese Getränke ausschenkt. Herkömmliche Alkopops dürfen aufgrund des Branntweinanteils nur an Personen ab 18 Jahren ausgegeben werden. Oftmals war jedoch diese Tatsache den Helfern am Ausschank so nicht bewusst und wurde daher nicht beachtet. Durch teilweise groß angelegte Aufklärungskampagnen der Polizei konnte der Verkauf an Minderjährige verringert werden. Die 2004 eingeführte Sondersteuer ließ zudem den Absatz der herkömmlichen branntweinhaltigen Alkopops sinken. Seit diesem Zeitpunkt kommen verstärkt anderen sog. Premixgetränke (auf Bier- oder Weinbasis) auf den Markt und werden teilweise auch unter dem Begriff Alkopops vermarktet.

Mit der Einführung der Sondersteuer auf herkömmliche Alkopops kam ein weiteres Produkt auf den Markt, das nicht der Sondersteuer unterliegt: Alkohol in Brauseform. Durch das sofortige kritische Aufgreifen des Themas durch Experten und Medien erlebte das neue „Produkt" eine kostengünstige Werbekampagne. Der Absatz der Brause scheint nach wie vor jedoch noch relativ gering zu sein. Bevorzugter Vertriebskanal ist das Internet, da hier eine Altersprüfung leicht umgangen werden kann. Ob sich dieses Produkt am Markt weiter durchsetzt, wird sich zeigen.

5.1.6 Schankerlaubnis und Sperrzeit

Das Gaststättengesetz regelt, dass für den Betrieb einer Schankwirtschaft eine durch die örtlichen Behörden (Rechts- und Ordnungsamt der Stadt) ausgestellte Schankerlaubnis erforderlich ist. Diese Regelung gilt in gleicher Weise für Veranstaltungen.

Beim Vorliegen bestimmter Gründe kann die Erlaubnis versagt werden, so zum Beispiel, wenn Tatsachen die Annahme rechtfertigen, dass der Antragsteller die für den Gewerbebetrieb erforderliche Zuverlässigkeit nicht besitzt, Unerfahrene, Leichtsinnige oder Willensschwache ausbeuten wird oder dem Alkoholmissbrauch oder der Unsittlichkeit Vorschub leisten wird.

Auch die Sperrzeit ist im Gaststättengesetz geregelt und gilt in gleicher Weise für Veranstaltungen. Nach Eintritt der Sperrzeit muss der Veranstalter die Veranstaltung beenden und dafür sorgen, dass die Gäste innerhalb von max. 20 min den Veranstaltungsort verlassen.

Das Gaststättengesetz ermächtigt die einzelnen Bundesländer eigene Sperrzeiten festzusetzen. Dies hat zur Folge, dass in den Bundesländern zum Teil völlig unterschiedliche Sperrzeiten gelten. Baden-Württemberg hat beispielsweise die Sperrzeit im Jahre 2001 verkürzt. Diese beginnt dort wochentags um 2 Uhr, in den Nächten von Freitag auf Samstag und von Samstag auf Sonntag um 3 Uhr, sie endet um 6 Uhr. Immer mehr Bundesländer haben in den vergangenen Jahren den Beginn der Sperrzeit auf 5 Uhr festgelegt. Landesbehörden oder auch andere Behörden können die Sperrzeit bei Vorliegen eines öffentlichen Bedürfnisses oder besonderer örtlicher Verhältnisse verlängern, verkürzen oder aufheben.

Daneben gibt es verschiedentlich an bestimmten Tagen Ausnahmen: Oftmals ist die Sperrzeit in der Silvesternacht oder in der Nacht zum 1. Mai gänzlich aufgehoben. Nähere Auskünfte hierzu sind bei den Ordnungsämtern zu erhalten. Hier kann auch eine Sperrzeitverkürzung beantragt werden.

5.1.7 *Preisauszeichnung*

Der § 6 des Gaststättengesetzes sagt aus, dass mindestens ein alkoholfreies Getränk nicht teurer zu verabreichen ist, als das billigste alkoholische Getränk in gleicher Menge, wobei (seit der Neuregelung des Gesetzes im Januar 2002) der Preisvergleich auf der Basis für einen Liter der betreffenden Getränke vorgenommen werden muss.

Der Veranstalter sollte dies unbedingt beachten, zum einen aus der Verantwortung gegenüber Jugendlichen und Autofahrern und um bei den Gästen (bzw. deren Eltern) kein negatives Image zu bekommen. Zum anderen drohen Kontrollen, die bei Nichtbeachtung empfindliche Geldbußen zur Folge haben können. In größeren Städten (bspw. Berlin) gab es teilweise flächendeckende Untersuchungen und die Ordnungsbehörden erwägen die Kontrollen weiter zu verschärfen. Bei dem günstigen alkoholfreien Getränk darf es sich jedoch nicht um ein völlig unattraktives, dem üblichen Nachfrageverhalten in der jeweiligen Gaststätte nicht angepassten Getränk handeln. Beispielsweise sind Milch oder stille Wasser nicht in jeder Kneipe als attraktiv anzusehen. Der Gesetzgeber spricht in solchen Fällen vom „Versuch der Umgehung“ und schließt solche Getränke vom Preisvergleich aus.

5.1.8 Umleitungen und Straßensperrungen

Bei größeren Veranstaltungen kann es abhängig vom Veranstaltungsort erforderlich sein, Straßen zu sperren, Einbahnstraßen einzurichten oder öffentliche befahrene Plätze abzuriegeln.

Der Veranstalter darf grundsätzlich nicht ohne Genehmigung in den Verkehrsfluss eingreifen: Kein Schild ohne Genehmigung! Ansonsten kann der Veranstalter bei eventuellen Unfällen haftbar gemacht werden.

Hierbei muss mehrere Wochen vor der Veranstaltung beim Ordnungsamt ein Antrag auf eine verkehrsrechtliche Anordnung mit Vorschlag (für z. B. Einbahnregelung) gestellt werden.

5.1.9 GEMA und weitere Abgaben

Bei einem Event fallen verschiedene Steuern, Gebühren und Abgaben an. Typisch bei Musikveranstaltungen ist die GEMA (www.gema.de). Daneben gibt es verschiedene (Sozial-) Abgaben und Steuern (siehe auch den Abschnitt Finanzen und Steuern), die zu beachten sind.

Das Kürzel GEMA ist die Abkürzung für: Gesellschaft für musikalische Aufführungs- und mechanische Vervielfältigungsrechte. Die GEMA ist eine Verwertungsgesellschaft und hat die Rechtsform eines wirtschaftlichen Vereins kraft staatlicher Verleihung mit Sitz in Berlin und untersteht der Aufsicht des Bundeskartellamts sowie des Deutschen Patentamts.

Die GEMA nimmt die Urheberrechte wahr (Urheberrechtsgesetz), die ihr ihre Mitglieder übertragen. Sie stellt stellvertretend für den Urheber die musikalischen Werke gegen entsprechende Gebühren zur Verfügung. Nach dem Urheberrechtwahrnehmungsgesetz ist die GEMA verpflichtet, jeder Nutzung urheberrechtlich geschützter Musik nachzugehen und zu prüfen, ob Vergütungsansprüche bestehen. Die Vergütung richtet sich nach festen, im Bundesanzeiger veröffentlichten Tarifen. Näher Informationen zum Bundesanzeiger gibt es unter www.bundesanzeiger.de im Internet.

Bei einer Veranstaltung mit Unterhaltungsmusik muss grundsätzlich der Veranstalter dies bei der GEMA unter Angabe folgender Punkte anmelden:

- Raumgröße oder Personenzahl,
- Eintrittsgeld,
- Zeitdauer,
- Anzahl der Musiker,
- Anzahl der geschützten Werke (Auflistung der Werke).
- Hierzu können direkt bei den GEMA-Bezirksdirektionen Formulare angefordert werden. Weitere Informationen finden sich im Internet unter www.gema.de.

Für eine Abendveranstaltung mit Rockband zu der ca. 1000 Besucher kommen liegen die GEMA-Gebühren in einer Größenordnung von 250 bis 500 €.

Neben der GEMA gibt es noch weitere Gebühren, die der Veranstalter abführen muss. Da sind zum einen die Künstlersozialabgaben, die im Künstlersozialversicherungsgesetz (KSVG) geregelt sind. Zur Abführung gemäß § 24 KSVG sind bspw. Unternehmen und Einrichtungen verpflichtet, die regelmäßig Entgelte an Künstler zahlen, unabhängig davon, ob die gebuchten Künstler in der Künstlersozialkasse versichert sind. Zum anderen gibt es die sog. Ausländersteuer. Hierbei müssen die von ausländischen Künstlern im Inland erzielten Einkünfte versteuert werden. Ausnahmen gibt es, wenn z. B. Doppelbesteuerungsabkommen bestehen.

5.1.10 Schutz von Veranstaltungsbezeichnungen durch Markeneintrag

Für zahlreiche Veranstalter, die regelmäßig Veranstaltungsreihen durchführen, die zum Beispiel unter bestimmten Mottos laufen, kann es von großem Interesse und vor allem wirtschaftlicher Bedeutung sein, den Namen ihrer Veranstaltung zu sichern. Regelmäßig werden bestimmte Kundenkreise bereits durch den mit einer bestimmten Veranstaltung in Verbindung stehenden Namen in die Veranstaltung „gelockt". Beispiele: „Love Parade", „Bad Taste Party", „Deka-Dance", „Heartbreaker's Ball" etc.

Wie kann nun der Veranstalter den Namen seiner Veranstaltung sichern? Hinsichtlich der Entstehung des Markenschutzes wird zwischen drei Arten von Marken unterschieden. (§ 4 Markengesetz)

- Marken durch Eintragung
- Marken durch Benutzung mit Verkehrsgeltung
- Marken durch notorische Bekanntheit

Bei den Marken kraft Eintragung entsteht der Markenschutz durch die Eintragung in das Markenregister des Deutschen Patent- und Markenamts (DPMA). Bei den Marken kraft Benutzung entsteht der Schutz, wenn das Zeichen im geschäftlichen Verkehr innerhalb der beteiligten Verkehrskreise als Marke Verkehrsgeltung erworben hat. Bei den Marken kraft notorischer Bekanntheit wird auf den Begriff der notorischen Bekanntheit gemäß des Artikels 6 der Pariser Verbandsübereinkunft (zum Schutz des gewerblichen Eigentums) abgestellt. Beispiele für notorisch bekannte Marken, sind „Marlboro" oder „Coca Cola".

5.1.10.1 Die Anmeldung einer Marke bei dem DPMA

Hat man die gewünschte Bezeichnung gefunden bzw. festgelegt, muss man sich überlegen, für welche Waren und Dienstleistungen man den Schutz benötigt. Die Klassifikation der verschiedenen Waren und Dienstleistungen erfolgt in 45 Klassen. Die für den Veranstaltungsbereich vorrangig relevante Klasse ist die Klasse 41.

Hinsichtlich der finalen Festlegung der einzutragenden Klassen, empfiehlt es sich einen Rechts- oder Patentanwalt zu Rate zu ziehen, zumal eine Erweiterung der Waren- und Dienstleistungsklassen nach erfolgter Eintragung nicht mehr möglich ist. Die Kosten für die Anmeldung und die Eintragung einer Marke richten sich nach der Anzahl der Klassen für die der Schutz begehrt wird.

5.1.10.2 Die Kosten der Eintragung

Bei einer Anmeldung einer Marke entstehen folgende Kosten:

- Anmeldegebühr bei Marken einschließlich der Klassengebühr für bis zu drei Klassen: 300 €
- Klassengebühr bei Anmeldung einer Marke für jede Klasse ab der vierten Klasse: 100 €
- Antrag auf beschleunigte Prüfung: 200 €.

5.1.10.3 Anmeldeverfahren vor dem DPMA

Das Anmeldeverfahren vor dem DPMA gliedert sich in das Anmeldeverfahren, das Prüfungs- und Entscheidungsverfahren, das Widerspruchsverfahren und das Beschwerdeverfahren. Die Anmeldung der Marke erfolgt durch Ausfüllen des beim DPMA (www.dpma.de) erhältlichen Anmeldeformulars und die Zahlung der Gebühren.

Sobald die Marke eingetragen ist, wird sie im Markenblatt des DPMA veröffentlicht. Innerhalb von 3 Monaten vom Zeitpunkt der Veröffentlichung an, haben Inhaber von identischen oder ähnlichen Marken, welche für identische oder ähnliche Waren und Dienstleistungen geschützt sind, die Möglichkeit gegen die Registrierung der Marke schriftlich Widerspruch bei der Markenstelle des DPMA, mit dem Ziel der Löschung der Marke, zu erheben. Gegen die auf einen Widerspruch folgende Entscheidung des DPA können beide Parteien Erinnerung bzw. Beschwerde einlegen.

Die Schutzdauer der Marke endet 10 Jahre nach dem Ablauf des Monats, in den der **Anmeldetag** (nicht Registrierungstag) fällt. Die Schutzdauer kann um jeweils 10 Jahre verlängert werden.

5.2 Umwelt, Gesundheit, Unfallschutz

Bei der Durchführung von Veranstaltungen tragen Maßnahmen zu Umweltschutz, Gesundheitsvorsorge und Arbeitssicherheit wesentlich zur Verbesserung des Image und zur Verringerung von Kosten und Risiken bei.

5.2.1 Umwelt

Im Bereich Umwelt wird nach Umweltmedien (Luft, Wasser, Boden) und Umweltbelastung (Transport, Abfall, Abwasser, Lärm, ...) differenziert.

Im Veranstaltungswesen muss ein wesentliches Augenmerk auf den Umweltschutz gerichtet werden, um die Umweltmedien keiner zu großen Belastung auszusetzen. In sämtlichen Bereichen (von der Vermeidung von Einweggeschirr und unnötiger Verpackung über die Minimierung des Strom-, Wasser- und Brennstoffverbrauchs bis zur Entsorgung, Mülltrennung und Wiederverwertung) sollte daher umweltgerechtes Handeln zum festen Bestandteil bei der Durchführung der Veranstaltung sein (siehe auch Abschnitt „umweltfreundliche Mobilität"). Es ist unabdingbar, das ganze Team für die Thematik zu sensibilisieren, sofern dies nicht bereits die Medien in ausreichendem Maße übernommen haben.

Die Neugestaltung der EG-Öko-Audit-Verordnung (EMAS II) ermöglicht auch eine freiwillige standortunabhängige Teilnahme am EMAS-System. Damit kann ein Eventveranstalter auch seine Events Öko-zertifizieren lassen. Zumindest sollten Richtlinien für die umweltgerechte Gestaltung des Events festgelegt und kommuniziert werden. Mit der Teilnahme können Veranstalter ihre besonderen Anstrengungen für den Umweltschutz glaubhaft darlegen. Nähere Informationen gibt es u. a. beim Bundesumweltministerium (www.bmu.de) und Umweltbundesamt (www.umweltbundesamt.de), dem Bundesverband der Deutschen Industrie (BDI, www.bdi.eu), Industrie- und Handelskammern (DIHK, www.dihk.de) oder bei Naturschutzorganisationen wie BUND (www.bund.net) und NABU (www.nabu.de).

Über das Thema Umweltschutz hinausgehend bekommt das Thema Nachhaltigkeit immer mehr Bedeutung. Die für das Eventmanagement wichtigen Aspekte sind dabei:

- Umweltschutz, Ressourcenschonung und Energieverbrauch beim Event und im Umfeld (Anreise, Kommunikation).
- Soziale und wirtschaftliche Aspekte bezüglich Mitarbeitern und Teilnehmern.
- Verantwortung für die Nachhaltigkeit bei Beschaffung und indirekten Auswirkungen (Beispielsweise auf Globale Gerechtigkeit, Ressourcenverbrauch, Umweltauswirkungen, Regionale Wirtschaft).
- Förderung von Maßnahmen zur Nachhaltigen Entwicklung (z. B. durch aktives und passives Sponsoring).
- Beitrag zur Bildung für Nachhaltige Entwicklung (Sensibilisierung, Information).

5.2.2 Gesundheit/Hygiene

Zur Identifikation, Bewertung und Beherrschung von gesundheitlichen Gefahren durch Lebensmittel schreibt die Lebensmittelhygiene-Richtlinie der Europäischen Union die Einführung von Eigenkontrollsystemen nach den Prinzipien des sog.

HACCP-Konzepts (Hazard Analysis and Critical Control Point) vor. Dieses Konzept liefert grundsätzliche Richtlinien zum gesundheitlichen Verbraucherschutz bei Herstellung, Behandlung, Verarbeitung, Transport, Lagerung und Verkauf von Lebensmitteln. Kernprinzip ist die systematische Kontrolle an kritischen Punkten im Ablauf der Prozesskette. Der gesamte Umfang des Konzepts würde den Rahmen dieses Buches sprengen.

Daher werden im Folgenden die für Veranstaltungen relevanten Punkte und Hygieneschutzmaßnahmen stichwortartig aufgeführt.

5.2.2.1 Verkaufsstände und Logistik

Für das Aufstellen und Einrichten von Verkaufsständen gilt:

- Aufstellung fern von Staub, Gerüchen oder Tieren,
- Überdachung, Wände an der Seite und hinten,
- Schutz vor jeglicher Art von Schmutz,
- Schutz vor Husten, Niesen von Kunden und Passanten,
- Kühlmöglichkeiten für verderbliche Lebensmittel vorsehen,
- dichtes Schließen von Abfallbehältern notwendig,
- regelmäßiges Leeren der Abfallbehälter,
- Handwaschgelegenheit mit Warmwasser, Seife und Einmalhandtüchern,
- Reinigungsmöglichkeiten für Geschirr und Gerätschaften,
- strikte Trennung von sauberem und schmutzigem Geschirr,
- Vorschriften für Schanktechnik (Schankanlagenverordnung) beachten.

5.2.2.2 Personalhygiene

Folgende Punkte sind in Bezug auf die Hygienemaßnahmen des Personals zu beachten:

- Helfer dürfen keine Krankheiten haben, die auf Lebensmittel übertragen werden können (Hautkrankheiten, Magen-Darm-Erkrankungen, Salmonellen-Erkrankungen, eiternde oder nässende Wunden im Bereich der Arme und Hände).
- Saubere Arbeitskleidung, Trennung von Arbeits- und Straßenkleidung.
- Geeignete Kopfbedeckung für Personen, die Lebensmittel be- oder verarbeiten.
- Mehrmaliges Waschen der Hände (vor Arbeitsbeginn, nach jedem Toilettenbesuch, nach der Arbeit mit rohem Fleisch, Fisch, Geflügel und Eiern) und Abtrocknen mit Einmalhandtüchern.
- Ablegen von Armbanduhr und Handschmuck.
- Bescheinigung nach § 43 Infektionsschutzgesetz (früher: Gesundheitszeugnis) für die Helfer.

5.2.2.3 Umgang mit Lebensmitteln

Der Umgang mit Lebensmitteln erfordert folgende Punkte:

- Einwandfreie hygienische Bedingungen schaffen.
- Nur für Lebensmittel geeignete Behältnisse verwenden.
- Trennung von Roh- und Fertigware.
- Saubere, unbeschädigte und leicht zu reinigende Gerätschaften und Arbeitsflächen.
- Nicht vollständig erhitzte Lebensmittel sollten keine (unsterilen) rohen Ei-Anteile enthalten.
- Kein Anfassen von fertigen Speisen mit der bloßen Hand.
- Unverzügliches Beseitigen von Speiseresten.
- Kein Rauchen im Bereich der Lebensmittelverarbeitung.
- Kühlkette nicht unterbrechen (2–7 °C nicht überschreiten).
- Warmhaltung von Nahrungsmitteln (65–70° nicht unterschreiten).

Dazu sind auch die im Kapitel Verpflegung genannten Punkte zu beachten.

5.2.3 Sicherheit

Die Sicherheit der Besucher und auch Helfer muss höchste Priorität besitzen. Hierzu gehören neben ausreichend (nicht zugestellten) Fluchtwegen auch sichere Aufbauten wie Bühnen, Beschallungsanlagen usw. Hier gelten die sog. Unfallverhütungsvorschriften (UVV), insbesondere die VBG 1 und VBG 70, die im speziellen für Veranstaltungsstätten gelten.

Grundsätzlich ist es sinnvoll, dass sich der Veranstalter diesbezüglich frühzeitig mit den lokalen Rettungsdiensten (Sanitätseinheiten und Feuerwehr), sowie mit den örtlichen Behörden in Verbindung setzt.

Sinnvoll ist auch das Erstellen einer Telefonliste, auf der alle relevanten und für den Ernstfall erforderlichen Rufnummern aufgelistet sind (siehe Checkliste).

Ein weiterer Aspekt ist der Schutz vor Fremdeinwirkungen von der Störung zur Sabotage durch entsprechende Planung und Personal (Security).

5.3 Finanzen und Steuern

Bei der Durchführung von Veranstaltungen darf auch die finanzielle Seite nicht außer Betracht gelassen werden. Themen wie Kostenabschätzung und Budget werden im Kapitel Projektmanagement betrachtet.

Vorneweg sei gesagt, dass der Bereich Finanzen und Steuern im Rahmen dieses Buches nicht bis ins Detail erörtert werden kann und noch weitere Kriterien die aufgezeigten Eckdaten beeinflussen. Weil sich steuerliche Dinge schnell ändern können, kann für die Angaben, die zum Zeitpunkt der Drucklegung des Buches galten, keine Gewähr übernommen werden. Aus diesem Grunde ist es für jeden Veranstalter unerlässlich, sich bereits rechtzeitig im Vorfeld mit einem sich auf dem Laufenden befindlichen Steuerberater zusammen zu setzen und die wichtigsten Fragen und alle unklaren Punkte ausführlichst zu klären.

Die steuerliche Seite einer Veranstaltung ist nicht unerheblich, kann doch eine Steuerzahlung den finanziellen Erfolg der Veranstaltung wesentlich beeinträchtigen.

Dabei ist zu beachten ob,

- ein Unternehmen,
- ein Verein,
- oder eine Privatperson,
- als Veranstalter auftritt.

5.3.1 Unternehmen

Bei Unternehmen werden die Einnahmen und Ausgaben bei Veranstaltungen im Rahmen der standardmäßigen Buchführung erfasst und ggf. entsprechend versteuert. Auf die allgemeine Steuerpflicht wird daher im Rahmen dieses Buches nicht eingegangen.

Für jede Veranstaltung ist eine gesonderte kaufmännische Abrechnung empfehlenswert, um die Transparenz über die Einnahmen und Ausgaben nicht zu verlieren.

Besonders zu beachten bei Unternehmensfeiern oder Betriebsausflügen ist das Thema „Geldwerter Vorteil". Die folgende Auflistung zeigt (für den derzeitigen Stand) auf, ab welchen Beträgen eine Lohnsteuerpflicht gegeben ist.

- Aufmerksamkeiten (als Sachzuwendungen) bis zu einem Wert von 40 € sind dem Arbeitslohn nicht hinzuzurechnen (LStR 73).
- Geldgeschenke sind stets lohnsteuerpflichtig (LStR 73 Abs. 1 Satz 3).
- Bei Arbeitnehmer- oder Geschäftsjubiläen gibt es keinen Freibetrag mehr.
- Zuwendungen bei Betriebsveranstaltungen (z. B. Ausflug): Aufwendungen von mehr als 110 € an den einzelnen Arbeitnehmer pro Veranstaltung sind lohnsteuerpflichtig. Zuwendungen an Ehegatten und Angehörige sind dem Arbeitnehmer zuzurechnen (LStR 72). Seit 2002 kommt es nicht mehr auf die Dauer der Betriebsveranstaltung an. Demzufolge sind auch mehrtägige Betriebsveranstaltungen, bei denen die Zuwendung nicht über 110 € liegen, steuerbefreit.

Zu beachten ist zudem, dass die Bedingungen nicht nur für Mitarbeiter, sondern auch für Kunden gelten. Das bedeutet, dass auch Kunden besondere Zuwendungen eines Geschäftspartners versteuern müssen.

5.3.2 Privatperson

Wenn Privatpersonen Feste feiern handelt es sich im Allgemeinen um Aufwendungen der Lebensführung. Diese können gegebenenfalls als Werbungskosten bei der Einkommenssteuererklärung geltend gemacht werden, sofern eine berufliche Veranlassung besteht.

5.3.3 Verein

Ein Verein wird hinsichtlich der steuerlichen Pflichten einem im sonstigen Wirtschaftsleben tätigen Unternehmen oftmals gleichgesetzt.

Im Folgenden wird auf die Besteuerung eines Vereines eingegangen, wobei auch hier Unterschiede zwischen einem gemeinnützigen und nicht gemeinnützigen Verein bestehen.

Vom Grundsatz her unterliegt ein Verein der Körperschaftsteuer, der Gewerbesteuer und mit seinem unternehmerischen Bereich der Umsatzsteuer.

Wesentliche Ausnahmen hiervon sind im Vereinsförderungsgesetz geregelt und bringen Vorteile für kleine Vereine. Danach wird zwischen dem steuerfreien Bereich und dem wirtschaftlichen Geschäftsbetrieb unterschieden.

5.3.3.1 Steuerfreier Bereich

Zum steuerfreien Bereich gehören:

- ideeller Bereich (Mitgliedsbeiträge, Spenden, Zuschüsse),
- Vermögensverwaltung (Zinserträge, Einnahmen aus der Vermietung von Vereinsvermögen).

5.3.3.2 Wirtschaftlicher Geschäftsbetrieb

Zum wirtschaftlichen Geschäftsbetrieb, der teilweise steuerpflichtig ist, gehören:

- Steuerfreier Zweckbetrieb (kulturelle Veranstaltungen ohne Verkauf von Speisen und Getränken, Sportliche Veranstaltungen mit Bruttoeinnahmen bis zu 35.000 €, Lotterien und Tombolas).
- Wirtschaftlicher Geschäftsbetrieb (Verkauf von Speisen und Getränken, Sportveranstaltungen mit Einnahmen über 35.000 €, Werbeeinnahmen, Vereinsfeste, gesellige Veranstaltungen). Eine Steuerpflicht (Körperschafts- und Gewerbesteuer) besteht nur dann, wenn die jährlichen Einnahmen (einschl. USt) aus wirtschaftlichen Tätigkeiten über 35.000 € (gemäß § 64 Abs. 3 AO) liegen und der Einkommensfreibetrag von 5.000 € (gemäß § 24 KStG und 11 Abs. 1 GewStG)

überschritten ist. Daher kann es für Vereine teilweise ratsam sein, ein Fest weniger oder kleiner zu veranstalten, um nicht über diese Grenze zu kommen.

Die Grenze von 35.000 € (bei den Ertragssteuern) hat für die Umsatzsteuer keine Bedeutung. Hier gilt für Vereine folgende Regelung (sog. Kleinunternehmerregelung gemäß § 19 Abs. 1 UStG): Es muss für das laufende Jahr keine Umsatzsteuer gezahlt werden, wenn die steuerpflichtigen Einnahmen (inkl. Steuern) aus der gesamten unternehmerischen Betätigung im vorangegangenen Kalenderjahr 17.500 € nicht überstiegen haben und im laufenden Kalenderjahr 50.000 € nicht übersteigen. Solange also die Einnahmen im laufenden Jahr unter 50.000 € liegen, ist die Höhe der Einnahmen des Vorjahres entscheidend, ob Umsatzsteuer entrichtet werden muss. Ist der Verein nicht umsatzsteuerpflichtig, so darf keine Umsatzsteuer gesondert in Rechnung gestellt werden. Er ist dann auch nicht zum Vorsteuerabzug berechtigt.

5.3.4 Aufzeichnung der Einnahmen und Ausgaben

Um entsprechende Nachweise führen zu können, ist es für den Kassier notwendig, die erforderlichen Aufzeichnungen zu machen. Für alle Einnahmen und Ausgaben müssen Belege vorhanden sein. Notfalls muss ein Ersatzbeleg erstellt werden. Sämtliche Einnahmen und Ausgaben sollten in einem Kassenbuch erfasst werden, um für die Steuererklärung oder auch Steuerprüfung gewappnet zu sein.

Kapitel 6
Management von Veranstaltungen

Das Projektmanagement beschreibt einen ganzheitlichen Ansatz zur Durchführung bzw. Realisierung von zielgerichteten Aktivitäten. Jede Aufgabe, die nicht routinemäßig abgewickelt werden kann, sollte wie ein Projekt geplant werden. Folgende Kriterien identifizieren ein Vorhaben als Projekt:

- eindeutige Zielvorgabe,
- zeitliche, personelle und finanzielle Begrenzung,
- Einmaligkeit der Aufgabe,
- hohe Komplexität,
- projektspezifische Organisation.

Anhand dieser Kriterien sollte deutlich gemacht werden, dass das Projektmanagement die eigentliche Grundlage des Veranstaltungsmanagements darstellt. Jede Veranstaltung bzw. jedes Event muss als eigenständiges Projekt angesehen werden und sollte auch nach den Methoden des Projektmanagements geplant und organisiert werden.

Im Folgenden sollen die Grundlagen sowie die Methoden und Konzepte des Projektmanagements näher dargestellt werden; danach werden die einzelnen Aufgabenbereiche und zeitlichen Phasen innerhalb des Veranstaltungsmanagements näher erfasst und definiert.

6.1 Projektmanagement

Projekte bzw. Events oder Veranstaltungen zu managen heißt:

- einmalige Aufgaben vorzubereiten, zu planen, abzuschätzen und zu organisieren,
- diese Aufgaben im Team zielgerichtet durchzuführen,
- die Aufgabenerfüllung zu überwachen und zu steuern, um eine optimale Zielerreichung sicherzustellen,
- das Projekt erfolgreich abschließen und zur Zufriedenheit aller zu beendigen.

DOI 10.1007/978-3-642-12428-0_6,

Die nachfolgenden Abschnitte sollen die notwendigen Grundlagen und Hilfsmittel für ein erfolgreiches Veranstaltungsmanagement liefern.

6.1.1 Projektdreieck

Während der gesamten Laufzeit des Projektes, also während der Planungs-, Durchführungs- und Steuerungsphase, muss das so genannte „magische Projektdreieck" beachtet werden: Das Projektdreieck (siehe unten) bildet sich aus den drei Ecken, den Hauptdeterminanten des gesamten Projektes:

- Ergebnis/Ziel
  Innerhalb des Veranstaltungsmanagements ist die Veranstaltung selbst das oberste Ziel des gesamten Projektes. Aus diesem Primärziel, die erfolgreiche Durchführung der Veranstaltung, lassen sich dann entsprechend dem Event und dem jeweiligen Veranstalter verschiedenste Sekundärziele ableiten. Bei der Durchführung eines Sportfestes durch einen Sportverein, können mögliche Sekundärziele beispielsweise die Werbung neuer Mitglieder oder die Aufbesserung der Vereinskasse sein. Dagegen stehen bei einem Tag der offenen Tür durch ein Unternehmen die Sekundärziele positive Außenwirkung und Identifikation der Mitarbeiter und deren Familien mit dem Unternehmen im Vordergrund.
- Ressourcen/Aufwand
  Unter diesen Punkt fallen sämtliche benötigten Aufwendungen während der gesamten Laufzeit des Projektes. Hierunter werden sowohl die benötigten finanziellen (zur Verfügung stehende Geldmittel, Sponsoring, Vorfinanzierung), materiellen (benötigte Arbeitsmittel usw.) Mittel als auch die benötigte Arbeitszeit (als Produkt aus Personal und Zeitdauer) und entsprechende Infrastruktur (Räumlichkeiten, Stell-/Parkflächen usw.) zusammengefasst.
- Zeit/Termin
  Dieser Punkt umfasst zum einen den eigentlichen Veranstaltungstermin laut Kalender. Es müssen aber ebenfalls die Terminplanung und -einhaltung berücksichtigt werden. Eine Veranstaltung steht und fällt mit der Einhaltung des geplanten Termins. Plakatwerbungen oder Zeitungsanzeigen weisen bereits oft bis zu Monaten im Voraus auf die geplante Veranstaltung und den entsprechenden Termin hin.

Das Projektdreieck wird deshalb als „magisch" bezeichnet, weil keine seiner Ecken alleine geändert werden kann, sondern jeweils die Änderung mindestens einer der anderen Determinanten nach sich zieht. Stehen beispielsweise zu wenig Arbeitskräfte für die Organisation und Durchführung der Veranstaltung bereit, kann diese Veränderung der Ressourcen nur durch einen höheren Zeitaufwand bzw. eine Zielanpassung kompensiert werden.

Im Verlauf dieses Kapitels wird noch öfters auf das Projektdreieck eingegangen, da es während sämtlicher Phasen des Veranstaltungsmanagements berücksichtigt werden muss.

6.1.2 Projektstrukturplan

Um eine solche komplexe Aufgabe, wie die Planung und Durchführung einer Veranstaltung zu bewältigen, muss das gesamte Projekt sowohl nach organisatorischen als auch inhaltlichen Gesichtspunkten gegliedert werden. Denn nur so ist es möglich, den „Berg“ an anfallenden Aufgaben auch zu bewältigen.

Die organisatorische Strukturierung eines Projektes, auch Aufbauorganisation genannt, wird im Allgemeinen durch eine hierarchische Aufteilung in entsprechende Aufgabenbereiche (Teilverantwortliche) und Teilprojekte gegeben. Hier wird festgelegt, wer für welche Teilbereiche bzw. welche Aufgaben verantwortlich ist. Die Aufbauorganisation innerhalb des Projektes „Veranstaltung“ könnte folgendermaßen aussehen:

- Projektleitung (Aufgabenbereiche: Führung, Projektorganisation, Planung, Controlling, Repräsentation nach außen),
- Verantwortung für Strategie (Aufgabenbereiche: Programm, Marketing),
- Verantwortung Logistik (Aufgabenbereiche: Catering, Logistik),
- Verantwortung Randbedingungen (Aufgabenbereiche: Finanzen, Steuern, Recht, Haftung, Hygiene, Sicherheit).

6.1.3 Arbeitsstrukturplan

Die inhaltliche Gliederung eines Projektes bzw. Events wird über einen so genannten Arbeitsstrukturplan (Projektstrukturplan, PSP oder engl. WBS: „Work Breakdown Structure“) durchgeführt. Dieser erfasst sämtliche Tätigkeiten, die während der gesamten Projektlaufzeit durchzuführen sind. Die einzelnen anfallenden Aufgaben werden zu Arbeitspaketen zusammengefasst und Arbeitspakete zu Teilprojekten aggregiert. Somit erreicht man eine Gliederung des Großprojektes Veranstaltung zu vielen kleinen überschaubaren Teilprojekten.

6.1.3.1 Grundprinzipien

Nachfolgend noch eine kurze Definition der Teile des WBS anhand des Teilprojektes Logistik:

- Arbeitspaket:
  Menge von zusammengefassten Tätigkeiten (z. B.: Bereitstellung der benötigten Infrastruktur). Die hierarchische Struktur der Arbeitspakete bildet den Arbeitsstrukturplan.
- Aufgabe/Tätigkeit:
  Kleinste Arbeitseinheit, die in einem Projekt auszuführen ist (z. B.: Anschluss der Sanitäranlagen an die Zu- und Abwasserkanäle). Arbeitspaket der untersten Ebene.

- Teilprojekt:
  Teil des Projekts, enthält Arbeitspakete und/oder kleinere Teilprojekte. Arbeitspaket der oberen Ebenen.

Für jedes Teilprojekt und auch Arbeitspaket gibt es einen Verantwortlichen. Die Abarbeitung der einzelnen Arbeitspakete sollte wie ein eigenständiges Projekt geplant und durchgeführt werden.

6.1.3.2 Prinzipien beim Aufstellen des Arbeitstrukturplans

Wenn ein Arbeitspaket unterteilt wird, sollte es in 2–7 Teilpakete unterteilt werden. Der Arbeitsstrukturplan sollte – je nach Projektgröße – auf 2–5 Ebenen bekommen, so dass insgesamt zwischen 20 und 1.000 Arbeitspakete entstehen (bei noch größeren Projekten sind Teile auszulagern).

Ein Arbeitsstrukturplan kann in den verschiedenen Ebenen nach den unterschiedlichen Gliederungsprinzipien erstellt werden. Folgende generelle Gliederungsprinzipien sind auf den einzelnen Ebenen möglich:

- Phasenorientiert: Anhand weniger grundlegender Projektphasen (Strategie – Planen – Machen – Abwickeln) oder der 7 Projektphasen,
- Aufgabenorientiert: Anhand der wichtigsten Aufgabenbereiche (entsprechend der Kapitel dieses Buches),
- Teileorientiert: Anhand von inhaltlichen oder räumlichen Unterteilungen des Events.

Die einzelnen Teilprojekte im Hinblick auf das Eventmanagement sind im Abschnitt Aufgabenbereiche beschrieben.

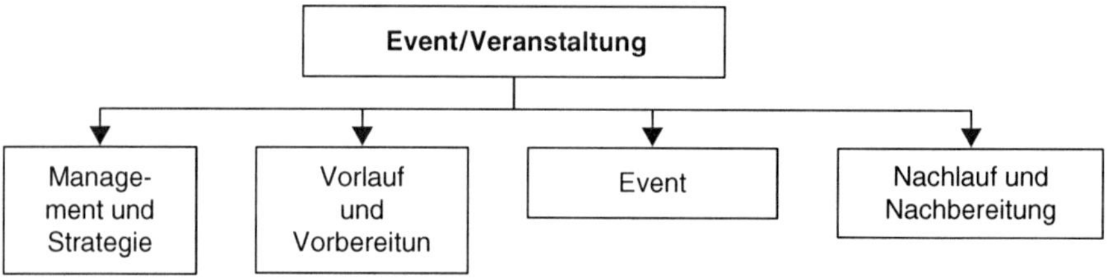

Abb. 6.1 Phasenorientierte WBS Struktur (reduziert)

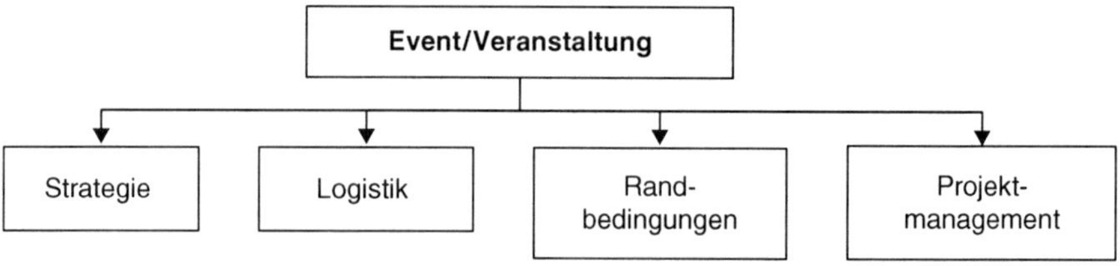

Abb. 6.2 Aufgabenorientierte WBS-Struktur (reduziert)

Die beiden Grundstrukturen können nun verknüpft werden.

6.2 Projektplanung

Anhand des dargestellten „magischen Projektdreiecks“ soll deutlich gemacht werden, welche Komponenten innerhalb der Projektplanung berücksichtigt werden müssen.

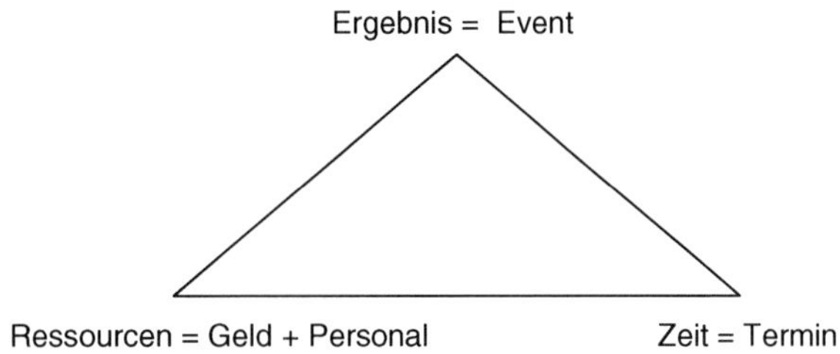

Abb. 6.3 Magisches Projektdreieck für Events

Das Ziel, also das Event selbst, wird vom Veranstalter definiert bzw. vorgegeben. Dieses Ziel soll mit den geplanten Ressourcen zu einem definierten Zeitpunkt erreicht werden. Innerhalb der Projektplanung muss also eine umfangreiche Zeit- und Ressourcenplanung durchgeführt werden, damit das definierte Ziel erreicht werden kann. Die nachfolgenden Abschnitte sollen Grundlagen und Techniken für eine erfolgreiche Zeit- und Ressourcenplanung liefern.

6.2.1 Zeitplanung

Mit Hilfe der Zeitplanung können Aussagen über die zu erwartende Projektdauer gemacht werden. Im Hinblick auf das Eventmanagement kann hiermit der eigentliche Termin des Events ermittelt werden. Die Projektdauer hängt von der Dauer der einzelnen Vorgänge/Phasen und deren Anordnungsbeziehungen zueinander (also auch von den Abständen zwischen den Vorgängen) ab. Grundlagen der Zeitplanung sind die Vorgänge mit ihren Dauern und Anordnungsbeziehungen.

6.2.1.1 Phasen und Meilensteine

Innerhalb des Eventmanagements empfiehlt es sich, das gesamte Projekt mit Hilfe des Phasenkonzepts zu terminieren. Anhand des Phasenkonzepts kann die Projektrealisierung strukturiert und nachvollziehbar durchlaufen werden.

Hierfür wird der Ablauf des Projektes in zeitliche und organisatorische Einheiten (Phasen) unterteilt und zu jeder Phase Meilensteine definiert. Unter einem Meilenstein versteht man einen terminlich festgelegten Zeitpunkt, der durch ein nachprüfbares Ergebnis definiert ist. Ein Meilenstein ist abgearbeitet bzw. die Phase ist abgeschlossen, wenn das vorher definierte Ergebnis endgültig erreicht und abgenommen/geprüft worden ist. Die Erschöpfung von Ressourcen (Geld, Zeit) impliziert nicht das Erreichen des Meilensteins!

Die nachfolgende Abbildung zeigt schematisch die Phasen und Meilensteine innerhalb des Eventmanagements anhand eines einfachen Zeitstrahls.

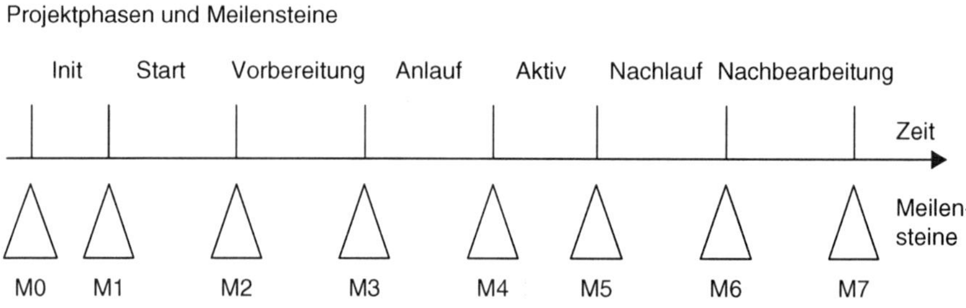

Abb. 6.4 Meilensteine im Eventmanagement

Die Bedeutung der Meilensteine ist:

- M0: Idee zum Event.
- M1: Die Verantwortlichen entscheiden, ob das Event durchgeführt werden soll oder nicht (prinzipielle go/nogo-Entscheidung).
- M2: Am Ende der Startphase wird entschieden, ob mit den Vorbereitungen zur Veranstaltung begonnen wird (Abbruchmöglichkeit: go on/stop-Entscheidung).
- M3: Nach der Vorbereitungsphase beginnt das Anlaufen des Events. Eine Absage bzw. Terminverschiebung ist danach kaum noch möglich (point of no return).
- M4: Offizielle Eröffnung der Veranstaltung (doors open).
- M5: Offizielles Ende der Veranstaltung und Beginn der Abbauarbeiten.
- M6: Beendigung aller mit der Veranstaltung verbundener Aktivitäten.
- M7: Projektende.

Die so genannten frühen Phasen eines Projektes (hier Init- und Startphase) sind für die Abwicklung des Events extrem wichtig, da hier die Weichen für das gesamte Projekt gestellt werden und die wichtigsten Entscheidungen getroffen werden müssen. Durch Fehleinschätzungen in diesen Phasen kann es zu Kostenexplosionen in den nachfolgenden Phasen kommen, da eine Fehlplanung in der Konsequenz (Kosten) umso gravierender wird, je länger der Zeitraum zwischen Fehlerursache und Fehlerentdeckung ist.

Bei der Planung eines Events ist es notwendig einen exakten Endtermin für das gesamte Projekt festzulegen und die Terminierung der einzelnen Phasen/Meilensteine und Arbeitspakete vorzunehmen. Wie bereits beschrieben wird der Abschluss einer Projektphase über einen Meilenstein definiert, der wiederum einen terminlich festgelegten Zeitpunkt beschreibt. Nachfolgend sollen die beiden Zeitplanungstechniken Netzplan und Balkenplan (Gantt-Diagramm) näher betrachtet werden. Damit lassen sich die Termine der einzelnen Phasen ausgehend von einem Starttermin (Vorwärtsrechnung) oder einem geplanten Eventtermin (Rückwärtsrechnung) bestimmen.

6.2.1.2 Meilensteine und Synchronisierung

Eine wichtige Funktion von Meilensteinen ist die Synchronisierung von Entscheidungen.

Damit wird zu einem bestimmten Meilenstein eine Entscheidung genereller Art oder Details wie Ort, Termin, Teilnehmerzahl fixiert und für alle Beteiligten als verlässliche Basis festgelegt.

Der Unterschied ist folgender:

- Vor der Fixierung werden die Entscheidungen offen diskutiert, Möglichkeiten aufgezeigt und Gedankenspiele sind möglich.
- Mit der Fixierung wird eine Entscheidung festgelegt und allen Beteiligten kommuniziert.
- Nach der Fixierung ist eine Änderung nur mit Zustimmung der obersten zuständigen Ebene (Eskalationsprinzip) möglich und unter Einbeziehung potentiell Betroffener und Stakeholder möglich. Alle Projektbeteiligten sind zu informieren.

6.2.1.3 Netzplan

Der Netzplan ist im Vergleich zum Balkenplan-Diagramm das genauere Planungsinstrument und besonders für große und komplexe Projekte geeignet. Die Erstellung und Interpretation eines Netzplanes erfordert von den Projektbeteiligten Erfahrung in der Planung, Modellierung und Interpretation. Nachfolgend nun die Vorgehensweise zur Erstellung eines Netzplanes.

Schritt 1: Strukturanalyse

Über den Arbeitsstrukturplan (WBS) wird das gesamte Projekt in einzelne Vorgänge aufgegliedert. Diese Vorgänge können je nach gewünschten Detaillierungsgrad als Teilprojekte, Arbeitspakete oder Einzelaufgaben definiert werden.

In einem zweiten Schritt werden die logischen Abhängigkeiten und Verknüpfungen zwischen den einzelnen Vorgängen definiert, um eine optimale Ablaufstruktur bestimmen zu können.

Bei der Festlegung der Folgebeziehungen zwischen den einzelnen Vorgängen können folgende Fragen hilfreich sein:

- Welche Vorgänge müssen abgeschlossen sein, damit ein bestimmter Vorgang begonnen werden kann? (Beispiel bei der Vorbereitung: Mit dem Aufstellen der Bühne für die Showeinlagen kann erst begonnen werden, nachdem der Veranstaltungsort bestimmt wurde. Beispiel im Event: Einschenken der Gläser muss abgeschlossen sein, bevor der Gastgeber seine Begrüßung beendet, möglichst sogar bevor er beginnt.)
- Welche Vorgänge können sich unmittelbar an den betrachteten Vorgang anschließen? (Beispiel: Anlieferung der sanitären Einrichtungen durch den Mietservice. Nach Abschluss dieses Vorgangs kann mit dem Anschluss der Wasserversorgung begonnen werden.)
- Welche Vorgänge können parallel ablaufen, beeinflussen sich also nicht direkt? (Beispiel in der Vorbereitung: Parallel zum Aufbau der Stände für die Verpflegung der Besucher können die Parkflächen für die Veranstaltung ausgewiesen werden. Beispiel im Event: Parallel zur Führung durch die Firma kann das kalte Buffet hergerichtet werden.)
- Wurde das Gesamtprojekt in einzelne Vorgänge untergliedert und die Abhängigkeitsbeziehungen zwischen diesen Vorgängen definiert, kann mit dem zweiten Schritt, der Zeitanalyse der Vorgänge begonnen werden.

Schritt 2: Zeitanalyse

Durch die Zeitanalyse sollen zum einen die einzelnen Vorgangsdauern ermittelt und zum anderen Termine für die Vorgänge gesetzt werden. Nachfolgend nun die einzelnen Arbeitsschritte der Zeitanalyse:

- Zunächst wird für jeden Vorgang die für die Durchführung benötigte Zeit (Arbeitsstunden, Arbeitswochen oder -monate) geschätzt. Um genaue Zeiteinschätzungen durchführen zu können, sollte an dieser Stelle, wenn möglich, auf Erfahrungs- bzw. Expertenwissen zurückgegriffen werden.
- Nachdem jedem Vorgang eine Dauer zugeordnet wurde und die einzelnen Vorgänge anhand der Strukturanalyse angeordnet worden sind, werden nun die Anfangs- und Endtermine der einzelnen Vorgänge ermittelt. Zunächst werden die Termine ausgehend vom Projektbeginn (so genannte Vorwärtsrechnung) und anschließend ausgehend vom Projektende (so genannte Rückwärtsrechnung) ermittelt.
- Innerhalb der Vorwärtsrechnung wird die voraussichtliche Gesamtdauer des Projekts anhand der Strukturanalyse berechnet und in Kalendertermine (Beachtung von Sonn- und Feiertagen, Urlaubszeiten usw.) umgerechnet. Ausgehend vom ersten Vorgang wird dabei nacheinander der früheste Endzeitpunkt (FEZ) jedes Vorgangs ermittelt. Der FEZ jedes einzelnen Vorgangs bestimmt den frühesten Anfangszeitpunkt (FAZ) all seiner direkten nachfolgenden Vorgänge.

Mit Hilfe der Vorwärtsrechnung kann also der frühestmögliche Veranstaltungstermin exakt bestimmt werden. Die folgende Abbildung soll diesen Sachverhalt anhand eines Beispiels verdeutlichen:

Vorgang 1: Aufstellen der Konzertbühne. Dauer 3 Tage. Beginn 09.04.2001.
Vorgang 2: Aufbau des Musikequipments. Dauer 2 Tage.
Vorgang 3: Aufbau der Beleuchtungsanlage für die Show. Dauer 4 Tage.
Vorgang 4: Generalprobe inklusive Musik und Lichteffekten. Dauer 2 Tage.

Abhängigkeiten: Vorgang 1 muss abgeschlossen sein, bevor mit Vorgang 2 und Vorgang 3 begonnen werden kann. Vorgänge 2 und 3 können parallel abgearbeitet werden und müssen abgeschlossen sein, damit mit Vorgang 4 begonnen werden kann.

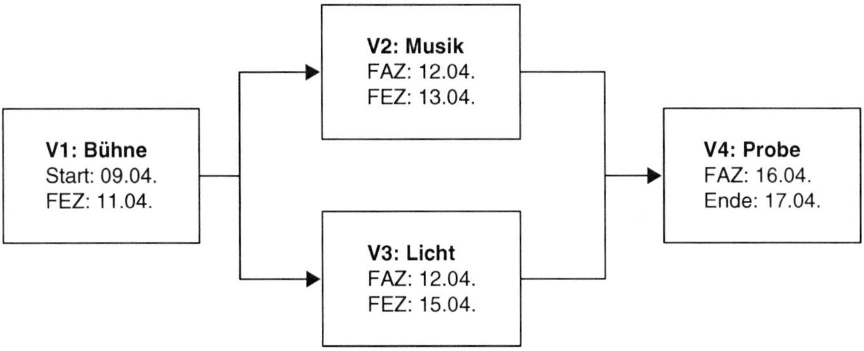

Abb. 6.5 Vorwärtsrechnung

- Nach Abschluss der Vorwärtsrechnung wird ausgehend vom Endzeitpunkt des Gesamtprojektes die oben beschriebene Vorgehensweise in umgekehrter Reihenfolge durchgeführt.
  Wenn der Termin für das Event bereits feststeht (z. B. aufgrund der Strategieüberlegungen), wird dieser als SEZ für den Netzplan verwendet, andernfalls setzt man als SEZ den FEZ des letzten Vorgangs.
  Als Ergebnis der Rückwärtsrechnung erhält man für jeden einzelnen Vorgang den spätesten Anfangs- (SAZ) und Endzeitpunkt (SEZ).
- Die für jeden Vorgang enthaltenen Pufferzeiten ergeben sich aus dem Vergleich der frühest und spätest möglichen Zeitpunkten des betrachteten Vorgangs. Pufferzeiten dienen dazu, Verzögerungen eines Vorgangs abzufangen, ohne die Gesamtdauer des Projektes zu beeinflussen. Im Weiteren kann über den Vergleich der Vorwärts- und Rückwärtsrechnung der so genannte „kritische Weg" eines Projektes herausgearbeitet werden. Als kritischer Weg (kritischer Pfad) wird die Kette von Vorgängen bezeichnet, die keine Pufferzeiten aufweist, eine zeitliche Verschiebung eines Vorgangs innerhalb dieser Kette, also auch die Verschiebung des Endtermins des Projektes zur Folge hat. Den Vorgängen innerhalb des kritischen Weges muss also innerhalb der Zeitplanung besondere Aufmerksamkeit geschenkt werden, da innerhalb des Eventmanagements der Endtermin die entscheidende Rolle spielt und alle Aktivitäten auf diesen Termin ausgerichtet sind.

Abschließend nun zum obigen Beispiel ein Netzplan (Vorgangsknotennetz) inklusive Pufferzeiten und kritischem Weg.

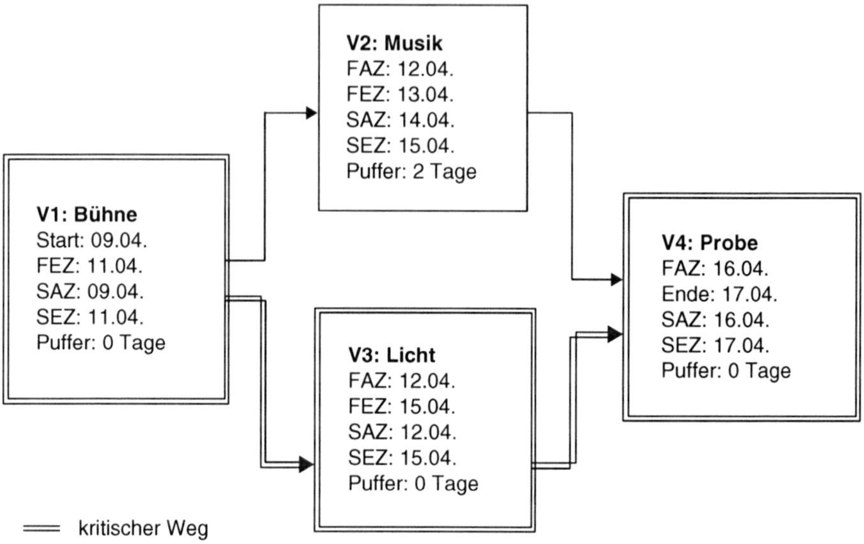

Abb. 6.6 Netzplan

6.2.1.4 Balkenplan-Diagramm (Gantt-Chart)

Der Balkenplan ist das wohl am meisten verbreitete Planungsinstrument zur zeitlichen Darstellung von Projektabläufen. Innerhalb des Balkenplans werden die einzelnen Vorgänge als Balken über die Zeitachse aufgetragen.

Es ist also auch bei diesem Zeitplanungsinstrument notwendig, das gesamte Projekt durch einen Arbeitsstrukturplan in einzelne Vorgänge zu untergliedern. Wie innerhalb der Netzplantechnik, müssen den einzelnen Vorgängen dann noch die entsprechenden Dauern zugeordnet werden, Abhängigkeitsbeziehungen werden allerdings nicht berücksichtigt.

Nachfolgend nun ein einfacher Balkenplan anhand des bereits bei der Netzplantechnik verwendeten Beispiels.

Vorgang	Start	Ende
V1: Bühne	09.04.	11.04.
V2: Musik	12.04.	13.04.
V3: Licht	12.04.	15.04.
V4: Probe	16.04.	17.04.

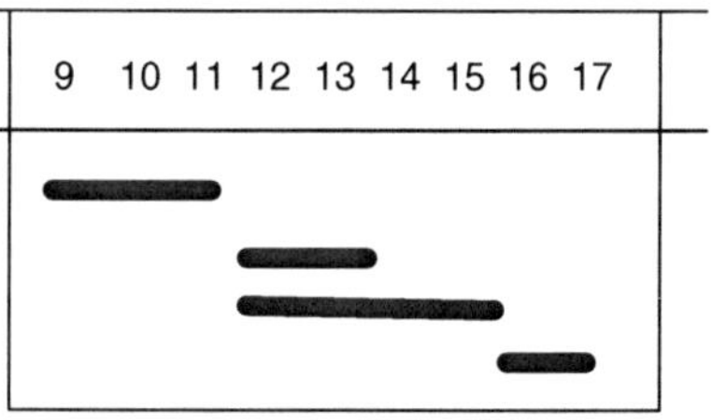

Abb. 6.7 Balkenplan

In einem Gantt-Diagramm werden die einzelnen Vorgänge nach ihrem frühesten Starttermin sortiert. Durch den Einsatz von Farben und z. B. zusätzlichen senkrechten Linien lassen sich spezielle Gliederungen nach verantwortlichen Personen oder Teams und die Abgrenzung einzelner Phasen des Projektes ohne Einbußen für die Verständlichkeit hinzufügen.

Weitere grafische Elemente, in diesem Beispiel nicht dargestellt, können die Aussagekraft des Balkenplans weiter erhöhen. So kann man beispielsweise die Anordnungsbeziehungen zwischen den Vorgängen durch Pfeile und den Erfüllungsgrad der einzelnen Vorgänge durch Teilfüllung der einzelnen Balken hervorzuheben.

Die Vorteile gegenüber dem Netzplan liegen bei dieser Planungstechnik hauptsächlich in der leichten Verständlichkeit auch für ungeübte Mitarbeiter, in der zeitgerechten Darstellung der einzelnen Vorgänge und der leichten Erlernbarkeit der Technik.

Die Nachteile des Balkenplans gegenüber der Netzplantechnik sind die Festlegung der Termine (keine FAZ und SAZ), die schlechte Darstellbarkeit von Abhängigkeiten zwischen den einzelnen Vorgängen, die fehlende Erkennbarkeit von Zeitreserven (Puffern und kritischer Weg) und die Eignung nur für kleinere Projekte (bei größeren Projekten nur für Grobübersicht).

6.2.2 Ressourcenplanung

Ebenso wie bei der Zeitplanung dient der Projektstrukturplan auch als Grundlage für die Ressourcenplanung. Aus den im PSP definierten Arbeitspaketen können die benötigten Arten an Ressourcen (Arbeitskräfte, Equipment, Material, Geldmittel, ...) abgeleitet werden. Die jeweilige Menge lässt sich dagegen nicht einfach aus dem PSP ableiten, da die Planung meist auf unsicheren Werten beruht. Wenn möglich, sollte unbedingt auf Erfahrungs- bzw. Expertenwissen zurückgegriffen werden, um wenigstens den groben Umfang an Ressourcen abschätzen zu können. Als weitere Grundlage kann man lediglich die Ressourcenschätzung heranziehen. Eine Schätzung bedingt das Vorhandensein einer möglichst genauen Beschreibung des zu erreichenden Ziels. Ohne eine solche Beschreibung ist der Aufwand für das Event nicht schätzbar. Gute Schätzungen können allerdings nur die Vorhersagegenauigkeit erhöhen und das Risiko vermindern, eine umfassende Sicherheit geben sie aber nicht.

6.2.2.1 Aufwandsschätzung

Nachfolgend ein Schema beim Vorgehen zur Aufwandsermittlung:

1. Ziel des Projektes, Festlegung des geplanten Events.
2. Zerlegung des Gesamtprojektes in überschaubare Arbeitspakete anhand eines Projektstrukturplans.
3. Erfassung der wichtigsten Einflussfaktoren.
   (a) Umfang/Besucherzahlen,
   (b) Komplexität/Größe des Events,
   (c) Anzahl der Mitarbeiter (incl. freiwillige),
   (d) Projektdauer.

4. Suche nach ähnlichen Projekten/Veranstaltungen mit vergleichbaren Einflussfaktoren. Ermittlung des Aufwandes durch Analogie (Anpassung anhand der Unterschiede in den so genannten Kostentreibern).
5. Ermittlung des Aufwandes für die Arbeitspakete mit Schätzung der möglichen Abweichungen nach oben und unten. Ermittlung des Aufwandes durch Aufsummieren der Aufwände in den Arbeitspaketen.
6. Kontrolle durch Vergleich der Ergebnisse.

Die Aufwände für das gesamte Projekt können als Summe der Teilaufwände ermittelt werden. Dabei ist es wichtig, die Aufwände und die vorhandenen Ressourcen realistisch einzuschätzen.

Eine wichtige Grundlage für die realistische Einschätzung der Aufwände ist, Aufwände und Ressourcen mit demselben Maßstab zu messen, also entweder Arbeitstage oder Stunden zu verwenden. Eine Schätzung in Stunden verführt leicht dazu, die Netto-Arbeitszeit (produktive Arbeitszeit) aufzuaddieren und dann mit einer Arbeitszeit von 8 bis 10 h abzudividieren. Dabei werden gerne Ressourcenfresser vergessen, so dass der entstehende Zeitplan sehr schnell nicht eingehalten werden kann.

Typische Ressourcenfresser sind:

- Notwendige Pausen (kaum jemand kann 10 h am Stück konzentriert hochwertige Arbeit leisten).
- Externe Störungen im privaten und dienstlichen Bereich (Projektleiter, Vereinsmitglieder, Freunde).
- Notwendige Hilfstätigkeiten (Ressourcenbeschaffung, Kontrollen).
- Wegezeiten und Wartezeiten (Fremdvergabe).
- Notwendige Kommunikation (Besprechungen, Vorträge).

6.2.2.2 Kostenplanung

Um die gesamten Kosten während der Laufzeit des Projektes und der Planung ermitteln zu können muss eine sinnvolle Aufteilung der Gesamtkosten in Kostenarten und Kostenträger erfolgen. Grundlage für diese Aufteilung bildet erneut der Projektstrukturplan, der die gesamte geplante Veranstaltung in überschaubare Teilbereiche zerlegt. Eine mögliche Kostenaufteilung nach Kostenarten und Kostenträger kann innerhalb des Eventmanagements folgendermaßen aussehen:

Kostenarten

- Projekt-Einzelkosten
  - Personalkosten,
  - Materialkosten,
  - Mietkosten für benötigtes Equipment,
  - Kosten für benötigte Maschinen,
  - Kosten für Fremdleistungen,
  - Reisekosten, Ausbildungskosten und Fachliteratur,

- EDV-Kosten,
- Versicherungs- und Transportkosten.

- Projektgemeinkosten
  - Verwaltungskosten,
  - Kosten für zentrale und projektübergreifende Dienstleistung,
  - Mietkosten,
  - Sonstiges.

Kostenträger

Die Aufteilung der Gesamtkosten des Projektes in Kostenarten und Kostenträger ist für das spätere Projektcontrolling von großer Bedeutung, denn nur so kann ein sinnvoller Vergleich zwischen Plan- und Istkosten während der Laufzeit des Projektes durchgeführt werden. Die Kostenträger können hierarchisch gegliedert sein (Gesamtprojekt, Teilprojekt, Arbeitspaket).

Im Weiteren ist es sinnvoll, die einzelnen Kosten den zeitlichen Planungsabschnitten zuzurechnen und die gesamten bisherigen angefallenen Kosten im Zeitverlauf darzustellen. Somit können finanzielle Engpässe früher erkannt und geeignete Gegenmaßnahmen ergriffen werden.

6.2.2.3 Personalplanung

Ebenso wie innerhalb eines Unternehmens zählt die Personalplanung innerhalb des Veranstaltungsmanagements zu den wichtigsten Erfolgsfaktoren. Für die erfolgreiche Durchführung des Projektes Veranstaltung müssen Mitarbeiter zur Verfügung stehen, die folgende Anforderungen erfüllen:

- fachliche Kompetenz,
- persönliche und soziale Kompetenz,
- Teamfähigkeit,
- hohe Arbeitsmotivation.

Am Beginn der Personalplanung steht die Bedarfsermittlung nach der benötigten Qualifikation der Mitarbeiter und den anstehenden Aufgaben. Über den Arbeitsstrukturplan können die einzelnen anfallenden Arbeitsbereiche und Tätigkeiten ermittelt werden. Die hierfür benötigten Mitarbeiter mit den entsprechenden Qualifikationen stellen den Personalbedarf dar. Nach der Ermittlung des Personalbedarfs erfolgt die Personalbestandanalyse, in der ermittelt wird, welche Mitarbeiter mit den entsprechenden Qualifikationen zur Verfügung stehen, d. h. wie weit der Personalbedarf bereits gedeckt ist. Kann der Personalbedarf mit den zur Verfügung stehenden Mitarbeitern nicht gedeckt werden oder fehlen bestimmte Qualifikationen, so können entweder Fremdleistungen in Anspruch genommen werden oder die benötigten Qualifikationen über Weiterbildungsmaßnahmen o. ä. vermittelt werden. Bei Fortbildungsmaßnahmen oder Einarbeitungsprogrammen müssen die zusätzlich anfallenden Zeiträume berücksichtigt und in die Terminplanung eingearbeitet werden.

6.3 Projektcontrolling

Ein Projekt ist nicht nur grundlegend zu planen, sondern sein Fortgang auch ständig zu überwachen und durch geeignete Steuermechanismen zum gewünschten Erfolg zu bringen. Insbesondere die durch Schätzungen ermittelten Werte müssen ständig überwacht und den aktuellen Gegebenheiten angepasst werden. Diese überwachenden und steuernden Maßnahmen innerhalb eines Events fasst man unter dem Begriff Projektcontrolling zusammen.

Die Hauptaufgabe der Kontrollfunktion ist die Durchführung von Soll-Ist-Vergleichen im Bezug auf die geplanten Ziele, Ressourcen und Termine. Mit der Kontrollfunktion sollen rechtzeitig Planabweichungen erkannt und Ursachenanalysen erstellt werden. Die Kontrollfunktion ist als Frühwarnsystem anzusehen, um zu ermitteln wenn die geplanten Ziele nicht erreicht werden können oder Maßnahmen, die ergriffen wurden, nicht den gewünschten Erfolg erzielen.

Bei der Überwachung des Projektes sollte man ebenso wie bei der Planung das Projektdreieck (siehe oben) nicht unbeachtet lassen. Genauso wie jeder der einzelnen Eckpunkte geplant werden muss, sollte auch jeder der Eckpunkte während der Laufzeit des Projektes überwacht werden. Besonders wichtig ist aber die Überwachung der Eckpunkte in Relation zueinander.

Die Überwachung im Projektdreieck wird erleichtert, wenn man die einzelnen Schätzungen auf Arbeitspaket-Ebene durchgeführt hat und somit folgende erforderliche Informationen bestimmt werden können:

- Zeit/Termine
  - Verbrauchte Zeit (absolut und in % der Projektdauer).
  - Noch benötigte Zeit (absolut und in % der Projektdauer).
- Kosten
  - Verbrauchte Kosten (absolut und in % des Gesamtbudgets).
  - Noch zu erwartende Kosten (absolut oder in % des Gesamtbudgets).
- Ziel/geplante Veranstaltung
  - Überprüfung, ob das Event mit den bisher eingesetzten Ressourcen zur geplanten Zeit in der gewünschte Form stattfinden kann.

Für noch nicht abgeschlossene Arbeitspakete können die einzelnen Schätzungen angepasst werden. Die Relation zwischen den Schätzungen für das Arbeitspaket und den dem derzeitigen Fertigstellungsgrad entsprechenden Dauern, Kosten und Ergebnissen gibt einen Hinweis auf die noch zu erwartenden Dauern, Kosten und Ergebnisse.

In der Relation zueinander ergeben sich die Kanten des Dreiecks:

- Termine/Ergebnis: Verbrauchte Zeit in Relation zu den erzielten Ergebnissen (Meilensteine) – wann war was fertig?

- Kosten/Termine: Kosten und Ausgaben (cash flow) in Relation zu den Terminen – wann wurde wie viel ausgegeben?
- Kosten/Ergebnis: Aufwände in Relation zu den erzielten Ergebnissen (Arbeitswert) – wofür wurde wie viel aufgewendet?

6.3.1 Berichtswesen

Voraussetzung für ein erfolgreiches Projektcontrolling ist ein aussagefähiges, vollständiges und zeitnahes Berichtswesen. Es soll Auskunft darüber geben, ob hinsichtlich der geplanten Leistungen und Kosten die Ziele erreicht werden, und es soll Basis für Zielvereinbarungen und für die Kontrolle der Einhaltung der Vereinbarungen sein. Das Berichtswesen verschafft während der Laufzeit des Projektes Transparenz und auf der Basis dieser Transparenz die Möglichkeit zur zielgenauen Steuerung des Projektes. Verschiedene Stellen und Positionen innerhalb der Projektorganisation benötigen Berichte. Diese Berichte müssen jeweils den Anforderungen der entsprechenden Stellen entsprechen. Der Aufbereitung der Daten kommt dabei eine besondere Bedeutung zu.

Folgende Fragen müssen beim Aufbau eines erfolgreichen Berichtswesens geklärt werden:

- Wer ist für die Erstellung verantwortlich?
- In welchem Detaillierungsgrad bzw. mit welcher Verdichtungsstufe müssen die Daten aufbereitet sein?
- Welche Berechnungen müssen durchgeführt werden?
- Sollen Vergleiche dargestellt werden und mit welchen Daten soll verglichen werden?
- In welchem Zyklus soll der Bericht erstellt werden (Woche, Monat, Quartal usw.)?
- Welche Hilfsmittel sind erforderlich (Software, Datenbank, Handarbeit usw.)?
- Welchen Zweck hat der Bericht (Dokumentation, Analyse, Bewertung)?

Die Darstellung und die Aktualität der Berichte sind beim Aufbau des Berichtswesens von besonderer Bedeutung. Die Akzeptanz des Berichtswesens innerhalb des Projektteams entscheidet nicht zuletzt über die Mitarbeit der Betroffenen am Gesamtsystem. Endlose Berichte und Hunderte von Seiten werden heute nicht mehr hingenommen. Das Wesentliche eines Berichtes muss sofort erkennbar sein.

6.3.2 Kostencontrolling

Um die Kosten im Verlauf des Projekts überwachen zu können, muss eine auf Arbeitspakete basierende Kostenschätzung vorliegen. Die Rückmeldung der jeweiligen Verantwortlichen der einzelnen Arbeitspakete darf nicht nur die bis jetzt angefallenen Kosten beinhalten, sondern muss folgende Punkte ebenfalls berücksichtigen:

- Begonnene Arbeitspakete und getätigte Bestellungen/Beauftragung von externen Firmen.
- Abarbeitungsgrad von Arbeitspaketen (prozentualer Projektfortschritt).
- Fertiggestellte und geprüfte Arbeitspakete.
- Angefallener Personalaufwand und Sachkosten pro Arbeitspaket.

Dabei reicht der reine Vergleich von angefallenen und geplanten Kosten nicht aus, um den Kostenverlauf zu überwachen, da eine Planabweichung verschiedene Gründe haben kann, deren Überlagerung zur Verschleierung der tatsächlichen Probleme führen kann. Hieraus können Fehleinschätzungen entstehen und Steuerungsmaßnahmen an der falschen Stelle eingesetzt werden, die dann nicht die erwarteten positiven Auswirkungen haben oder im schlimmsten Fall die Planabweichung noch verschlimmern.

Beispiele für mögliche Kostenverschleierungen:

- Bestellungen bzw. Beauftragungen wurden nicht zum definierten Zeitpunkt sondern später getätigt.
- Arbeitspakete verzögern sich als Ganzes (werden später begonnen).
- Die Fertigstellung von Arbeitspaketen verzögert sich,
  - obwohl der Personaleinsatz voll erbracht wurde,
  - da nicht das geplante Personal eingesetzt wurde.
- Die Kosten für Arbeitspakete steigen und Termine verzögern sich.

In großen Projekten sollt eine Leistungswertanalyse (Earned-Vaule-Analysis) durchgeführt werden. Diese lässt sich graphisch gut darstellen und vermittelt die wichtigsten Relationen zischen inhaltlicher Fertigstellung und angefallenen Kosten eines Projekts.

6.3.3 Zeit-/Terminüberwachung

Innerhalb des Veranstaltungsmanagements kommt der Zeit- und Terminüberwachung eine besondere Bedeutung zu, da das gesamte Event auf einen bestimmten Zeitpunkt ausgerichtet ist.

Als Mittel dazu bietet sich neben einer Kontrollliste oder der fortlaufenden Modifikation von Balkenplänen die Meilensteintrendanalyse an.

Die Meilensteintrendanalyse ist eine sehr einfache und sichere Möglichkeit Terminabweichungen darzustellen. Sie dient dazu, die Plantermine für Meilensteine zu überwachen. Dazu werden zu jedem Überwachungstermin die geplanten Termine für die Meilensteine eingetragen und graphisch verbunden.

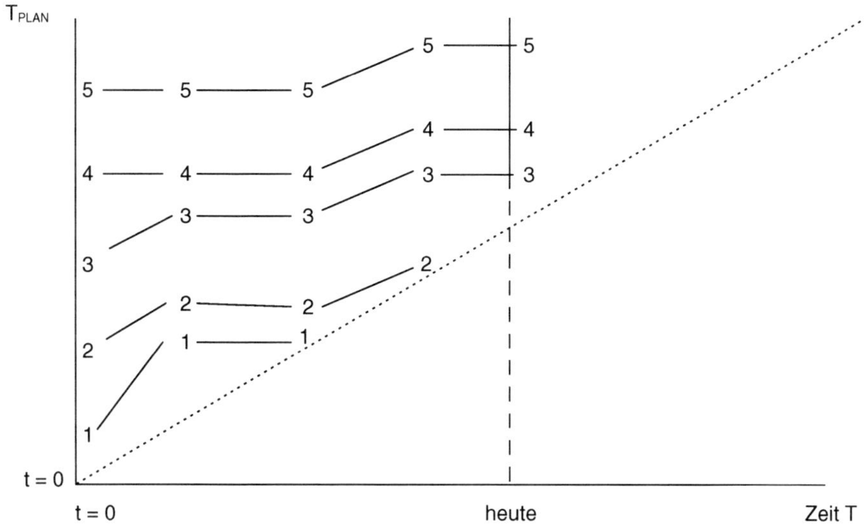

Abb. 6.8 Meilensteintrendanalyse

Das Vorgehen lässt sich anhand der folgenden Schritte beschreiben:

- Zunächst werden auf der vertikalen Achse die festgelegten Meilensteintermine (T_{plan}) aufgetragen.
- Zu jedem Betrachtungszeitpunkt T_{heute} legt man die Termine für die Erfüllung der Meilensteine fest und trägt sie auf der horizontalen Achse ein. Alles bewegt sich über der Winkelhalbierenden, da ein Meilenstein entweder erreicht ist, oder in der Zukunft liegt.

Mit Hilfe dieser Methode lassen sich Abweichungstendenzen sehr leicht erkennen. Die Verantwortlichen für die jeweiligen Teilprojekte bzw. Aufgaben werden aufgefordert die Gründe für die Abweichungen dem Projektleiter darzulegen. Innerhalb dieser Diskussion können dann die Ursachen (bspw. Kompetenzprobleme, Verschiebung von Prioritäten usw.) erkannt und notwendige Korrekturmaßnahmen eingeleitet werden. Da durch extreme Terminabweichungen das Projekt Event gefährdet sein kann, muss der Projektleiter an dieser Stelle Interessenbewusstsein und Konfliktfähigkeit beweisen, ebenso müssen die Verantwortlichen die notwendige Kritikfähigkeit und Selbsterkenntnis mitbringen. Auf diese so genannten „soft skills" wird im nachfolgenden Abschnitt Managementtechniken näher eingegangen.

6.4 Managementtechniken

Nicht allein Ideen und Planung führen zum gewünschten Erfolg; damit das gewünschte Ziel im Team erreicht werden kann, müssen unbedingt die Aspekte des Managements (siehe z. B. [Holzbaur, 2000]), insbesondere einige Managementtechniken beachtet werden., Die innerhalb der nachfolgenden Abschnitte behandelten Themen richten sich vor allem an den Projektleiter und das Führungsteam (Verantwortliche der einzelnen Aufgabenbereiche).

6.4.1 Mitarbeiterführung

Dem Projektleiter bzw. dem Führungsteam unterliegt während der gesamten Laufzeit des Projektes nicht nur die Hauptverantwortung für Planung, Steuerung und Umsetzung des Events sondern auch die operative Führung der beteiligten Mitarbeiter (die disziplinarische Führung bleibt häufig bei der Linie). Zu den Führungsaufgaben des Projektleiters und des Führungsteams gehören u. a. folgende Punkte:

- klare Ziele definieren,
- Entscheidungen treffen,
- mit dem Team kommunizieren,
- das Team motivieren,
- Veränderungen und Konflikte managen.

Abhängig von der Art und der Eigenheit, wie z. B. ein Projektleiter diese Führungsaufgaben wahrnimmt, unterscheidet man zwei verschiedene Führungsverhalten bzw. Führungsstile.

- Autoritärer Führungsstil:
  Nur die Führungskraft hat das Sagen und entscheidet alleine und ohne Begründung. Die Teammitglieder (Mitarbeiter des Aufgabenbereiches) sind lediglich die ausführenden Organe.
- Kooperativer Führungsstil:
  Die Teammitglieder werden in Entscheidungssituationen mit einbezogen. Sie können ihre Meinung mit einbringen. Daraus bildet sich dann eine endgültige Entscheidung, bei denen die Entscheidungsgründe jedem klar sind.

Die richtige Mischung aus beiden hier genannten Führungsstilen wird wohl am ehesten zum gewünschten Erfolg führen. Manchmal kennt der Verantwortliche weitere Hintergründe, welche die Teammitglieder nicht wissen (sollen). In der Regel ist jedoch ein kooperativer Führungsstil anzustreben. Dies bestärkt die Motivation der Teammitglieder und Helfer.

Die wesentlichen Aufgaben der Projektleitung beschränken sich damit nicht nur auf ein funktionelles Projektmanagement (planen, steuern, kontrollieren). Ein enorm wichtiger Bestandteil der Tätigkeit ist das so genannte personelle Management, das gerade die Punkte Führen, Motivieren und Kommunizieren beinhaltet.

Bei dieser Art der Führung steht der Mensch im Mittelpunkt. Eine Führungsmannschaft darf nicht bestimmen, sondern muss überzeugen. Die Teammitglieder werden nicht an der Art der Erledigung, sondern am Ergebnis gemessen.

Um diesen Anforderungen gerecht zu werden, benötigt der Projektleiter wie auch die Mitglieder des Führungsteams soziale Kompetenzen wie:

- Durchsetzungsvermögen,
- Toleranz und Stressstabilität,
- Beharrlichkeit und Entscheidungsfähigkeit,
- Professionalität,
- Fingerspitzengefühl.

Aufgrund der Definition eines Projektes als einmalige Aufgabe wird das Projektteam (Führungsorgane und Projektmitarbeiter) für jedes Projekt neu zusammengestellt. Es bestehen meistens keine hierarchischen Abhängigkeiten der Teammitglieder wie sie beispielsweise in einer Abteilung eines Unternehmens gegeben ist. Der Projektleiter ist daher viel mehr auf informelle Führungsmittel und Motivation angewiesen.

Als Beispiel soll an dieser Stelle das Firmen-Event „Tag der offenen Tür“ herangezogen werden. Ein Mitarbeiter der Abteilung Organisation wurde innerhalb dieses Projektes mit dem Aufgabenbereich Besucherführung betraut. Er ist verantwortlich für die Präsentation der Produktionsstätten. Bei diesem Event und innerhalb seiner Aufgabenstellung ist er dem Leiter Produktion weisungsbefugt und kann die entsprechenden Maßnahmen (bspw. Reinigung der Maschinen und Produktionshallen) anordnen. An dieser Stelle können Hierarchie- und Interessenkonflikte entstehen, die den Projektfortschritt behindern können. Es ist hier die Aufgabe des Projektverantwortlichen bzw. des Verantwortlichen in der Geschäftsleitung, die involvierten Bereiche zu informieren und ggf. Hierarchie- und Interessenkonflikte zu schlichten.

Innerhalb anderer Organisationsformen (bspw. Verein) und im ehrenamtlichen Bereich können diese Hierarchie- und Interessenkonflikte noch stärker zu Tage treten. Die Mitglieder des Projektteams kommen aus den unterschiedlichsten gesellschaftlichen- und beruflichen Bereichen, ein formaler Einfluss ist nicht gegeben, die Mitglieder erwarten in ihrer knappen Freizeit eine effiziente und angenehme Projektarbeit. Zeitdruck und Zeitvergeudung werden individuell verschieden aber gleichermaßen negativ wahrgenommen. Die funktionale Autorität muss erst verstanden und wahrgenommen werden.

Es ist auch hier Aufgabe des Projektleiters die einzelnen Verantwortungsbereiche und Verantwortlichen zu definieren und die Organisationsstruktur des Events innerhalb des Teams zu kommunizieren und deren Wichtigkeit zu erläutern. Wichtig ist hier, dass die Struktur der Verantwortlichkeiten im Projekt (Projektstrukturplan, Arbeitspaketverantwortung) nicht aufgelöst oder übergangen wird.

Die Beachtung möglicher Interessen- und Hierarchiekonflikte findet natürlich auch im nachfolgenden Abschnitt Teamarbeit seine Anwendung.

6.4.2 Teamarbeit

Eine Veranstaltung bzw. auch jedes andere komplexe Projekt kann nur über die einzelnen Mitarbeiter und deren effektive Zusammenarbeit zum gewünschten Erfolg geführt werden.

Bei der Zusammensetzung der Teams sollten die Aspekte der Teambildung beachtet werden. Dies umfasst die Beachtung der folgenden Punkte:

- Richtige Zusammensetzung des Teams.
- Unterschiedliche Ausbildungen der einzelnen Teammitglieder.
- Verschiedene Charaktere innerhalb des Teams.
- Teammitglieder mit unterschiedlichen Erfahrungen.

Über eine effektive Teamarbeit können u. a. folgende Vorteile der Kooperation ausgenutzt werden:

- Gruppe weiß mehr, Ergebnisse sind praxisnäher.
- Gruppe stimuliert sich gegenseitig.
- Team ist kreativer.
- Team übernimmt Verantwortung, Selbstkontrolle.
- Wir-Gefühl: Gemeinsam das Ziel erreichen.

Ebenso wie bei jeder anderen Art der Zusammenarbeit, sollten auch innerhalb der Teamarbeit gewisse Spielregeln beachtet werden:

- Sachliche Kritik ist sehr wertvoll.
- Team muss sich als Einheit präsentieren.
- Umfassender Informationsaustausch/-fluss innerhalb des Teams.
- Es dürfen auch Fehler gemacht werden.
- Konflikte müssen innerhalb des Teams diskutiert werden.

6.4.3 Motivation

> Wenn du ein Schiff bauen willst, so rufe nicht Menschen zusammen, um Pläne zu machen, Arbeit zu verteilen, Werkzeug zu holen und Holz zu schlagen, sondern lehre ihnen die Sehnsucht nach dem weiten, endlosen Meer (Saint-Exupéry).

Um ein Event zum Erfolg zu führen, werden viele hochmotivierte Mitarbeiter, Vereinsmitglieder, Helfer usw. benötigt. Wichtig ist hierbei, dass es gelingt, die geplante Sache zur Sache eines jeden Einzelnen zu machen, d. h. das Gelingen der Veranstaltung muss jedem Einzelnen am Herzen liegen.

Wie gelingt es, ein Team zu motivieren? Was bewegt beispielsweise einen Firmenmitarbeiter bei einem Tag der offenen Tür mitzuwirken? Ziel einer solchen Veranstaltung ist die Repräsentation des Unternehmens und seiner Mitarbeiter. Der motivationsfördernde Aspekt für die einzelnen Mitarbeiter ist die Präsentation „ihres" Unternehmens und ihres Arbeitsplatzes nach außen (z. B. auch bei einem Besuch der Familie). Dies muss aber allerdings auch den einzelnen Mitarbeitern durch das Leitungsteam nahegebracht werden. Weitere mögliche motivationsfördernde Aspekte sind beispielsweise:

- Verantwortung übertragen zu bekommen.
- Einbringen der eigenen Kreativität in den Entscheidungsprozess.
- Übertragung von Führungsaufgaben.

- Identifikation mit dem Ziel des Events.
- Gutes Verhältnis im Team.
- Spaß an der Teamarbeit.
- Prämien oder sonstige Zuwendungen.

6.4.4 Kommunikation

Damit alle Mitarbeiter gegenüber der Veranstaltung positiv gestimmt sind, ist es enorm wichtig, dass diese bereits im Vorfeld detailliert und umfassend informiert werden.

Es müssen folgende Fragen geklärt werden:

- Warum wollen wir das Event machen?
- Welches Ziel wird verfolgt?
- Welcher Arbeitsaufwand wird auf den Einzelnen zukommen?
- Welche Aufgaben sind zu bewältigen?
- Welche Anforderungen werden an den Einzelnen gestellt?

Nur wenn solche Fragen ausführlich beantwortet werden und das Leitungsteam den Helfern die Möglichkeit gibt, Fragen zu stellen, Bedenken und Ängste zu äußern, stehen diese dem Event positiv gegenüber.

Dies bedarf einer enormen Kommunikationsfähigkeit des Projektleiters und des gesamten Leitungsteams, die sich in folgenden Punkten widerspiegelt:

- verständliche Ausdrucksweise,
- aktiv zuhören können,
- Einfühlungsvermögen besitzen,
- Ideen aufnehmen und verarbeiten,
- Kritikfähigkeit zeigen.

6.4.5 Krisenmanagement

> Es gibt keine wundersame Notrufnummer, die man anrufen kann, wenn die Lage kritisch ist (Norman R. Augustine).

Im Gegensatz zu Unfällen und Pannen sind Krisen etwas, was sich längerfristig aufbaut und tiefer geht. Krisen kennzeichnen nicht eine Quelle, sondern eine Folge von Risiken. Eine Krise ist ein Zustand der Organisation bzw. des Projekts. Sie kann auch das Team betreffen. Ursachen für Krisen können alle Risiken sein. Krisen können sich aber auch allmählich und strukturell entwickeln, so dass wir bei diesen Krisenfaktoren weniger von Risikofaktoren sprechen.

Eine Krise kann ohne ein auslösendes Ereignis eintreten, sich sozusagen schleichend entwickeln. Risikofaktoren für Krisen können liegen:

- im Management
  - unzureichende berufliche, fachliche und persönliche Qualifikation,
  - ungenügendes Wissen, ungenügende Führungskenntnisse,
  - unzureichende Organisation (Kompetenz und Verantwortung, Kontrolle und Vertrauen),
  - unzureichende Praxiserfahrungen, fehlende Marktkenntnisse,
  - Fehlende Informationen über das Umfeld,
  - Mangelnde Planung (Realitätsbezug, Risiken),
- im Projekt und im Team
  - Qualifikation und Motivation,
  - Rechnungswesen, Kostentransparenz, Kostenentstehung,
  - Finanzierung und Kapitalbedarf,
  - Marktprognose und Absatzpolitik,
  - Produkte,
  - Rechtsform, Vertretung und Steuern,
- im Umfeld
  - Entwicklung des Umfelds (Konkurrenz, Kunden, Lieferanten, Gesellschaft, Staat, …) absolut und im Vergleich zu den Erwartungen,
  - Umfelddynamik: Reaktionen des Umfelds auf Umfeldentwicklungen,
  - Terminkollisionen,
  - Negative Presse.

Das Krisenmanagement dient als Problemfrüherkennung dem Vorbeugen von Krisen. Oftmals werden Fehler und Risiken verkannt bzw. verdrängt, da man beispielsweise als Projektleiter Planungsfehler früh eingestehen muss. Allerdings ist es wenig sinnvoll erst zu reagieren, wenn man sich im Inneren der Krise befindet.

Um Krisen vorbeugen zu können, muss Prävention betrieben werden. Hierzu ist es sinnvoll, alle denkbaren Risiken und daraus resultierenden Folgen zu erarbeiten. Natürlich ist es nicht möglich sämtliche Unwägbarkeiten innerhalb eines Projektes unter Kontrolle zu haben aber man muss wissen, was im Krisenfall zu tun ist. Folgende Vorbereitungen sollten getroffen werden:

- Erstellen von Aktionsplänen (wie kann einem Risiko/Fehler begegnet werden)
- Festlegen von Kommunikationsplänen (wer wird wann informiert)
- Erarbeiten von Notfallpläne (was wird im Krisenfall gemacht)
- Schulung aller Beteiligten um sich entwickelnde Krisen anhand schwacher Signale erkennen zu können.

6.4.6 Entscheidungstechniken

Entscheidungstechniken helfen bei der Auswahl von vorliegenden Alternativen. Innerhalb der Planung und Durchführung eines Events müssen die Verantwortlichen wichtige Entscheidungen treffen, die weitreichende Folgen für das Gesamtprojekt haben. Entscheidungstechniken zwingen hierbei durch ihren systematischen Aufbau zur Ordnung und Logik bei der Ermittlung der Kriterien und Bewertungen. Im weiteren Projektverlauf wird durch den Einsatz von Entscheidungstechniken der Entscheidungsablauf dokumentiert und somit die Entscheidungen nachvollziehbar. Es gibt eine Vielzahl von Entscheidungstechniken und Literatur zu diesem Themenbereich. Im Folgenden soll deshalb nur auf zwei Techniken eingegangen werden.

6.4.6.1 Nutzwertanalyse (Scoringverfahren)

Die Nutzwertanalyse ist eine Methode zum Vergleich von verschiedenen Alternativen bzw. Lösungsmöglichkeiten. Sie ermöglicht Entscheidungen nach dem Maximalprinzip (die Alternative mit dem größten Nutzwert wird gewählt). Das Vorgehen lässt sich am folgenden Beispiel erläutern:

Tab. 6.1 Nutzwertanalyse (Scoring-Verfahren) Beispiel Catering

Catering: Alternativen Kriterien	G	Kaviar und Sekt		Grillwurst und Bier		Wein und Käse	
		B	Z	B	Z	B	Z
Stil passend zum Event	8	6	48	8	64	6	48
Infrastruktur vorhanden	5	8	40	2	10	7	35
Kosten	3	2	6	7	21	6	18
Summe Bewertungszahlen	**16**		**94**		**95**		**101**
Auswahl							**x**

Die Erstellung der Nutzwertanalyse (die natürlich analog auch für andere Auswahlentscheidungen im Eventmanagement von der inhaltlichen und terminlichen Planung über den Marketing-Mix bis hin zur operativen Durchführung eingesetzt werden kann) erfolgt in folgenden Schritten:

1. Definition der Kriterien.
2. Gewichtung (G) der einzelnen Kriterien (d. h. wie stark fällt das einzelne Kriterium ins Gewicht?).
3. Bestimmung der Bewertungsfaktoren (B) (im obigen Beispiel reicht die Bewertung von 1 = mangelhaft bis 10 = sehr gut).
4. Berechnung der Einzelbewertungszahl (Z) aus $Z = G \times B$.
5. Addition der Bewertungszahlen.
6. Auswahl derjenigen Variante, welche die höchste Bewertungszahl erreicht hat und damit im Rahmen der vorgegebenen Kriterien am besten geeignet ist.

Zusammenfassend ergibt sich die folgende Tabelle:

Tab. 6.2 Nutzwertanalyse (Scoring-Verfahren) Prinzip

Kriterien	Gewicht	Alternative1		Alternative2	
Kriterium 1	G1	B1	B1*G1	B2	B2*G1
Kriterium 2	G2	B1	B1*G2	B2	B2*G2
Summe Bewertungszahlen			**Summe**		**Summe**

Die Nutzwertanalyse ist als Entscheidungstechnik sehr stark abhängig von der Qualität der (subjektiv) ausgewählten Kriterien und deren Gewichtung. Vorteile dieser Methode sind die Flexibilität des Zielsystems und die direkte Vergleichbarkeit der Alternativen.

6.4.6.2 Entscheidungstabelle

Die Entscheidungstabellentechnik ist eine Methode, um Entscheidungssituationen übersichtlich, eindeutig und in knapper Form darzustellen. Mit ihrer Hilfe können geplante Handlungen (Aktionen), die von der Erfüllung mehrerer Bedingungen abhängen, kompakt und übersichtlich definiert werden und somit den Entscheidungsprozess unterstützen.

Im Folgenden wird eine Entscheidungstabelle zu einer trivialen Situation aufgezeigt:

- Scheint die Sonne und ist die Gewitterwahrscheinlichkeit (GW) > 50 % findet die Veranstaltung im Festzelt statt.
- Scheint die Sonne nicht und ist die GW > 50 % findet die Veranstaltung in der Halle statt.
- Scheint die Sonne und ist die GW < 50 % findet die Veranstaltung im Freien statt.
- Scheint die Sonne nicht und ist die GW < 50 % findet die Veranstaltung im Freien statt.

Tab. 6.3 Entscheidungstabelle

		R1	R2	R3	R4
B1	Sonne scheint	J	N	J	N
B2	Gewitter droht	J	J	N	N
A1	Zelt	X			
A2	Halle		X		
A3	Im Freien			X	X

Die Entscheidungstabelle besteht aus den folgenden Elementen:

- B1 und B2 stellen die jeweiligen Bedingungen dar.
- A1 bis A3 die möglichen Aktionen.
- R1 bis R4 zeigen die Regeln (Bedingungen).

X symbolisiert den Aktionsteil und zeigt welche Aktion für welche Bedingung ausgeführt werden soll.

Folgende Einträge können in der Tabelle vorgenommen werden:

J = Ja, Bedingung erfüllt.
N = Nein, Bedingung nicht erfüllt.
X = Aktion ausführen.

Eine Entscheidungstabelle kann nur die richtigen Ergebnisse liefern, wenn sich alle Regeln gegenseitig ausschließen (Eindeutigkeit) und alle denkbaren Aktionen durch die gegebenen Regeln berücksichtigt sind (Vollständigkeit).

6.4.7 *Kreativitätstechniken*

> Ich glaube nicht, dass Kreativität die Gabe einer guten Fee ist. Ich glaube, sie ist eine Fertigkeit, die wie Autofahren geübt und gelernt werden kann (De Bono: The Use of Lateral Thinking).

Kreativitätstechniken sind Methoden zur Ideenfindung. Man spricht auch von Methoden der Suchraumerweiterung. Eine zündende Idee ist in der Regel kein Ergebnis einer Inspiration, sondern muss ganz gezielt gesucht werden und ist damit oftmals harte Arbeit.

Mittlerweile gibt es eine große Anzahl von Kreativitätstechniken. Diese sollen nicht alle im Einzelnen vorgestellt und analysiert werden, denn es gibt genügend Spezialliteratur zu diesem Themenbereich. Dennoch soll kurz auf einige Basistechniken eingegangen werden.

6.4.7.1 Brainstorming

Brainstorming und verwandte Techniken dienen vor allem der synergetischen Integration einer Gruppe von Personen. Wenn ein Team Ideen von Mitgliedern aufnimmt und konstruktiv weiterentwickelt, so kann die Teamleistung deutlich besser sein als die individuelle Ideenfindung bzw. Problemlösung. Brainstorming fördert die Kreativität der Gruppe und kann daher im Bereich der Eventplanung beispielsweise zum Finden eines Zusatznutzens für die Besucher eingesetzt werden.

Das Ziel von Brainstorming ist, eine möglichst große Anzahl verschiedener Ideen zu sammeln, aus denen dann die besten und erfolgversprechendsten ausgewählt werden.

Die Leitung übernimmt ein Moderator, der das Ziel bzw. Problem kurz vorstellt. Der Teilnehmerkreis sollte möglichst heterogen sein und sechs bis zehn Personen umfassen. Enorm wichtig bei einer sog. Brainstorming-Sitzung ist die zwanglose und ungestörte Atmosphäre, damit die Teilnehmer ihren Gedanken „freien Lauf" lassen können.

Regeln für das Brainstorming:

- Quantität geht vor Qualität.
- Keine Kritik, freies, ungehemmtes Äußern von Gedanken.
- Ideen von anderen Teilnehmern aufgreifen und weiterverfolgen.

Für Ungeübte ist es nicht immer einfach, die Ideen anderer nicht sofort zu werten und Killerphrasen wie „das geht doch nicht", „das ist zu teuer" oder „das haben wir noch nie gemacht" zu vermeiden.

Eine verwandte Technik ist das Brainwriting, auch Methode 635 genannt. Hier geht es darum, dass 6 Personen jeweils 3 Ideen in jeweils 5 min aufschreiben und dann weitergeben. Da jede Person auf jedem Zettel ihre Ideen niederschreibt, heißt dies, dass 6 Runden gearbeitet wird. Jeder Teilnehmer schreibt zu Beginn 3 Ideen auf einen Zettel. In den folgenden Runden werden die Zettel jeweils ringsum weiter gegeben und der Nächste schreibt (evtl. aufbauend auf die Ideen des Vordermanns) weitere 3 Ideen auf.

6.4.7.2 Morphologische Methode

Hier wird die Aufgabe zunächst in Komponenten (Unteraufgaben, Teilprobleme, Teilkomponenten der Aufgabe z. B. anhand von Teilen des Zielobjekts) gesplittet, und dann wird versucht für jede Komponente (kreativ) viele Lösungen zu erfassen und durch Kombination eine optimale Lösung zu bestimmen.

Die Vorgehensweise sieht folgendermaßen aus:

1. Definition und Analyse des Problems bzw. der Aufgabe.
2. Strukturieren und Splitten in Komponenten.
3. Erfassen der möglichen Teillösungen.
4. Kombinieren der Teillösungsvorschläge zur Gesamtlösung.

Als Hilfsmittel für diese Kreativitätstechnik kann der sog. Morphologische Kasten verwendet werden.

Tab. 6.4 Morphologischer Kasten am Beispiel Abendveranstaltung

Teilproblem/ Komponente	Ausprägung		
Programm	Theater	Blasmusik	Chorvorträge
Begrüßung	Sektempfang	Eröffnungsrede	Vorstellungsrunde
Catering	Buffet	kein Catering	nur Getränke
Give-away	Nichts	Blinklicht	Vereinswappen

6.4.7.3 Weitere Kreativitätstechniken

Es gibt eine Reihe weiterer Kreativitätstechniken beispielsweise die Assoziationstechniken. Die Grundidee hierbei ist, einen Ausgangspunkt für Assoziationen zu schaffen. Entweder man überträgt das Problem gedanklich in eine andere Umgebung (Synektik) oder man bildet Analogien oder bewusste Gegensätze. Auf die weiteren Techniken wird hier nicht eingegangen und auf weiterführende Spezialliteratur [de Bono, Goleman] verwiesen.

6.5 Hilfsmittel des Veranstaltungsmanagements

Für das Management von Veranstaltungen und Events sind die klassischen Hilfsmittel des Projektmanagements hilfreich. Die wichtigsten sind:

- die in diesem Kapitel beschriebenen Methoden der Termin- und Ressourcenplanung und des Controlling,
- ein integriertes Managementsystem, das Projekt- und Prozessmanagement, Informationsmanagement, Qualitätsmanagement sowie Umwelt- und Sicherheitsmanagement (EHS: environment, health and safety) zusammenfasst,
- ein Managementhandbuch, dass die anzuwendenden Verfahren festlegt (letztendlich durch das vorliegende Kapitel gegeben),
- der Projektordner, in dem alle wichtigen Informationen gesammelt werden,
- Checklisten und Protokolle, die alle wichtigen Entscheidungen und Aufgaben festlegen,
- Software zur Unterstützung des Projektmanagements.

Im Folgenden sind die wichtigsten Methoden in ihrer Umsetzung auf das Eventmanagement dargestellt.

6.5.1 Projektordner

Ein Projektordner dient zur Sammlung sämtlicher für das Projekt relevanter Informationen an einer zentralen Stelle. Folgende Informationen sollten zumindest in einem Projektordner enthalten sein (weiteres siehe Checklisten):

- genaue Zieldefinition der geplanten Veranstaltung,
- organisatorische Projektstruktur und Vertretungsregelung,
- definierte Aufgabenbereiche und Verantwortliche,
- Telefonliste aller Verantwortlichen und weitere wichtige Rufnummern (Alarmrufliste),
- zeitliche Planung des Gesamtprojekts,
- Terminkalender mit den wichtigsten anstehenden Terminen,
- Sitzungsprotokolle, aktueller Projektstatus, abgearbeitete Checklisten,
- Finanzplan, Personalplan, inhaltliche Planungen, Skizzen,
- Vereinbarungen, Verträge, Schriftverkehr,
- Rechnungen,
- Vorlagen für Checklisten und Protokolle, Formulare.

Der Projektordner kann entweder in Papierform oder bei entsprechender Ausstattung EDV-technisch zusammengestellt werden. Wichtig ist hierbei, dass der Projektordner für alle Teammitglieder frei zugänglich ist.

6.5.2 *Protokolle*

Vorneweg sei gesagt, dass ein Protokoll nicht immer ein aufwendig ausgearbeitetes Dokument sein muss, schon eine kurze Gesprächsnotiz eines wichtigen Telefonats ist ein Protokoll. Protokolle dienen vorrangig als Information für alle Nichtanwesenden und als Ergebnisliste, in der alle Ergebnisse und beschlossenen Maßnahmen zusammengefasst werden.

Anforderungen an ein Protokoll sind:

- logisch aufgebaut,
- wahrheitsgetreu,
- objektiv und sachlich,
- kurz und prägnant,
- nur Tatsachen, keine Vermutungen,
- auch für Nichtbeteiligte problemlos verständlich.

Inhaltlich sollte ein Protokoll die folgenden Punkte enthalten:

- Thema und Ziel der Besprechung, Termin,
- Teilnehmer und Verteiler,
- evtl. Aussagen der Teilnehmer, Abstimmungsergebnisse,
- Ergebnis, Beschlüsse, Empfehlungen,
- Maßnahmen mit geplantem Termin und Zuständigkeiten.

Kurz gesagt enthält ein Protokoll folgendes:

- Was wurde in der Besprechung gesagt, beschlossen und festgelegt?
- Wer macht was mit wem bis wann?

6.5.3 *Software zur Unterstützung des Projektmanagements*

Innerhalb des Projektmanagements ist heute der Einsatz von EDV-Systemen kaum noch wegzudenken. Die Unterstützung mittels Software reicht von der Erstellung von Texten und Tabellen über die Teilnehmerverwaltung bis hin zu ERP-Systemen für das Produkt- und Portfoliomanagement. Die Meinungen über den Einsatz von Software für das Projektmanagement gehen weit auseinander. Die Aussagen zu Projektmanagementsoftware reichen von „unnötigem Spielzeug" bis hin zu „Rückgrat der Projektorganisation". Dies liegt hauptsächlich an der Vielzahl der unterschiedlichen Methoden, den unterschiedlichen Anforderungen der einzelnen Projekttypen und der Vielzahl an verfügbaren Produkten. Man muss allerdings bei der ganzen Bandbreite der angebotenen Software beachten, dass auch die besten Systeme nicht die Kompetenzen des Projektmanagers ersetzen, sondern nur als Hilfsmittel angesehen werden können, mit denen Standardprozesse und wiederkehrende Aufgaben abgewickelt werden können.

6.5.3.1 Arten von Software

Als Hilfsmittel für das Projektmanagement lassen sich folgenden Arten von Software unterscheiden:

- Standard-Büro-Software
  Hierzu zählen im wesentlichen Textverarbeitung, Tabellenkalkulation und Präsentationssoftware. Mit diesen Hilfsmitteln lassen sich Checklisten, Terminplanungen und Kalkulationen für kleinere Projekte gestalten.
- Software zur Struktur- und Zeitplanung
  Diese Systeme umfassen Funktionen zur Definition der Projekt- und der Arbeitsstrukturpläne sowie Funktionen im Bereich Zeitplanung. Innerhalb der Zeitplanung werden verstärkt die bereits angesprochenen Methoden Netzplantechnik und Balkendiagramm verwendet.
- Software zum Ressourcenmanagement
  Mit Hilfe dieser Softwaretools lassen sich die vorhandenen Ressourcen (Mitarbeiter, Räumlichkeiten, Material) erfassen und auf die einzelnen Arbeitspakete verteilen.
- Controlling Software
  Diese Tools beinhalten Funktionen zur Überwachung des Projektbudgets und zur Kostenplanung.
- Standard Projektmanagementsoftware
  Diese Systeme beinhalten die oben angesprochenen Module zu Struktur- und Zeitplanung und zum Ressourcenmanagement sowie Module für das Controlling.
- Branchenbezogene oder aufgabenbezogene Systeme
  Hier werden Softwaresysteme zusammengefasst die auf spezifische Branchen (Bauwirtschaft, Softwareentwicklung) oder spezielle Projektmanagement-Aufgaben (Risikoanalyse, Qualitätsmanagement) ausgerichtet sind.
- Datenbanken
  Mit Datenbanken werden vor allem die Massendaten eines Events verwaltet: Teilnehmer, Akteure, Termine. Die Datenbanken dienen als Informationsspeicher und sind deshalb u. a. sehr gut für die Nachbereitung (Reporting) der Veranstaltung geeignet.
- Portale
  Portale integrieren nicht nur verschiedene Funktionen sondern auch verschiedene Softwarelösungen. So können mit einem Projektmanagement-Portal jeweils mehrere Softwarelösungen zum Projektmanagement und zur Dokumentenbearbeitung integriert werden.

Im Weiteren wird noch unterschieden, wie die Systeme zur Verfügung gestellt werden. Als Standardprogramm auf einem PC, als Client-Server-System oder als ASP-Lösung (Application Service Providing). ASP-Lösungen bieten so genannte virtuelle Projekträume, d. h. die eigentliche Projektmanagementsoftware ist bei einem ASP-Dienstleister gespeichert und der Zugriff auf das System erfolgt über das Internet.

6.5.3.2 Auswahlkriterien

Wie bereits beschrieben, gibt es heute eine Vielzahl von Softwaresystemen unterschiedlichster Hersteller die innerhalb des Projektmanagements eingesetzt werden können. Bei der Auswahl eines geeigneten Softwaretools gilt es die folgenden Punkte zu beachten:

- Projektgröße
  Bei Kleinprojekten ist es sinnvoll, vorab zu prüfen, ob die anstehenden Aufgaben mit zur Verfügung stehenden Programmen (z. B. Standard Büro Software) abgewickelt werden können. Diese Systeme stoßen allerdings bei größeren und komplexen Projekten schnell an die Grenze ihrer Leistungsfähigkeit, so dass der Einsatz von Standard Projektmanagementsoftware bzw. einzelnen Modulen erforderlich wird.
- Anzahl der Anwender
  Sollen mehrere Anwender gleichzeitig mit dem System arbeiten, müssen der Zugang und die entsprechenden Inhalte für alle Beteiligten zur Verfügung stehen. In diesem Fall sind Einzelplatzlösungen wenig sinnvoll, da die Daten nicht an einer zentralen Stelle verwaltet werden. Hier eignen sich Client-Server Lösungen bzw. virtuelle Projekträume über ASP-Dienstleister.
- Kompatibilität
  Die Projektmanagementsoftware sollte mit der IT-Infrastruktur kompatibel sein und an die bestehenden Systeme (bspw. Kommunikationssysteme, Terminkalender, Buchhaltung) angebunden werden können. Dies ermöglicht den Zugriff auf zentrale Datensätze und vermeidet Medienbrüche und Doppeleingaben.
- Funktionsumfang
  Vor der Anschaffung einer Projektmanagementsoftware muss geprüft werden, welche Funktionen tatsächlich benötigt und genutzt werden, Dies sollte vorab mit den Projektbeteiligten und Anwendern abgestimmt werden. Modulare Systeme erweisen sich hier als sinnvoll, da sie bei gesteigerten Anforderungen erweitert werden können.
- Schulungsaufwand
  Bereits im Vorfeld müssen die Kosten und der Aufwand für Mitarbeiterschulungen betrachtet werden. Bei sehr komplexen Systemen können die Schulungsaufwendungen die Lizenzgebühren für die Software schnell übersteigen.

Die meisten Hersteller von Projektmanagementsoftware bieten kostenlose Testversionen ihrer Produkte an. Vor der Kaufentscheidung sollte dieses Angebot unbedingt genutzt werden, um einen ersten Eindruck der Handhabung und Funktionalitäten der einzelnen Systeme zu bekommen.

6.5.3.3 Einblick in Projektmanagementsoftware

An dieser Stelle soll anhand von Screen Shots ein kurzer Einblick in die Funktionen von Projektmanagementsoftware gegeben werden. Es soll sich hierbei nur um einen kurzen Auszug der Funktionen handeln, um einen ersten Eindruck von Projektmanagementsoftware zu vermitteln. Nachdruck der Screen Shots mit freundlicher Erlaubnis der Projectplace GmbH Hamburg. Projectplace ist europäischer Marktführer bei internetbasierten On-demand-Anwendungen für Projektmanagement und Teamarbeit. Weitere Informationen unter www.projectplace.de.

- Projektübersicht
  Die Projektübersicht zeigt wichtige Phasen, Meilensteine und Entscheidungspunkte innerhalb eines Projektes. Aus dieser Funktion kann auch der Projektfortschritt abgeleitet werden.

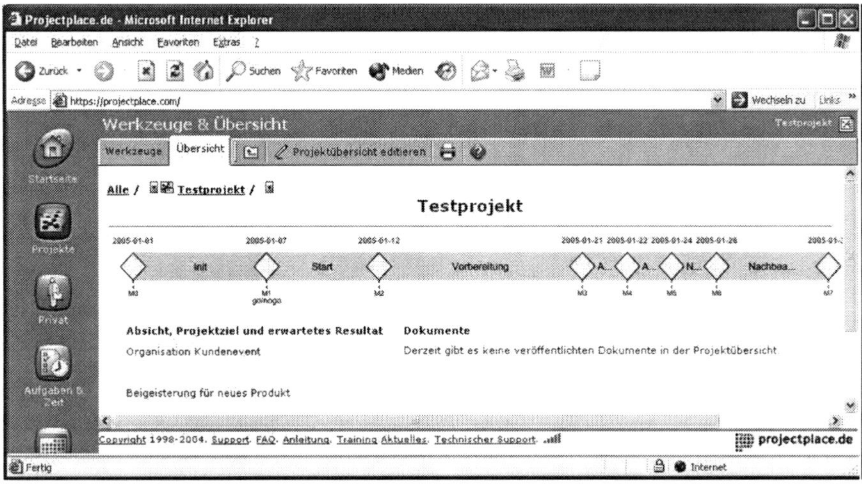

Abb. 6.9 Projektübersicht

- Struktur-, Ressourcen- und Zeitplanung
  Diese Funktionen dienen der eigentlichen Planung des Projektes. Hier werden Arbeitsaufgaben definiert, sowie die Ressourcen- und Zeitplanung durchgeführt.

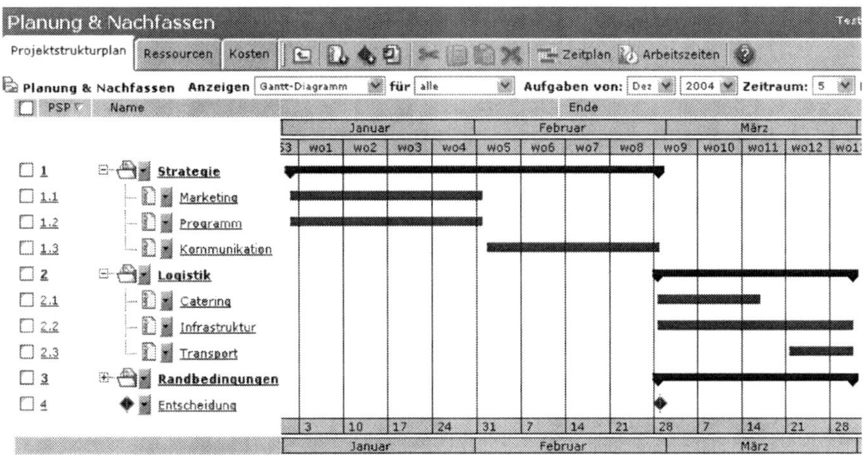

Abb. 6.10 Zeitplanung über Gantt-Diagramm

- Dokumenten- und Mitarbeiterverwaltung
  Um sämtliche Informationen allen Projektmitarbeitern zur Verfügung stellen zu können, bieten viele Systeme Dokumentenverwaltungsfunktionen und Archive an. Hier können beispielsweise die benötigten Checklisten für die einzelnen Projektaufgaben hinterlegt werden. Innerhalb der Mitarbeiter und Benutzerverwaltung können alle am Projekt beteiligten Personen mit Kontaktdaten hinterlegt werden.

6.6 Aufgabenbereiche

Die Aufgabenbereiche innerhalb des Veranstaltungsmanagements können folgendermaßen untergliedert werden:

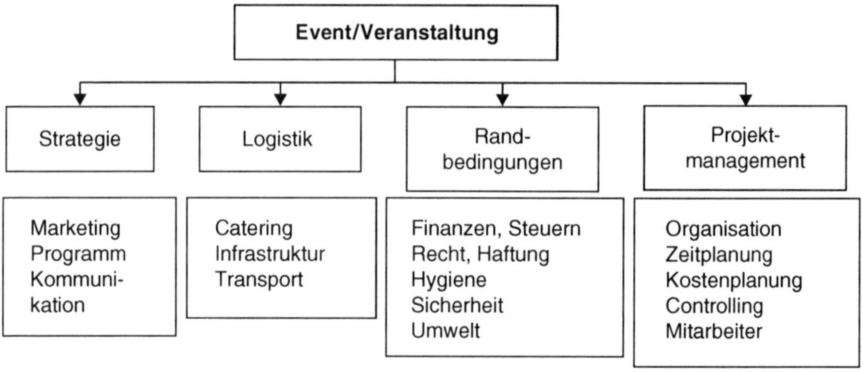

Abb. 6.11 Aufgabenbereiche

Die nachfolgenden Abschnitte sollen nochmals stichpunktartig die einzelnen Inhalte der Aufgabenbereiche aufführen. Eine detaillierte Darstellung finden Sie in den einzelnen Kapiteln.

6.6.1 Strategie

Dieser Aufgabenbereich beschreibt die strategischen Faktoren, mit denen eine Veranstaltung zum Erfolg geführt werden kann. Folgende Aufgaben werden in diesem Bereich zusammengefasst:

- Zieldefinition und Etablierung der Marke Event,
- Festlegung der Zielgruppe und Analyse der Marktchancen,
- Festlegung Distributions-, Produkt- und Preispolitik,
- Nutzung der Möglichkeiten der Kommunikation, Werbung und Verkaufsförderung,

- Definition von Maßnahmen für PR/Öffentlichkeitsarbeit,
- Festlegung des möglichen Sponsorings für die Veranstaltung.

Eine detaillierte Beschreibung des Aufgabenbereiches Strategie finden Sie in Kap. 3 Erfolgsstrategie.

6.6.2 Logistik

Das Themengebiet Logistik umfasst alle Aktivitäten die notwendig sind, um einen reibungslosen Ablauf eines Events zu gewährleisten. Es reicht von der Verpflegung der Teilnehmer, über die rechtzeitige Anfahrt eines Shuttlebusses bis hin zu den geleerten Mülleimern. In Kapitel Logistik werden u. a. die folgenden Bereiche detailliert dargestellt:

- Durchführung Catering,
- Festlegung des Bestell- und Lieferwesens,
- Planung des Angebotsspektrums,
- Mengenplanung,
- Festlegen des Veranstaltungsortes,
- Erarbeitung der benötigten Infrastruktur,
- Informationsmanagement, interne und externe Kommunikation,
- Müllentsorgung und Beachtung von Umweltaspekten.

6.6.3 Randbedingungen

Der Aufgabenbereich Randbedingungen umfasst die folgenden aufgeführten Themen, die im Kap. 5 ausführlich dargestellt sind:

- Recht und Haftung,
- Umwelt, Gesundheit und Sicherheit,
- Finanzen und Steuern,
- Kosten und Wirtschaftlichkeit.

6.6.4 Projektmanagement

Der Themenbereich Projektmanagement umfasst die folgenden Aufgaben, die bereits in diesem Kapitel ausführlich erläutert wurden:

- Planung der gesamten Veranstaltung,
- Definition der Aufgabenbereiche,
- Festlegung der Phasen- und Meilensteine,

- Zeit- und Ressourcenplanung,
- Projekt- und Kostencontrolling,
- Managementtechniken,
- Hilfsmittel des Projektmanagements.

6.7 Phasen und Meilensteine im Eventmanagement

Im Hinblick auf das Eventmanagement empfiehlt es sich das gesamte Projekt in die bereits bekannten 7 Phasen aufzuteilen.

- Initialisierung,
- Start,
- Vorbereitung,
- Anlauf,
- Aktiv,
- Nachlauf,
- Nachbereitung.

6.7.1 Initialisierung

Die Initialisierungsphase beschreibt die Zeitspanne zwischen dem Auftreten der Idee und dem Entschluss, das Event durchzuführen. Bei größeren Projekten wird in dieser Phase eine Vorlage für den entsprechenden Entscheidungsträger erarbeitet. Diese Phase legt im Weiteren die Grobkonzeption (Firmenworkshop, Konzertveranstaltung, 100 Jahr Feier …) und das Ziel (Umsatz, Mitgliederwerbung bei Sportvereinen usw.) des Events fest. Die hier getroffenen inhaltlichen Entscheidungen können in den nachfolgenden Phasen nicht bzw. nur unter erheblichem Aufwand angepasst werden. Als Ergebnis dieser Phase bzw. als Meilenstein steht das Event selbst (die Strategie und die Durchführungsentscheidung), der Träger, Projektleiter und wenn notwendig der Termin fest. Terminliche Festlegungen in der Initialisierungsphase sind nur dann sinnvoll, wenn das Event zu einem ganz bestimmten Zeitpunkt, beispielsweise 100-Jahr-Feier eines Sportvereins am Gründungstag, stattfinden soll. Normalerweise werden aber terminliche Festlegungen erst nach der Projektplanung am Ende der Startphase definiert.

6.7.2 Start

Die Hauptaufgaben dieser Phase bestehen in der Detailplanung des Events und in der Projektplanung der gesamten Aufgabe. In der Detailplanung wird das Gesamtkonzept detailliert ausformuliert und spezifiziert. Als Ergebnis dieser Planung sollen detaillierte Programm- und Inhaltsvorgaben sowie die Grundlage für die Rahmenorganisation, die notwendigen Ressourcen (Personalkapazität, Manpower, Geldmittel) und Zeitpläne erarbeitet werden. Im Weiteren muss in dieser Phase die organisatorische und inhaltliche Struktur des Projektes festgelegt und die Verantwortungsbereiche definiert werden. Nach Abschluss der Planung wird die Entscheidung getroffen, ob mit den Vorbereitungen der Veranstaltung begonnen werden soll oder nicht.

6.7.3 Vorbereitung

In der Vorlaufphase zum Event beginnen die eigentlichen Vorbereitungen und die Umsetzung der Projektplanung. Die zur Durchführung des Events notwendigen Maßnahmen (z. B. Bereitstellung von Sanitäranlagen, Werbemaßnahmen, Sponsorensuche, Verschicken der Einladungsschreiben) müssen vorbereitet werden; für externe Vergaben müssen Angebote eingeholt und geprüft und Aufträge vergeben werden. Grundlegende Änderungen am Event selbst oder an der gesamten Organisationsstruktur sind in dieser Phase kaum mehr möglich.

Im Weiteren werden innerhalb dieser Phase, wenn notwendig, über das Projektcontrolling die entsprechenden steuernden Maßnahmen eingeleitet. Am Ende dieser Phase steht der so genannte „point of no return“, da jetzt Änderungen an der Planung entweder nicht mehr oder nur in Verbindung mit einem enormem Kostenaufwand möglich sind.

6.7.4 Anlauf

Innerhalb der Anlaufphase des Events werden die notwendigen Aufbauarbeiten vor Ort durchgeführt und die Maßnahmen zum geregelten Hochlaufen der Veranstaltung ergriffen. Diese Phase endet mit dem Meilenstein „doors open“, also mit dem offiziellen Beginn der Veranstaltung.

6.7.5 Aktiv

Die Aktivphase beschreibt den eigentlichen Ablauf der gesamten Veranstaltung. Beginnend mit der Eröffnung und der Begrüßung der Teilnehmer und Zuschauer über die gesamte Veranstaltungsführung bis hin zum Schließen des Events, wenn der letzte Besucher das Gelände verlassen hat. Erst in dieser Phase wird deutlich, ob das Projekt ausreichend gut geplant worden ist und ob die zuvor getroffenen Entscheidungen richtig waren. Das Ende dieser Phase wird vom offiziellen Schluss der Veranstaltung gekennzeichnet.

6.7.6 Nachlauf

Die Nachlaufphase beschreibt sämtliche Aktivitäten vor Ort nach dem offiziellen Ende der Veranstaltung. Hierzu gehören normalerweise der Abbau, Abtransport bzw. Rückgabe des Equipments. Das Ende dieser Phase wird durch die Beendigung sämtlicher Aktivitäten mit einer Verabschiedung vor Ort symbolisiert.

6.7.7 Nachbereitung

In die Nachbereitungsphase fallen u. a. der Abschluss der Finanzen, das Einholen und Auswerten von Rückmeldungen, die Dokumentation des Gesamtprojektes, Würdigung der Beiträge (Danksagungen) und die Erfolgskontrolle mit der Frage: „Haben wir alle unsere Ziele erreicht?“ Mit dem Ende der Nachbereitungsphase ist das Gesamtprojekt Veranstaltung abgeschlossen.

Kapitel 7
Checklisten

Mit dem Einsatz von Checklisten können komplexe Projekte einfach und erfolgreich bearbeitet werden. Sie dienen als Roter Faden. Die Methode der Checklisten bietet eine Reihe von Vorteilen:

- Sie gewährleistet, dass alle wichtigen Punkte, die für eine erfolgreiche Durchführung eines Projektes nötig sind, bedacht und bearbeitet werden.
- Verantwortungsbereiche können mit Checklisten genau definiert werden.
- Die bearbeiteten Checklisten dokumentieren Vorgänge und Entscheidungen, wodurch eine Kontrolle und Nachvollziehbarkeit gewährleistet ist.

Die Checklisten dienen folgenden Zielen:

- Aufgabenbezogen:
  - Festlegen von Zielen im Sinne einer Zielvereinbarung.
  - Systematische Zusammenstellung von Arbeitspaketen und Aufgaben.
  - Festlegen von Verantwortung und Kompetenz für die Aufgaben.
  - Dokumentation getroffener Entscheidungen, ob und wie eine Aufgabe durchgeführt wird.
- Entscheidungsbezogen:
  - Festlegen von Fakten und Rahmenbedingungen (z. B. angenommene Werte und Größenordnungen) im Sinne eines Konsenses unter den Projektbeteiligten.
  - Zwang zu Entscheidungen zum richtigen Zeitpunkt.
  - Dokumentation getroffener Entscheidungen (z. B. geplante Werte) als Basis für die weitere Arbeit und Dokumentation der Festlegung.

In Checklisten kann nicht jede einzelne Teilaufgabe, die für eine Erfüllung einer Gesamtaufgabe nötig ist, erwähnt werden, da dies zu einer Unübersichtlichkeit und einem unnötigen Bürokratismus führen würde. Jedoch müssen sie detailliert genug sein, um sicherzustellen, dass das Gesamtziel erreicht werden kann.

Für Erstellung und Versand einer Einladung beispielsweise müsste eine detaillierte Checkliste die Punkte Adressliste erstellen, Einladungen entwerfen, Einladungen drucken, Einladungen unterschreiben, Porto bezahlen … enthalten. Um die Gesamtaufgabe erfolgreich erfüllen zu können, genügt es den Punkt „Einladungen"

U. Holzbaur et al., *Eventmanagement*,
DOI 10.1007/978-3-642-12428-0_7,

in der Checkliste aufzunehmen. Eine weitere Detaillierung lässt der ausführenden Person zu wenig Handlungsspielraum.

Die folgenden Checklisten sind für die Konzeption und Planung des Events und nicht für die operative Vorbereitung von Details gedacht. Deshalb bieten sie nicht die Gewähr einer vollständigen Prüfung. Eine solche Checkliste, wie man sie von den klassischen Checklisten bei Flugzeugen kennt, muss nämlich extrem spezifisch sein (es gibt ja auch keine Checkliste für den Start eines Flugzeugs, sondern für jeden Typ in jeder Ausführung eine spezielle Checkliste). Der Leser kann detaillierter Checklisten für seinen speziellen Typ von Events erstellen (siehe Tailoring).

Wir haben in unseren Checklisten versucht, den Weg von der Idee zur Umsetzung aufzuzeigen und den Anwender bei der strategischen und operativen Planung zu unterstützen (zum Thema der Vollständigkeit siehe dazu auch das nachfolgende Beispiel „Ketchup").

7.1 Aufbau

Jede Checkliste wird durch einen Namen bezeichnet. Um das Arbeiten mit Checklisten effektiv zu machen, ist Einheitlichkeit im Aufbau und eine Menge von Informationen notwendig. Die Checklisten sind daher alle gleich aufgebaut. Ein Muster mit einer leeren Checkliste ist ebenfalls enthalten.

Der Checklistenkopf besteht aus folgenden Punkten, die zu Beginn der Bearbeitung ausgefüllt werden sollen:

- **Name:** Checklistenname,
- **Beginn:** Startdatum der Bearbeitung,
- **Stand:** Änderungsstand (ist im Laufe der Bearbeitung zu aktualisieren),
- **Verantwortlich/Stellvertretung:** Name der Person, die für die Durchführung der Aufgaben verantwortlich ist bzw. deren Stellvertreter,
- **Beschreibung:** Charakterisierung der Fragestellung (Kernfrage).

Die einzelnen Zeilen betreffen jeweils einen zu bearbeitenden Punkt, ein Objekt, eine Aufgabe oder eine Entscheidung:

- **Thema:** Einzelne Aufgabenstellung (Objekt, Entscheidung),
- **Ergebnis:** Stichwort zum Resultat (konkretes Ergebnis oder Maßnahme),
- **Wer:** Erledigt durch welche Gruppe/Person oder delegiert an wen,
- **Wann:** Datum der Erledigung,
- **√:** Abgeschlossen.

Der Checklistenfuß besteht aus folgenden Punkten:

- **Abgeschlossen:** Datum des Abschlusses der Bearbeitung dieser Checkliste (und damit des zugehörigen Arbeitspakets),
- **Bemerkungen:** Mögliche Anmerkungen zur Checkliste und zum Arbeitspaket, ergriffene Maßnahmen.

Der Aufbau der Checklisten ist also immer gleich (bis auf die wenigen Tabellen zur Zusammenstellung wichtiger Informationen):

Tab. 7.1 Genereller Aufbau der Checklisten

Name		Beginn: Stand:			
Verantwortlich:		Stellvertretung:			
Beschreibung					
	Thema	Ergebnis	Wer	Wann	√
Abgeschlossen:	Bemerkungen:				

7.2 Projektordner

Der Projektordner ist ein wesentliches Element der Arbeit. Er enthält nicht nur die Checklisten, sondern auch Verträge, Bestellungen, Rechnungen und Pläne.

Dazu ist festzulegen:

⇒ Wie sind die Objekte abzulegen (Systematik, Verantwortliche)?
⇒ Wer führt und verwaltet den Projektordner?

Details dazu sind im Kapitel Projektmanagement beschrieben.

7.3 Tailoring

Der Begriff Tailoring bedeutet übersetzt ins Deutsche soviel wie Zuschneidern. Wir haben schon mehrfach darauf hingewiesen, dass wir nicht jedes mögliche Event bis ins letzte Detail beschreiben können. Auch die Checklisten können nicht alles beschreiben. Wir stecken damit lediglich einen Rahmen ab, den es je nach Event auszufüllen gilt. Es wird für jedes Event Bereiche geben, die Sie vervollständigen müssen, genauso wird es aber auch Checklisten geben, für die Sie keine Verwendung haben. (Für ein Event, das in einer Sporthalle stattfindet, benötigen Sie keine Checkliste für einen WC-Container, da die sanitären Anlagen in der Sporthalle vorhanden sind.)

Folgend ein Beispiel, das verdeutlichen soll, dass die Gliederung der Checklisten nur bis zu einer bestimmten Tiefe gehen kann.

Unsere Checklisten enthalten keinen Punkt „Ketchup für Currywurst" aus zwei Gründen:
Zum einen kann man eine Checkliste für allgemeines Eventmanagement gar nicht so detailliert machen, dass man auf alle Eventualitäten eingeht. Eine Checklistensammlung mit dieser Tiefe würde einige tausend Seiten umfassen und wäre deshalb sinnlos. Wir erwarten vom Leser, dass er diese Details seinen Verantwortlichen für Verpflegung überlässt oder selbst klug genug ist, solche Details zu planen. Dazu gibt es auch hinreichend viele eventspezifische Checklisten für die einzelnen Typen von Veranstaltungen.
Zum zweiten spielt der „Ketchup für Currywurst" nicht erst dann eine Rolle, wenn der Tisch gedeckt wird, sondern schon viel früher. Wenn Sie beim Sturm auf die Currywurst Sonntagabend feststellen, dass Sie zu wenig Ketchup haben, ist es zu spät. Der „Ketchup für Currywurst" spielt an mehreren Punkten eine Rolle und müsste dort in eine Checkliste aufgenommen werden. Wir gehen davon aus, dass der Planer eines Events nicht nur den Ketchup, sondern auch den Senf und Bier, Wein und Lachs an folgenden Zeitpunkten beachtet:

- Konzeption des Events (Currywurst mit Ketchup oder Lachspastete?)
- Aufgabenverteilung (wer ist hier für den Ketchup verantwortlich?) und für diese Aufgabe: Mengengerüste (wie viel Ketchup braucht man für 1000 Personen?) und Logistik (wo beziehen wir den Ketchup, welche Gebindegrößen beziehen wir? Eimer oder Flaschen? woher bekommen wir gegebenenfalls eine Nachlieferung? wer nimmt gegebenenfalls Ketchup zurück? stellen wir Ketchupspender auf? wer füllt nach?)
- Kontrolle (sind die bestellten Waren angeliefert? steht der Ketchup in Reichweite?)

7.4 Die einzelnen Checklisten

Im Folgenden geben wir pro Seite eine Checkliste an.

Gemachte Festlegungen und Planungen müssen häufig in einer späteren Phase überprüft und verbessert werden. So werden im Allgemeinen in der Start-Phase grobe Vorgaben gemacht, die in der Vorbereitung verfeinert werden. In der Nachbereitung wird überprüft, ob die Planung vernünftig war und ob die Planung eingehalten wurde.

Tab. 7.2 Einsatzschwerpunkte der Checklisten

Phase	Schwerpunkt der Bearbeitung		
Init	Eröffnen der Checkliste		
Start	Verbessern der Inhalte	Eröffnen der Checkliste	Eröffnen der Checkliste
Vorbereitung	Verbessern und Abschließen	Verbessern und Abschließen	Verbessern der Inhalte
Anlauf	Überprüfen der Vorbereitung	Überprüfen der Vorbereitung	Verbessern und Abschließen
Aktiv	Nutzen der Werte	Nutzen der Werte	Nutzen der Werte
Nachlauf	Festhalten der Ergebnisse	Festhalten der Ergebnisse	Festhalten der Ergebnisse
Nachbereitung	Überprüfen der Ergebnisse	Überprüfen der Ergebnisse	Überprüfen der Ergebnisse

Die Checklisten sind folgendermaßen gegliedert:

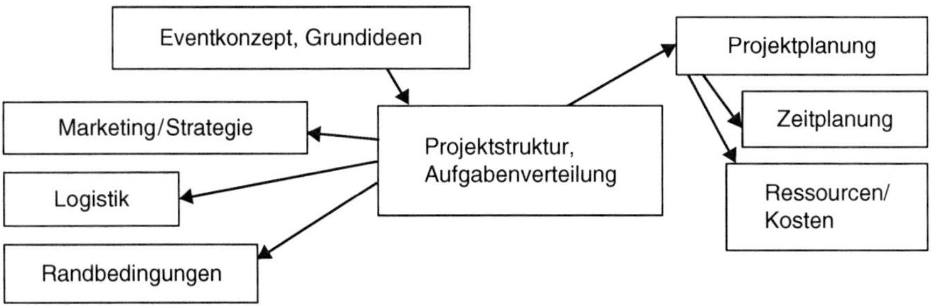

Abb. 7.1 Grundablauf und Zusammenhang der Checklisten

Im Folgenden geben wir die Checklisten nach dieser Struktur an.

7.4.1 Eventkonzept und Strategie

Checkliste 1 Eventkonzept und Gesamtplanung (Init/Start)

Eventkonzept und Gesamtplanung (Init/Start)		Beginn: Stand:			
Verantwortlich:		Stellvertretung:			
Grobkonzeption des Events und Planung					
	Thema	Ergebnis	Wer	Wann	√
	Grundidee (Event, Zeit)				
	Start-Team				
	Phasenplan				
	Ziele des Events				
	Erfolgsfaktoren				
	Größenordnung				
	Konzeption des Eventverlaufs				
	Grundidee und Verantwortung				
	• Projektplanung				
	• Zeitplanung				
	• Strategie und Marketing				
	• Ressourcen und Kosten				
	• Logistik				
	• Randbedingungen				
	• Risiko und Sicherheit				
	Informationsbeschaffung				
	• Stakeholder				
	• Erfahrungen				
	Fortschreibung der Planung				
Abgeschlossen:		Bemerkungen:			

Checkliste 2 Phasenplan – Grobkonzept

Phasenplan – Grobkonzept (Init)		Beginn: Stand:			
Verantwortlich:	Stellvertretung:				
Grobe Festlegung der geplanten Phasen und Termine					
	Thema	Ergebnis	Wer	Wann	√
	M0: Idee				
	Init				
	M1: go/nogo				
	Start				
	M2: goon/stop				
	Vorbereitung				
	M3: point of no return				
	Anlauf				
	M4: doors open				
	Aktiv				
	M5: Ende				
	Nachlauf				
	M6: Beendigung				
	Nachbereitung				
	M7: Projektende				
	Verfeinerung der Terminplanung nach jedem Meilenstein				
Abgeschlossen:	Bemerkungen:				

Checkliste 3 Erfolgsfaktoren

Erfolgsfaktoren		Beginn: Stand:			
Verantwortlich:		Stellvertretung:			
Festlegung der Erfolgsfaktoren					
	Thema	Ergebnis	Wer	Wann	√
	Ziele				
	Zielgruppe (Zusammensetzung)				
	Name der Veranstaltung (Marke)				
	Art der Veranstaltung, Anlass				
	Slogan/Botschaft				
	Logo, CD/CI				
	USP, Wettbewerber				
	Analyse der Marktchancen				
	Strategie, Marketingmix inkl.:				
	• Produkt (Veranstaltungsort, Datum, Programm, Catering, Service etc.)				
	• Preis (Eintritt, Preise für Speisen und Getränke etc.)				
	• Distribution (Einladungen, Verkauf Eintrittskarten etc.)				
	• Kommunikation (Werbung, Promotion, Öffentlichkeitsarbeit etc.)				
	Sponsoring				
	Organisation der Strategie und Umsetzung				
	Controlling (Steuerung / Kontrolle)				
	Abschlussbericht				
Abgeschlossen:		Bemerkungen:			

Checkliste 4 Zieldefinition

<table>
<tr><td colspan="6">Zieldefinition</td><td colspan="3">Beginn:
Stand:</td></tr>
<tr><td colspan="9">Verantwortlich: Stellvertretung:</td></tr>
<tr><td colspan="9">Festlegung der Ziele sowie Methoden der Erfolgsmessung</td></tr>
<tr><td></td><td>Thema</td><td>Ergebnis</td><td>Wer</td><td>Wann</td><td>√</td></tr>
<tr><td></td><td>Zielgruppe inkl.:</td><td></td><td></td><td></td><td></td></tr>
<tr><td></td><td>• Geographisch (Einzugsgebiet)</td><td></td><td></td><td></td><td></td></tr>
<tr><td></td><td>• Alter</td><td></td><td></td><td></td><td></td></tr>
<tr><td></td><td>• Geschlecht</td><td></td><td></td><td></td><td></td></tr>
<tr><td></td><td>• Einkommen, Bildung, Beruf</td><td></td><td></td><td></td><td></td></tr>
<tr><td></td><td>• Familienstand</td><td></td><td></td><td></td><td></td></tr>
<tr><td></td><td>Branchen (z. B. Gastronomen, Medien, Ämter)</td><td></td><td></td><td></td><td></td></tr>
<tr><td></td><td>Anzahl Besucher, Durchlauf, zeitliche Verteilung der Frequenz</td><td></td><td></td><td></td><td></td></tr>
<tr><td></td><td>Umsatz</td><td></td><td></td><td></td><td></td></tr>
<tr><td></td><td>Etat</td><td></td><td></td><td></td><td></td></tr>
<tr><td></td><td>Ertrag/Gewinn/Ergebnis</td><td></td><td></td><td></td><td></td></tr>
<tr><td></td><td>Presse- und Medienkontakte</td><td></td><td></td><td></td><td></td></tr>
<tr><td></td><td>Besucherzufriedenheit</td><td></td><td></td><td></td><td></td></tr>
<tr><td></td><td>Festlegung der Methoden der Messung der Zielerreichung (Anzahl Besucher, Umsatz, Gewinn, Presseauswertung etc.)</td><td></td><td></td><td></td><td></td></tr>
<tr><td></td><td></td><td></td><td></td><td></td><td></td></tr>
<tr><td></td><td></td><td></td><td></td><td></td><td></td></tr>
<tr><td></td><td></td><td></td><td></td><td></td><td></td></tr>
<tr><td></td><td></td><td></td><td></td><td></td><td></td></tr>
<tr><td colspan="2">Abgeschlossen:</td><td colspan="4">Bemerkungen:</td></tr>
</table>

Checkliste 5 Stakeholderanalyse

Stakeholderanalyse		Beginn: Stand:			
Verantwortlich:		Stellvertretung:			
Identifikation der Stakeholder und ihrer Ansprüche					
	Gruppe	Ergebnis	Wer	Wann	√
	Organisationsintern				
	• Leitung und Unternehmensstrategie				
	• Bereich Öffentlichkeit/Marketing				
	• Bereich Technik/Betrieb				
	• Bereich Finanzen				
	• Mitarbeiter/Betriebsrat				
	Organisationsbezogen				
	• Shareholder (Besitzer, Kapitalgeber)				
	• Kunden				
	• Dienstleister, Zulieferer				
	• Geschäftspartner, Wettbewerber				
	• Verbände				
	• Behörden				
	Eventbezogen				
	• Teilnehmer				
	• Zielgruppen				
	• Anwohner				
	• Dienstleister				
	• Wettbewerber (thematisch)				
	• Parallelveranstaltungen (zeitlich)				
	• Behörden				
	• Verbände und Vereine				
Abgeschlossen:	Bemerkungen:				

Checkliste 6 Größenordnung

Einordnung der Größenordnung	Beginn: Stand:
Verantwortlich:	Stellvertretung:
Abschätzung der Größenordnung des Events	

Thema	Ergebnis	Wer	Wann	√
Träger				
Dauer Tage				
Aktive Kapazität				
Aktive Gesamt				
Aktive Schnitt				
Aktive Maximum				
Teilnehmer Kapazität				
Teilnehmer Gesamt				
Teilnehmer Schnitt				
Teilnehmer Maximum				
Einzugsbereich				
Wechselrate Teilnehmer				
Personalaufwand Akteure				
Personalaufwand Planung, Support				
Einnahmen				
Kosten ohne Personal				
Aufwand Träger				

Abgeschlossen:	Bemerkungen:

Checkliste 7 Zielliste

Zielliste				Beginn: Stand:
Verantwortlich:	Stellvertretung:			
Quantitative und qualitative Festlegung der Ziele				
Thema	Ergebnis	Wer	Wann	√
Vision				
Ideelle Ziele				
Zielgruppe				
Anzahl erreichte Personen				
Öffentlichkeit				
Informationsvermittlung				
Werbeeffekt				
Bekanntheitsgrad				
Gewinn				
Erlös				
Initiierung				
Kontakte				
Aktivierung, Motivation				
Beeinflussung, Haltung				
Beschlüsse, Dokumente				
Maximaler Aufwand, Maximale Kosten				
Übung, Teamarbeit				
Spaß				
Abgeschlossen:	Bemerkungen:			

Checkliste 8 Ablaufplan des Events

Ablaufplan des Events		Beginn: Stand:		
Verantwortlich:	Stellvertretung:			
Grobkonzeption des Eventverlaufs				
Thema	Ergebnis	Wer	Wann	√
Konzept der Einzelpunkte				
• Anreise				
• Einlass				
• Begrüßung				
• Beginn				
• Kennenlernen				
• Aufwärmer				
• Highlights				
• Programmpunkte				
• Abschluss				
• Verabschiedung				
• Abreise				
Dauer der Einzelpunkte				
Termine der Einzelpunkte				
Dauer und Eventtermine				
Konzept des Programms				
Fortschreibung des Programms				
Abgeschlossen:	Bemerkungen:			

Checkliste 9 Informationsmanagement

Informationsmanagement		Beginn: Stand:			
Verantwortlich:		Stellvertretung:			
Informationsbeschaffung und Kommunikation					
	Thema	Ergebnis	Wer	Wann	√
	Informationsbeschaffung				
	• Recherchen, Informationsquellen				
	• Stakeholder, Interessengruppen				
	• Erfahrungen, Erfahrungsdatenbank				
	• Adressdaten				
	• Ideensammlung				
	Informationsverteilung				
	• Öffentlichkeitsarbeit				
	• Pressearbeit				
	• interne Informationsflüsse				
	• Verteilerlisten, Meldeketten				
	• Kommunikationssystem				
	Dokumentation, Schriftführer				
	Dokumentenmanagement				
	Projektordner				
	Intranet, Webseiten				

Checkliste 10 Nachhaltigkeit und Umweltschutz

Nachhaltigkeit und Umweltschutz		Beginn: Stand:			
Verantwortlich:	Stellvertretung:				
Berücksichtigung Nachhaltigkeit und Umweltschutz					
	Thema	Ergebnis	Wer	Wann	√
	Einbettung in die Strategie				
	Umweltschutz generell				
	Soziale Aspekte generell				
	Wirtschaftliche Aspekte generell				
	Globale Aspekte generell				
	Gestaltung von Teil-Events				
	Veranstaltungsort				
	• Auswahl Veranstaltungsort				
	• Energie und Heizung				
	• Wasser				
	• Abfall / Wertstoffe				
	Mobilität				
	• An- Abreise				
	• Während des Events				
	Catering				
	• Generell / Energie				
	• Regional/ saisonal / fair				
	Kommunikation				
	• Einladung				
	• Information vorab und laufend				
	• Dokumentation				
	• Öffentlichkeitsarbeit				
	Gastgeschenke				
	Beitrag zur Bildung für Nachhaltige Entwicklung				
Abgeschlossen:	Bemerkungen:				

Checkliste 11 Barrierefreiheit

Barrierefreiheit		Beginn: Stand:			
Verantwortlich:		Stellvertretung:			
Event für Alle					
	Thema	Ergebnis	Wer	Wann	√
	Barrierefreiheit als Teil der Strategie				
	• Kommunikation intern				
	• Kommunikation zu Partnern				
	Barrierefreie Kommunikation				
	Einbindung kompetenter Gruppen				
	Kommunikation				
	Mobilität				
	• An- und Abreise				
	• Bewegung auf dem Event				
	• Beschilderung				
	Veranstaltungsort				
	• Toiletten				
	• Möbilierung				
	• Nutzung aller Locations				
	Schulung und Einweisung				
	Berücksichtigung spezieller Einschränkungen				
	• Mobilität / Gesundheit				
	• Sehen / Hören				
	• Lesen / Verstehen				
Abgeschlossen:	Bemerkungen:				

7.4.2 *Projektstruktur*

Checkliste 12 Organisatorische Projektstruktur

Organisatorische Projektstruktur		Beginn: Stand:			
Verantwortlich:		Stellvertretung:			
Festlegung der Verantwortungsbereiche und der Verantwortlichen					
	Thema	Ergebnis	Wer	Wann	√
	Projektleitung				
	Stellvertretung Projektleitung				
	Event (inhaltlich)				
	Stellvertretung Event				
	Strategie und Marketing				
	Stellvertretung Strategie und Marketing				
	Logistik				
	Stellvertretung Logistik				
	Finanzen				
	Stellvertretung Finanzen				
	Randbedingungen				
	Stellvertretung Randbedingungen				
	VIP				
	Stellvertretung VIP				
	Weitere Verantwortliche (falls erforderlich):				
	Stellvertretung für weitere Verantwortliche				
Abgeschlossen:		Bemerkungen:			

Checkliste 13 Inhaltliche Projektstruktur

Inhaltliche Projektstruktur		Beginn: Stand:			
Verantwortlich:		Stellvertretung:			
Inhaltliche Gliederung des Gesamtprojektes					
	Thema	Ergebnis	Wer	Wann	√
	Definition Teilprojekte (Verantwortliche siehe Checkliste)				
	Definition Arbeitspakete zum jeweiligen Teilprojekt				
	Festlegung der Verantwortlichen für jedes Arbeitspaket				
	Definition Aufgabe/Tätigkeit zu jedem Arbeitspaket				
	Festlegung der Verantwortlichen für jedes einzelne Teilprojekt				
	Aufstellung des Projektstrukturplans				
Abgeschlossen:		Bemerkungen:			

Checkliste 14 Briefing

Briefing	Beginn: Stand:				
Verantwortlich:	Stellvertretung:				
Kurzes Informationsgespräch					
	Thema	Ergebnis	Wer	Wann	√
	Zeitplan besprechen				
	Ansprechpartner und Verantwortlichkeiten				
	Notfallpläne kommunizieren				
	Vorschriften (Jugendschutz etc.) kommunizieren				
	Telefonliste verteilen				
	Sicherheitsvorschriften				
	Erwartete VIPs und deren Behandlung				
	Alles im Plan?				
	Hygienevorschriften				
Abgeschlossen:	Bemerkungen:				

Checkliste 15 Softwaretools

Softwaretools		Beginn: Stand:			
Verantwortlich:		Stellvertretung:			
Auswahlkriterien für geeignete Softwaretools					
	Thema	Ergebnis	Wer	Wann	√
	Anforderungsanalyse				
	-> scoring matrix				
	Entscheidung der vom Tools zu unterstützenden Maßnahmen -> scoring matrix				
	Komplexitätsanalyse des Produktes				
	Ermittlung von Schulungsaufwands und -kosten für die Mitarbeiter				
	Ermittlung des benötigten Equipments (Hardware, Ressourcen, Betriebssystem, Kommunikationsinfrastruktur)				
	Kosten-Nutzen-Analyse				
	Auswahlentscheidung				
Abgeschlossen:	Bemerkungen:				

7.4.3 *Zeitplanung*

Checkliste 16 Zeitplanung über Netzplantechnik

Zeitplanung über Netzplantechnik		Beginn: Stand:			
Verantwortlich:	Stellvertretung:				
Zeitplanung der Veranstaltung über die Netzplantechnik					
	Thema	Ergebnis	Wer	Wann	√
	Strukturanalyse anhand des Projekt-strukturplans durchführen				
	Zeit- und Abhängigkeitsanalyse der einzelnen Vorgänge				
	Netzplan aufstellen • Vorwärtsrechnung durchführen • Rückwärtsrechnung durchführen • Pufferzeiten berechnen • Angabe kritischer Weg				
	Prüfung Personalverfügbarkeit (Urlaub, Personalgebirge)				
	Information Projektleitung und Weitergabe der Zeitplanung an die Verantwortlichen der Aufgabenbereiche				
	Präsentation und Diskussion der Zeitplanung im Projektteam				
Abgeschlossen:	Bemerkungen:				

Checkliste 17 Zeitplanung über Balkenplan

Zeitplanung über Balkenplan (Gantt-Diagramm)		Beginn: Stand:			
Verantwortlich:		Stellvertretung:			
Zeitplanung der Veranstaltung über das Balkenplan-Diagramm					
	Thema	Ergebnis	Wer	Wann	√
	Strukturanalyse anhand des Projektstrukturplans durchführen				
	Zeitanalyse der einzelnen Vorgänge				
	Balken Diagramm aufstellen				
	Prüfung Personalverfügbarkeit (Urlaub, Personalgebirge)				
	Information Projektleitung und Weitergabe der Zeitplanung an die Verantwortlichen der Aufgabenbereiche				
	Präsentation und Diskussion der Zeitplanung im Projektteam				
Abgeschlossen:	Bemerkungen:				

Checkliste 18 Personalplanung

Personalplanung		Beginn: Stand:			
Verantwortlich:		Stellvertretung:			
Festlegung des benötigten Personals					
	Thema	Ergebnis	Wer	Wann	√
	Bedarfsanalyse:				
	• Ermittlung der Tätigkeiten aus dem Projektstrukturplan				
	• Festlegung des Personalbedarfs nach Anzahl und Qualifikation				
	• Personalbedarf laut Zeitplanung (Personalgebirge)				
	Bestandsanalyse:				
	• Personalbestandsanalyse nach Anzahl und Qualifikation				
	• Verfügbarkeit des Personals (Personalgebirge)				
	Bedarfsabgleich:				
	• Bestimmung der Differenz				
	• Anpassung des Zeitplans				
	Bei Unterdeckung Entscheidung über:				
	• Fremdvergabe von Leistungen • Weiterbildungsmaßnahmen				
Abgeschlossen:	Bemerkungen:				

Checkliste 19 Phasenplan

Phasenplan (Startphase, später anpassen)	Beginn: Stand:			
Verantwortlich:	Stellvertretung:			
Festlegung der geplanten Phasen und Termine				
Thema	Ergebnis	Wer	Wann	√
Rückblickende Beurteilung:				
M0: Idee				
Init (Review)				
M1: go/nogo				
Verfeinernde Planung:				
Start				
M2: goon/stop				
Vorbereitung				
M3: point of no return				
Anlauf				
M4: doors open				
Aktiv				
M5: Ende				
Nachlauf				
M6: Beendigung				
Nachbereitung				
M7: Projektende				
Abgeschlossen:	Bemerkungen:			

7.4.4 Ressourcen und Kosten

Checkliste 20 Ressourcenplanung

Ressourcenplanung		Beginn: Stand:			
Verantwortlich:		Stellvertretung:			
Ressourcenplanung über Aufwandsschätzung					
	Thema	Ergebnis	Wer	Wann	√
	Zerlegung des Gesamtprojektes in überschaubare Teile anhand des WBS (Arbeitsstrukturplan)				
	Erfassung der wichtigsten Einflussfaktoren (Umfang, Besucherzahlen, Komplexität, Größe, Anzahl Mitarbeiter, Projektdauer)				
	Schätzung als Summe der Arbeitspakete im WBS				
	Suche nach ähnlichen Projekten/ Veranstaltungen mit vergleichbaren Einflussfaktoren				
	Bestimmung der Cost Driver				
	Ableitung der Differenzen, Schätzung 1				
	Experten befragen, Schätzung 2				
	Ressourcenfresser ermitteln				
	Abgleich der Schätzungen				
	Ermitteln des eigenen Aufwandes mit Schätzung der möglichen Abweichungen nach oben und unten.				
	Information Projektleitung und Weitergabe der Ressourcen an die Verantwortlichen der Aufgabenbereiche				
	Präsentation und Diskussion der Ressourcenplanung im Projektteam				
Abgeschlossen:	Bemerkungen:				

Checkliste 21 Kostenplanung

Kostenplanung		Beginn: Stand:			
Verantwortlich:		Stellvertretung:			
Kostenplanung					
	Thema	Ergebnis	Wer	Wann	√
	Budgetplan aufstellen (anhand Checkliste Festlegung Kostenarten)				
	Budgetfestlegung				
	Definition der einzelnen Kostenstellen				
	Festlegung Kostenstellenverantwortung				
	Zuordnung der anfallenden Kosten auf die Kostenstellen				
	Zuordnung anfallende Kosten zu den einzelnen Projektphasen				
Abgeschlossen:		Bemerkungen:			

Checkliste 22 Festlegung Kostenarten

Festlegung Kostenarten		Beginn: Stand:			
Verantwortlich:	Stellvertretung:				
Kostenplanung und Aufteilung in Kostenarten und Kostenträger					
	Thema	Ergebnis	Wer	Wann	√
	Kostenarten und entstehende Kosten definieren Erfassbare Projekteinzelkosten: ➔ Formular • Personalkosten • Honorare, Gagen • Materialkosten • Mietkosten, Lizenzen • Fremdleistungen • Reisekosten, Fachliteratur • EDV-Kosten • Versicherungs-/Transportkosten • Sonstige Projekteinzelkosten Zuzuordnende Projektgemeinkosten • Verwaltungskosten • Kosten zentrale Dienstleistungen • Mietkosten • Sonstige Projektgemeinkosten				
	Zuordnung anfallende Kosten zu Kostenträger				
	Zuordnung anfallende Kosten zu den einzelnen Projektphasen				
Abgeschlossen:	Bemerkungen:				

Checkliste 23 Berichtswesen

Berichtswesen		Beginn: Stand:			
Verantwortlich:	Stellvertretung:				
Einzelheiten des Berichtswesen für das Projektcontrolling definieren					
	Thema	Ergebnis	Wer	Wann	√
	Verantwortlichen festlegen				
	Zweck der Berichte definieren (wer – wozu – wem)				
	Verantwortung (push-pull) festlegen und kommunizieren				
	Detaillierungsgrad der Daten festlegen				
	Notwendige Berechnungen festlegen und definieren				
	Daten für Vergleiche definieren				
	Zyklus des Berichtswesens festlegen				
	Definition der erforderlichen Hilfsmittel				
	Überwachung des Berichtswesens festlegen und implementieren				
	Berichtswesen anpassen (als unnötig erkannte Berichte eliminieren)				
Abgeschlossen:	Bemerkungen:				

Checkliste 24 Kostencontrolling

Kostencontrolling (in jeder Phase durchzuführen)					Beginn: Stand:
Verantwortlich:		Stellvertretung:			
Kostencontrolling des Gesamtprojektes					
	Thema	Ergebnis	Wer	Wann	√
	Soll-Kosten über Kostenschätzung der einzelnen Arbeitspakete zum definierten Zeitpunkt ermitteln				
	Einholen Rückmeldung der Verantwortlichen der einzelnen Arbeitspakete über die angefallenen Kosten zum definierten Zeitpunkt: Angefallener Personalaufwand und Sachkosten pro Arbeitspaket				
	Bei nicht abgeschlossenen Arbeitspaketen: Kostenschätzung über Abarbeitungsgrad des Arbeitspaketes zum definierten Zeitpunkt				
	Mögliche Punkte der Kostenverschleierung beachten				
	Soll-Ist-Vergleich durchführen				
	Präsentation und Diskussion des Kostencontrollings im Projektteam				
Abgeschlossen:	Bemerkungen:				

Checkliste 25 Kosten

Kostentabelle (Planung, Überwachung, Auswertung)	Beginn: Stand:	
Verantwortlich:	Stellvertretung:	
Kosten	Sachmittel und Personalkosten (extern)	Personal (intern)
Organisation		
Einladung, PR		
Reisekosten		
Distribution, Karten, Verkauf		
Logistik		
Infrastruktur		
Ver- und Entsorgung		
Verpflegung		
Raum		
Akteure		
Event		
Gebühren, Versicherung		
Steuern		
Summe Kosten		
Einnahmen	Finanzmittel	Mitarbeit
Eintritt		
Sponsoren		
Spenden, freiwillige Mitarbeit		
Subvention, Fördermittel		
Budget, Träger (Maximum)		
Summe Einnahmen		
Überschuss/Reserve (sollte min. 10 % sein)		
Abgeschlossen:	Bemerkungen:	

Checkliste 26 Controlling

Controlling	Beginn: Stand:			
Verantwortlich: Stellvertretung:				
Steuerung und Kontrolle				
Thema	Ergebnis	Wer	Wann	√
Check vor der Veranstaltung mit Trockendurchlauf:				
• Wie erfahren die Besucher von der Veranstaltung?				
• Wie erfolgt Anreise?				
• Parkplätze, Beschilderung?				
• Weg vom Parkplatz zum Sitzplatz?				
• Garderobe?				
• Verpflegung?				
• Programmablauf, Anfang, Ende?				
• Notfallpläne?				
• Abreise				
Soll/Ist-Vergleiche: inkl.				
• Einhaltung Kosten, Budget				
• Einhaltung Timing				
• Notwendige Anpassung der Ziele				
Krisenpläne vor der Veranstaltung				
Krisenpläne während der Veranstaltung				
Krisenpläne nach der Veranstaltung				
Abgeschlossen:	Bemerkungen:			

Checkliste 27 Abschlussbericht/Feedback

Abschlussbericht/Feedback					Beginn: Stand:
Verantwortlich:	Stellvertretung:				
Erstellung und Inhalt eines Abschlussberichtes					
	Thema	Ergebnis	Wer	Wann	√
	Feedbackgespräch mit allen Beteiligten und Partnern nach der Veranstaltung				
	Optimierungsbedarf festhalten				
	Dokumentation der Veranstaltung über Fotografen, Videoteams etc.				
	Dokumentation der Kommunikation (Flyer, Plakate, Anzeigen etc.)				
	Marktforschung vor, während und nach der Veranstaltung				
	Welche Ziele wurden vorab definiert? Welche wurden erreicht?				
	Leistungsdaten (Anzahl Besucher, Umsatz etc.)				
	Wirtschaftliche Betrachtung				
	Learnings (Optimierungsbedarf)				
	Fotos, Presseberichte, Auftritt der Sponsoren				
	Kommunikationsmaßnahmen				
	Stimmen zur Veranstaltung, Besucherzufriedenheit				
	Ausblick: zukünftige Veranstaltungen				
	Verfassen Abschlussbericht				
	Dokumentation, Genehmigung				
Abgeschlossen:	Bemerkungen:				

7.4.5 *Marketing*

Checkliste 28 Marketing Strategie

Eventkonzept/Strategie (Init/ Start)				Beginn: Stand:	
Verantwortlich:			Stellvertretung:		
Gesamtaufgaben Strategische Planung und Marketing					
	Thema	Ergebnis	Wer	Wann	√
	Marke				
	Eventkonzept				
	Marktanalyse/Marktchancen				
	Marketingplanung				
	Produktpolitik				
	Kostenplanung und Preispolitik				
	Distributionspolitik				
	Kommunikationspolitik				
	PR/Öffentlichkeit				
	Sponsoring				
	Controlling/Abschlussbericht				
Abgeschlossen:		Bemerkungen:			

Checkliste 29 Marke/Event

Marke/Event		Beginn: Stand:			
Verantwortlich:		Stellvertretung:			
Festlegung der Event- bzw. Markeninhalte					
	Thema	Ergebnis	Wer	Wann	√
	Name der Veranstaltung				
	Datum, Ort				
	Art der Veranstaltung				
	Umfeld der Veranstaltung (Kleiderordnung, „Niveau" etc.)				
	Positionierung (1–3 Sätze), Inhalt, Botschaft				
	Logo/Claim				
	Veranstalter				
	Beschreibung CD				
	Beschreibung CI				
	Grundnutzen (z. B. Speisen, Getränke etc.)				
	Zusatznutzen (z. B. besonderer Service etc.)				
	USP/Event (Special, Highlight etc.)				
	Ggf Aufteilung in Einzelveranstaltnggen:				
Abgeschlossen:	Bemerkungen:				

Checkliste 30 Marktchancen

Marktchancen		Beginn: Stand:			
Verantwortlich:		Stellvertretung:			
Analyse der Marktchancen					
	Thema	Ergebnis	Wer	Wann	√
	Nachfrage nach der Veranstaltung vorhanden?				
	Sind vergleichbare Veranstaltungen in der Region bzw. anderswo?				
	Waren vergleichbare Veranstaltungen erfolgreich bzw. was war dort gut/was war schlecht?				
	Welcher Zeitraum kommt in Frage? (Kalender, Andere Veranstaltungen)				
	Umfeld des Datums, Zeitraums (Brückentage, Schulferien etc.)				
	Gibt es die definierte Zielgruppe bzw. wie groß ist das Potential der Zielgruppe?				
	Geeignete Veranstaltungsorte?				
	Infrastruktur am Veranstaltungsort?				
	Geeignete Werbemöglichkeiten?				
	Sind ausreichend Mittel vorhanden (Manpower, Geld, Sponsoren)?				
	Gibt es ein geeignetes Programm (Bands, Sportler etc.)?				
Abgeschlossen:	Bemerkungen:				

Checkliste 31 Marketing, Produktpolitik (Teil 1)

Marketing, Produktpolitik (Teil 1)	Beginn: Stand:			
Verantwortlich: Stellvertretung:				
Festlegung der Produktpolitik innerhalb des Marketingmix				
Thema	Ergebnis	Wer	Wann	√
Veranstaltungsort, Venue (Stadt, Halle, Open Air etc.) passend zur Art/Größe der Veranstaltung				
Drinnen-/Draußen-/Kombination				
Datum bzw. Dauer Veranstaltung				
Budgetrahmen				
Programm, Ablauf, Pausen inkl.:				
Musikprogramm				
Showprogramm				
Sportprogramm				
Auswahl, Entscheidung und Buchung Programm (Künstler etc.)				
Anforderungen durch Programm (Bühnegröße, Licht, Ton etc.)				
Vertragliche Bindung mit Künstler				
Umfang Catering (Art, Umfang, Service/Selbstbedienung etc.)				
Entscheidung Caterer/Eigenregie				
Art, Niveau, Umfang und Ablauf Speisen				
Art, Niveau, Umfang und Ablauf Getränke				
Ausschreibung und Auswahl Caterer				
Vertragliche Bindung Caterer				
Abgeschlossen:	Bemerkungen:			

Checkliste 32 Marketing, Produktpolitik (Teil 2)

Marketing, Produktpolitik (Teil 2)		Beginn: Stand:			
Verantwortlich:	Stellvertretung:				
Festlegung der Produktpolitik innerhalb des Marketingmix					
	Thema	Ergebnis	Wer	Wann	√
	„Externe" Infrastruktur Veranstaltungsort (An- und Abreise, Parkplätze PKW, Bus, Fahrrad etc.)				
	„Interne" Infrastruktur: Veranstaltungsort (Strom, Wasser, Abwasser, Toiletten, Gastronomische Einrichtungen etc.)				
	Anbindung öffentliche Verkehrsmittel, Sonderbusse, Taxistand, Park & Ride				
	Raumaufteilung Veranstaltungsort, (mehrere Bühnen, Ruhezonen etc.)				
	Tanzfläche				
	Sitzplätze, Tische, Stehtische, Stehplätze, Anordnung, Drinnen/Draußen, bei Außenveranstaltungen z. B. Sonnenschirme, Tresen, Buffet				
	Sitzordnung, Namenschilder				
	Gardarobe				
	Toiletten				
	Nebenräume für Künstler, Küche,				
	Lagerräume				
	Raumklima (Heizung, Klimaanlage, Entlüftung)				
Abgeschlossen:	Bemerkungen:				

Checkliste 33 Marketing, Produktpolitik: Specials

Marketing, Produktpolitik: Specials	Beginn: Stand:			
Verantwortlich:	Stellvertretung:			
Festlegung Highligts, Eventcharakter, besonderer Service				
Thema	Ergebnis	Wer	Wann	√
Specials festlegen z. B.:				
Highlights (Feuerwerk, Lasershow, Beleuchtung etc.)				
Stargäste, Gastredner				
Dekoration, Licht, Blumen etc.				
VIP-Programm inkl. Parkplätze, Sitzplätze, Catering, Geschenke				
Familienprogramm inkl. Kinderbetreuung, Kindermenus, Kinderprogramm				
Service für Behinderte, Parkplätze Sitzplätze etc.				
Produktion und Verkauf Merchandising-Artikel passend zur Veranstaltung				
Produktion und Verkauf von Programmheften				
Abgeschlossen:	Bemerkungen:			

Checkliste 34 Kostenkalkulation Event

Kostenkalkulation Event		Beginn: Stand:			
Verantwortlich:		Stellvertretung:			
Kalkulation der entstehenden Kosten für das „Produkt"					
	Thema	Ergebnis	Wer	Wann	√
	Kosten inkl.:				
	Gage Künstler inkl. Nebenkosten (Reisekosten etc.)				
	GEMA, sonstige Genehmigungen (Anmeldung bei Stadt, Polizei etc.)				
	Hallenmiete inkl. Licht, Ton, Bühne…				
	Personalkosten (Ordner, Kasse etc.)				
	Open-Air Kosten (Gelände, Infrastruktur, Absperrungen, Zäune)				
	Catering für Band, Personal etc.				
	Kosten für Publikumscatering, bei Eigenregie Kosten, bei Abgabe der Rechte an Fremdcaterer Einnahmen				
	Kosten für Specials (Feuerwerk, Lasershow etc.)				
	Kosten VIP-Programme, Programme für sonstige Zielgruppen				
	Kosten Familienprogramm (Babywickelraum etc.)				
	Kosten Behindertenprogramm (Parkplätze, Sitzplätze, Toilette etc.)				
	Kosten für Sicherheitsdienst, Reinigung, Absperrung, Wegweiser, Müll				
Abgeschlossen:	Bemerkungen:				

Checkliste 35 Marketing, Preispolitik

Marketing, Preispolitik					Beginn: Stand:
Verantwortlich:		Stellvertretung:			
Festlegung der Preispolitik					
	Thema	Ergebnis	Wer	Wann	√
	Umsatzziel				
	Gewinnziel				
	Kostenbudget durch Programm, Catering, Specials, Nebenkosten, Vermarktung etc.				
	Einnahmen				
	Eintritt ja/nein				
	Preisstruktur, Differenzierung				
	Eintrittspreise inkl.:				
	• Sonderkonditionen				
	• Paketpreise inkl. Anreise				
	• Gruppenpreise, Familienpreise				
	Preise für Speisen (in Abstimmung mit Caterer bei Fremdvergabe)				
	Preise für Getränke (in Abstimmung mit Caterer bei Fremdvergabe)				
	Pfandbeträge				
	Preise für Garderobe				
	Sponsoringeinnahmen, Einnahmen durch Merchandising				
	Einnahmen-/Ausgaben-Rechnung				
	Break-Even-Analyse inkl. Szenarien				
Abgeschlossen:	Bemerkungen:				

Checkliste 36 Marketing, Distributionspolitik

Marketing, Distributionspolitik		Beginn: Stand:			
Verantwortlich:		Stellvertretung:			
Festlegung der Distributionspolitik					
	Thema	Ergebnis	Wer	Wann	√
	Einladung (persönliche Einladung, Einladungskarte/Rückmeldekarte etc.)				
	Werden Tickets verkauft? (Eintritt ja/nein)?				
	Gestaltung, Produktion Tickets („Hard-Tickets"/„System-Tickets")				
	Art und Anzahl Tickets (Tages- bzw. Wochenendtickets, Gruppentickets)				
	Festlegung Ticketverkauf/Distribution (Auswahl Dienstleister, Art/Anzahl, Geographie Vorverkaufsstellen, Direktvermarktung, Internet, Mailing) Kosten/Konditionen etc)				
	Ticketvertrieb über Partner/Sponsoren				
	Ticketvertrieb über Zeitungs-/Medienpartner (Verlosung)				
	Nutzung Internet für Ticketvertrieb				
	Abendkasse				
Abgeschlossen:	Bemerkungen:				

Checkliste 37 Marketing, Kommunikationspolitik (Teil 1)

Marketing, Kommunikationspolitik (Teil 1)		Beginn: Stand:			
Verantwortlich:		Stellvertretung:			
Festlegung der Kommunikationspolitik					
	Thema	Ergebnis	Wer	Wann	√
	Festlegung der zu kommunizierenden Kriterien inkl.				
	Name, Art der Veranstaltung				
	Logo, Eye catcher				
	Botschaft/Slogan/Headline				
	Programm, Highlights, USP, ggf. Hinweis auf Kleidungsordnung				
	Datum, Uhrzeit, Ort Veranstaltung				
	Informationen über den Veranstalter (Name, Adresse, Telefon ...)				
	Darstellung der Sponsoren, Medienpartner				
	Vorverkaufsstellen für Tickets (ggf. inkl. Eintrittspreise)				
	Festlegung von Reichweite, Geographie, Kontaktzahlen, Werbebudget				
	Planung Mediamix, Auswahl Werbematerialien				
	Planung Kosten für Produktion der Werbematerialien, Werbeziele (Geographie, Anzahl Kontakte etc.)				
	Einbindung Werbe-/Mediaagentur				
	Erstellung Briefing für Agentur(en)				
Abgeschlossen:		Bemerkungen:			

Checkliste 38 Marketing, Kommunikationspolitik (Teil 2)

Marketing, Kommunikationspolitik (Teil 2)		Beginn: Stand:			
Verantwortlich:		Stellvertretung:			
Festlegung der Werbung					
	Thema	Ergebnis	Wer	Wann	√
	Auswahl Agenturen/Dienstleister (Druckerei, Verteiler von Flyern etc.)				
	Festlegung Medienpartner (Print, Funk, TV)				
	Werbeträger inkl. Art und Anzahl abschließend festlegen inkl.				
	Mund-zu-Mund-Propaganda				
	Plakate, Flyer, Citylights etc.				
	Anzeigen in Tageszeitungen Wochenzeitungen (inkl. Beilagen)				
	Anzeigen in Zeitschriften, Fachzeitschriften (Stadtillustrierte)				
	Funkspots, TV-Spots				
	Streckenwerbung (Busse, Taxi etc.) Autoaufkleber				
	Internet/Homepage				
	Direktmailing				
	Programmzeitschrift bzw. Festzeitschrift (Inhalt, Ablauf etc.)				
	Veranstaltungskalender Zeitungen, Zeitschriften, Verkehrsamt etc.				
	Endgültige Mediaplanung (Verteilung, Frequenz, Timing der Schaltung etc.)				
Abgeschlossen:	Bemerkungen:				

Checkliste 39 Marketing, Umsetzung Kommunikationspolitik

Marketing, Umsetzung Kommunikationspolitik	Beginn: Stand:			
Verantwortlich:	Stellvertretung:			
Umsetzung der Werbung				
Thema	Ergebnis	Wer	Wann	√
Produktion der Werbematerialien inkl. Anzeigen, Funkspots etc. inkl. Layout, Verabschiedung, Produktion, Schaltung				
Planung und Umsetzung von Verkaufsförderungsaktivitäten: Einsatz Promotion-Teams, Sonderkonditionen, Rabatte auf Eintrittskarten, Paketangebote Abendkarten, Familienkarten, Happy Hour etc.				
Timing der Aktivitäten				
Erfolgskontrolle (Auswertung Mediadaten, Marktforschung, Vorverkaufszahlen etc.)				
Alternativpläne (falls z. B. Vorverkauf schlecht läuft)				
Herstellung und Produktion von Merchandising-Artikeln (Caps, T-Shirts etc.)				
Gemeinsamer Auftritt Veranstalter, Helfer etc. mit Bekleidung (Merchandising T-Shirts etc.)				
Abgeschlossen:	Bemerkungen:			

Checkliste 40 PR/Öffentlichkeitsarbeit

PR/Öffentlichkeitsarbeit					Beginn: Stand:
Verantwortlich:		Stellvertretung:			
Festlegung der PR und Öffentlichkeitsarbeit					
	Thema	Ergebnis	Wer	Wann	√
	Einbindung einer PR-Agentur prüfen				
	Medien, Budgets, PR-Ziele				
	Pressekonferenz				
	Interviews (durch Veranstalter bzw. auch Stars)				
	Pressemeldungen Text inkl. Fotos				
	Ansprechpartner für Presse festlegen				
	Pressemappe auslegen				
	Presseplätze bei der Veranstaltung, Infrastruktur, Presseausweise				
	Gewinnspiele für Presse bzw. Funk (Verlosung von Eintrittskarten etc.)				
	Presseinformation nach der Veranstaltung (Besucherzahlen, Programm etc.)				
	Innenmarketing, d.h. Information eigene Firma, Verein				
	Information und Betreuung von Anwohnern, Nachbarn, Stakeholdern				
	Informationsveranstaltung für Anwohner				
	Einladung von Anwohner mit ggf. Gutscheinen, Hotline etc.				
Abgeschlossen:		Bemerkungen:			

Checkliste 41 PR/Öffentlichkeitsarbeit: VIP

PR/Öffentlichkeitsarbeit: VIP	Beginn: Stand:				
Verantwortlich:	Stellvertretung:				
Erarbeitung von VIP-Programmen					
	Thema	Ergebnis	Wer	Wann	√
	Einladung von Meinungsmachern aus Wirtschaft, Politik, Kultur				
	Reden (Abstimmung der Inhalte, Reihenfolge)				
	Namensschilder, Buttons				
	Einladung von Sponsoren				
	Einladung von zahlungskräftigem Publikum				
	VIP-Programm inkl.:				
	• VIP-Liste am Eingang				
	• Einladungen				
	• Pässe (Acess all areas)				
	• VIP-Eingang (separat)				
	• Parkplätze				
	• Sondersitzplätze				
	• Räume mit Catering				
	• Meet & greet mit Künstler				
	• Erinnerungen (Fotos, Geschenke)				
	• VIP-Party (separate)				
	Einbindung Presse, Fotografen				
Abgeschlossen:	Bemerkungen:				

Checkliste 42 Sponsoring (Teil 1)

Sponsoring (Teil 1)		Beginn: Stand:			
Verantwortlich:		Stellvertretung:			
Suche und Zusammenarbeit mit Sponsoren					
	Thema	Ergebnis	Wer	Wann	√
	Liste der potentiellen Sponsoren (Region, Ziele/Zielgruppe, Passung zum Event, bestehende Kontakte)				
	Mögliche engere Kooperation im Rahmen von Syn-Events (potentielle Partner, Synergien, Koordination)				
	Unterschiedliche Sponsoringpakete (Hauptsponsor, Co-Sponsor etc.)				
	Erarbeitung Sponsoringangebot inkl. Leistung und Gegenleistungen:				
	Angebot inkl. Datum, Art der Veranstaltung (inkl. Programm, Ablauf, Zeiten, Ticketpreise etc.)				
	Beschreibung Inhalt, Zielsetzung der Veranstaltung, Historie, Zukunft				
	Veranstaltungsort, Region				
	Planung Besucherzahlen, Zielgruppe				
	Leistungsdaten der Veranstaltung (z. B. Getränkeabsatz, Umsatz etc.)				
	Dauer des Sponsoring (einmalig, über mehrere Jahre etc.)				
	Kommunikationspaket (Art, Frequenz und Timing der Werbung), gestalterische Einbindung der Sponsoren, Freikarten etc.				
Abgeschlossen:	Bemerkungen:				

Checkliste 43 Sponsoring (Teil 2)

Sponsoring (Teil 2)		Beginn: Stand:			
Verantwortlich:	Stellvertretung:				
Suche und Zusammenarbeit mit Sponsoren					
	Thema	Ergebnis	Wer	Wann	√
	Mögliche Darstellung der Sponsoren bei der Veranstaltung vor Ort Markendarstellung (z. B. Banner, Blow ups, Videoleinwände etc.) Produktverkauf, Sampling, Promotion, Exklusivität				
	Mögliche Nutzung der Veranstaltung in der Kommunikation der Sponsoren (on pack Promotions bei Markenartikelunternehmen etc.)				
	Mögliche Nutzung der Veranstaltung im Rahmen von Syn-Events (Koordination der Events der Partner)				
	Pressekontakte, redaktionelle Beiträge,				
	Dokumentation der Vorjahresveranstaltung (Video, Fotos, Pressemeldungen)				
	Weitere Sponsoren, Art und Umfang der Einbindung der weiteren Sponsoren				
	Gewünschte Gegenleistung (Geld pauschal oder leistungsbezogen, Sachleistungen, Staffeln etc.), Zahlungsmodalitäten				
	Hinweise zur steuerlichen Betrachtung der Sponsoringleistung				
	Sponsoringcontrolling (Abschlussbericht, Erfolgskontrolle)				
Abgeschlossen:	Bemerkungen:				

Checkliste 44 Sponsoring (Teil 3)

Sponsoring (Teil 3)		Beginn: Stand:			
Verantwortlich:	Stellvertretung:				
Suche und Zusammenarbeit mit Sponsoren (sonstige Fördermittel)					
	Thema	Ergebnis	Wer	Wann	√
	Betreuung der Sponsoren vor während und nach der Veranstaltung				
	Einrichten von Sponsorenbereichen, besondere Sitzplätze, meet & greet mit Künstlern etc. (s. Checkliste PR/Öffentlichkeitsarbeit/VIP)				
	Auswertung der Veranstaltung für Sponsoren (Ziele Soll/Ist) inkl. Pressemeldungen, Fotos/Videos etc.				
	Evtl. öffentliche Fördermittel (Kulturamt Stadtmarketing) möglich?				
	Soll Gewinn der Veranstaltung gemeinnützigen Zwecken zu Gute kommen?				
Abgeschlossen:	Bemerkungen:				

Checkliste 45 Controlling Marketing/Strategie

Controlling Marketing/ Strategie		Beginn: Stand:			
Verantwortlich:		Stellvertretung:			
Prüfung und Kontrolle der Strategie					
	Thema	Ergebnis	Wer	Wann	√
	Check vor der Veranstaltung mit Trockendurchlauf:				
	• Wie erfahren die Besucher von der Veranstaltung?				
	• Wie erfolgt Anreise?				
	• Programmablauf, Anfang, Ende?				
	• Notfallpläne?				
	• Abreise				
	Soll/Ist-Vergleiche inkl.:				
	• Einhaltung Kosten, Budget				
	• Einhaltung Timing				
	• Notwendige Anpassung der Ziele				
	Krisenpläne vor der Veranstaltung (Vorverkauf läuft schlecht, Künstler fällt aus etc.)				
	Krisenpläne während der Veranstaltung (Schlechtwetter, Feuer, Panik etc.)				
	Krisenpläne nach der Veranstaltung (negative Pressemeldungen etc.)				
Abgeschlossen:	Bemerkungen:				

Checkliste 46 Abschlussbericht/Feedback Marketing

Abschlussbericht / Feedback Marketing		Beginn: Stand:			
Verantwortlich:		Stellvertretung:			
Erstellung und Inhalt eines Abschlussberichtes					
	Thema	Ergebnis	Wer	Wann	√
	Feedbackgespräch mit allen Beteiligten und Partnern nach der Veranstaltung				
	Optimierungsbedarf festhalten (bei Wiederholung)				
	Dokumentation der Veranstaltung über Fotografen, Videoteams etc.				
	Dokumentation der Kommunikation und PR (Beispiele der Flyer, Plakate, Anzeigen, Pressemeldungen etc.)				
	Marktforschung vor, während und nach der Veranstaltung				
	Erstellung Abschlussbericht inkl.:				
	• Welche Ziele wurden vorab definiert?				
	• Welche wurden erreicht/nicht erreicht/ Begründung?				
	• Leistungsdaten (Anzahl Besucher, Umsatz etc.)				
	• Wirtschaftliche Betrachtung				
	• Learnings (Optimierungsbedarf)				
	• Fotos, Presseberichte, Auftritt der Sponsoren				
	• Kommunikationsmaßnahmen				
	• Stimmen zur Veranstaltung, Besucherzufriedenheit				
	• Ausblick auf zukünftige Veranstaltungen				
Abgeschlossen:		Bemerkungen:			

7.4.6 Logistik

Checkliste 47 Logistik

Logistik (Init/ Start)	Beginn: Stand:
Verantwortlich:	Stellvertretung:
Gesamtaufgaben Logistik	

	Thema	Ergebnis	Wer	Wann	√
	Verpflegung/Catering				
	Materiallogistik Verpflegung				
	Raumplanung und Ausstattung				
	Infrastruktur				
	Materiallogistik Event				
	Personal				
	Personentransport An-/Abreise				
	Übernachtung				

Abgeschlossen:	Bemerkungen:

Checkliste 48 Masterliste Catering

Masterliste Catering		Beginn: Stand:			
Verantwortlich:		Stellvertretung:			
Übersichtsliste Catering					
	Thema	Ergebnis	Wer	Wann	√
	Catering Eigenständig oder Fremdvergabe				
	Catering Partner und Lieferanten gewählt				
	Angebotsspektrum definiert				
	Preisniveau festgelegt				
	Controlling aktiv				
	Auflagen eingehalten				
	Erstausstattungslisten erstellt und verteilt				
	Personal vorhanden				
Abgeschlossen:	Bemerkungen:				

Checkliste 49 Auswahl Catering Partner

Auswahl Catering Partner	Beginn: Stand:				
Verantwortlich:	Stellvertretung:				
Auswahl der Catering Partner					
	Thema	Ergebnis	Wer	Wann	√
	Mögliche Partner ausgesucht				
	Vergleichbare Events durchgeführt? Referenzen				
	Angebote eingeholt				
	Hat Partner weitere Events an diesem Termin zu versorgen? Wenn ja, Kapazität ausreichend?				
	Nutzwertanalyse erstellen potentielle Kriterien sind: • regionale Agentur • regionale Produkte • Preise • Termin				
	Konzept der Catering-Agenturen vorgelegt und geprüft?				
	Catering-Agenturen verpflichten				
Abgeschlossen:	Bemerkungen:				

Checkliste 50 Angebotsspektrum

Angebotsspektrum		Beginn: Stand:			
Verantwortlich:		Stellvertretung:			
Festlegung des Angebotsspektrum					
	Thema	Ergebnis	Wer	Wann	√
	Zielgruppe definiert Alter Level PKW-Fahrer Familien				
	Anlass bestimmt Stil des Event Grund der Feier				
	Stellenwert des Catering				
	Jahreszeit				
	Ort				
	Trends Fast Food Getränke				
	Corporate Identity				
	Specials/Highlights				
Abgeschlossen:	Bemerkungen:				

Checkliste 51 Faktoren zur Preisbestimmung

Faktoren zur Preisbestimmung	Beginn: Stand:			
Verantwortlich:	Stellvertretung:			
Festlegung von Preisen unter der Beachtung von Einflussfaktoren				
Thema	Ergebnis	Wer	Wann	√
Zielgruppe				
Monetäres Ziel des Events festgelegt (Gewinn, Kostendeckung, Zuschuss, Maximale Kosten)				
Abgleich mit vergleichbaren Events				
Kalkulationen durchgeführt				
Mengenrabatte geprüft				
Sonderkonditionen berücksichtigt				
Mögliche Steuervergünstigungen beachtet				
Preisstaffelungen vorgesehen				
Sponsoren gesucht				
Abgeschlossen:	Bemerkungen:			

Checkliste 52 Controlling Catering

Controlling Catering		Beginn: Stand:			
Verantwortlich:		Stellvertretung:			
Controlling der Catering Aktivitäten					
	Thema	Ergebnis	Wer	Wann	√
	Rechtzeitig angeliefert?				
	Nachbestellung geregelt: wer bestellt? Mindestbestellwerte definiert? in welchem Zeitraum muss geliefert werden?				
	Ständige Standbesetzung gewährleistet				
	Standpersonal geschult				
	Hygiene eingehalten				
	Qualität wie vereinbart				
	Kühlkette eingehalten				
	Ausreichende Lagerfläche vorhanden				
	• Allgemein				
	• Kühlwagen				
	Vorratskontrolle durchgeführt				
	Auflagen eingehalten				
	Schankmengen bzw. Dosierung eingehalten				
	Equipment vorhanden				
	• Transport (Wagen, Fahrzeug, Gabelstapler)				
	• Geschirr/Gläser/Besteck				
	• Zubereitung				
Abgeschlossen:	Bemerkungen:				

Checkliste 53 Abbau Catering

Abbau Catering (Nachlauf)		Beginn: Stand:			
Verantwortlich:		Stellvertretung:			
Festlegung für einen kontrollierten Abbau (Geordneter Rückzug)					
	Thema	Ergebnis	Wer	Wann	√
	Besprechung Veranstalter – Caterer durchgeführt				
	Besprechung durchgeführt				
	Rückzugslisten erstellt				
	Rückzugslisten verteilt				
	Verantwortlichkeiten definiert				
	Zusätzliches Personal eingeplant				
	Ständige Standbesetzung gewährleistet				
	Ausreichende Lagerfläche vorhanden				
	Equipment für Abbau vorhanden				
	Leergut und Retro-Logistik (Rückgabe)				
Abgeschlossen:	Bemerkungen:				

Checkliste 54 Erstausstattungsliste

Erstausstattungsliste		Beginn: Stand:			
Verantwortlich:		Stellvertretung:			
Beschreibung					
	Thema	Ergebnis	Wer	Wann	√
	Material				
	• Produkte				
	• Verbrauchsmaterial				
	• Geräte				
	Standausstattung				
	• Grill, Kochplatte				
	• Kühlschrank				
	• Werkzeug (z. B. Fischmesser)				
	Kleidung				
	• Schürzen				
	• Handschuhe				
	Material				
	• Produkte				
	• Verbrauchsmaterial				
	• Geräte				
Abgeschlossen:		Bemerkungen:			

Checkliste 55 Personal

Personal		Beginn: Stand:			
Verantwortlich:		Stellvertretung:			
Beschreibung von personalbezogenen Aktionen					
	Thema	Ergebnis	Wer	Wann	√
	Personalplanung				
	• Schichtbetrieb				
	• Catering				
	• Projektmanagement				
	• Lager				
	• Security, Instandhaltung				
	Personalreserve berücksichtigt				
	Qualifiziertes Personal benötigt				
	• Gesundheitspass				
	• Spezialitäten (Cocktail)				
	Bezahlung				
	• Fixum				
	• Bonussystem				
	Arbeitskleidung				
	• Arbeitskleidung, Schürzen				
	• Uniform, einheitliche T-Shirts				
Abgeschlossen:		Bemerkungen:			

Checkliste 56 Übernachtungspläne

Übernachtungspläne		Beginn: Stand:			
Verantwortlich:		Stellvertretung:			
Beschreibung					
	Thema	Ergebnis	Wer	Wann	√
	Anzahl der übernachtenden Personen				
	Reservierungen getätigt				
	Stornierungsbedingungen geklärt				
	Kategorien angepasst				
	Gastfamilien gefunden (Zuordnung nach Interessen)				
	Transfers sichergestellt				
Abgeschlossen:	Bemerkungen:				

Checkliste 57 Zugangskontrolle

Zugangskontrolle	Beginn: Stand:
Verantwortlich:	Stellvertretung:

Organisation der Zugangskontrolle

	Thema	Ergebnis	Wer	Wann	√
	Zugangskontrollsystem				
	• Räume: Liste der Bereiche, Maximalkapazitäten, Beschränkung				
	• Personengruppen				
	Zugangskontrollmedien (ZKM)				
	• Art, Träger, Informationsfunktion				
	• persönlich/automatisiert				
	• Kontrollpunkte				
	Weitere Funktionen des ZKM				
	• Kredit/Debit				
	• Identifikation, Personalisierung				
	• Waren, Dienstleistungen				
	• Teilevents, Zusatzevents				

Abgeschlossen:	Bemerkungen:

Checkliste 58 Straßensperrungen

Straßensperrungen	Beginn: Stand:
Verantwortlich:	Stellvertretung:

Relevante Schritte bei Absperrungen

	Thema	Ergebnis	Wer	Wann	√
	Straßen auswählen				
	Genehmigungen eingeholt				
	Sperrungen und Alternativstrecken beschildert				
	Anwohner informiert				
	Polizei anwesend				
	Not- und Fluchtwege freigehalten				

Abgeschlossen:	Bemerkungen:

Checkliste 59 Sanitär, Strom-, Wasserversorgung

Sanitär, Strom-, Wasserversorgung		Beginn: Stand:			
Verantwortlich:		Stellvertretung:			
Beschreibung					
	Thema	Ergebnis	Wer	Wann	√
	Stromanschluss				
	• Spannung				
	• maximale Stromstärke/Leistung				
	Stromaggregate				
	• Kraftstoff vorhanden				
	• Schalldämmung vorhanden				
	Verlängerungskabel				
	Erdungen				
	Absicherungen				
	Wasserversorgung				
	• Hydranten				
	• Dichtungen				
	• Schläuche				
	Gas/Luft				
	• Anschluss				
	• Flaschen/Ersatzflaschen				
	Abwasser, Sanitär				
Abgeschlossen:		Bemerkungen:			

Checkliste 60 Vorplanung

Vorplanung			Beginn: Stand:		
Verantwortlich:		Stellvertretung:			
Steuerung und Kontrolle					
	Thema	Esinbegr	Wre	Wann	√
	Check vor der Veranstaltung mit Trockendurchlauf:				
	Wie erfahren die Besucher von der Veranstaltung?				
	Wie erfolgt Anreise?				
	Parkplätze, Beschilderung?				
	Weg vom Parkplatz zum Sitzplatz?				
	Garderobe?				
	Verpflegung?				
	Programmablauf, Anfang, Ende?				
	Notfallpläne?				
	Abreise				
Abgeschlossen:	Bemerkungen:				

7.4.7 Randbedingungen/Sicherheit

Checkliste 61 Randbedingungen/Sicherheit

Randbedingungen/Sicherheit		Beginn: Stand:			
Verantwortlich:		Stellvertretung:			
Beachten der Randbedingungen, Erhöhung der Sicherheit					
	Thema	Ergebnis	Wre	Wann	√
	Liste Ansprechpartner				
	Analyse und ggf. Vermeidung von Risiken (siehe Checkliste)				
	Überprüfung des Versicherungsschutzes (siehe Checkliste)				
	Einhaltung des Jugendschutzgesetzes (siehe Checkliste)				
	Beantragung Schankerlaubnis, Sperrzeitverkürzung				
	Hygienemaßnahmen bei Verkaufsständen (siehe Checkliste)				
	Hygienemaßnahmen beim Verarbeiten von Lebensmitteln (siehe Checkliste)				
	Ergreifen von Hygienemaßnahmen im Umgang mit Lebensmittel (siehe Checkliste)				
	Beachten finanzieller und steuerlicher Gesichtspunkte (siehe Checkliste)				
Abgeschlossen:	Bemerkungen:				

Checkliste 62 Telefonliste/Alarmrufliste

Telefonliste/Alarmrufliste					Beginn: Stand:
Verantwortlich:		Stellvertretung:			
Liste der Ansprechpartner insbesondere für Notfälle erstellen					
	Thema	Ergebnis	Wer	Wann	√
	Personen festgelegt				
	• Projektleiter				
	• Notarzt, Polizei, Feuerwehr				
	• Externe Sicherheit, Ordnung, Verkehr				
	• Interne Sicherheit, Ordnung, Verkehr				
	• Mechanik, Elektrik				
	• Umwelt, EHS				
	• Pressereferent				
	• Gastronomie				
	• Programm				
	• Vorstand				
	Entscheidungsinstanzen festgelegt				
	Entscheidungswege für Notfälle festgelegt (Alarmplan)				
	Einverständnis für Aufnahme in Liste				
	Publikation der Liste festgelegt				
	Publikation der Liste umgesetzt				
	• Erstellung/Freigabe/Druck				
	• Aushang				
	• Verteilung (Papier, elektronisch)				
	• Änderungsdienst				
Abgeschlossen:		Bemerkungen:			

Checkliste 63 Risiken

Risiken					Beginn: Stand:
Verantwortlich:		Stellvertretung:			
Analyse und ggf. Vermeidung von Risiken					
	Thema	Ergebnis	Wer	Wann	√
	Risikomanagement				
	• Szenarien durchgespielt, mögliche Risiken wurden herausgearbeitet				
	• Eintrittswahrscheinlichkeiten sind eingeschätzt				
	• Risikoportfolio erstellt und Maßnahmen festgelegt				
	Einzelrisiken				
	• Ausreichend Angebote eingeholt				
	• Ggf. Warenrücknahme geklärt				
	• Vorauszahlungen abgesichert				
	• Verträge geprüft				
	• Kalkulation realistisch und abgesichert (Szenarien)				
	• Gründe eines möglichen Veranstaltungsausfalls sind analysiert				
	• Folgen eines möglichen Veranstaltungsausfalls sind geklärt				
	• Mögliche Haftungsverpflichtungen sind bekannt und beurteilt				
	Abwägen von Chancen und Risiken				
	Gesamtrisiko tragbar				
Abgeschlossen:	Bemerkungen:				

Checkliste 64 Versicherungen

Versicherungen	Beginn: Stand:
Verantwortlich:	Stellvertretung:
Überprüfung des Versicherungsschutzes	

	Thema	Ergebins	Wer	Wann	√
	Haftpflichtfrage geklärt				
	Deckungssummen ermittelt				
	Haftpflicht abgeschlossen				
	Equipment-Versicherung abgeschlossen				
	Unfallversicherung abgeschlossen				
	Ausfallversicherung abgeschlossen				
	Wetterversicherung abgeschlossen				
	Weitere Versicherungen abgeschlossen				

Abgeschlossen:	Bemerkungen:

Checkliste 65 Jugendschutz

Jugendschutz	Beginn: Stand:
Verantwortlich: Stellvertretung:	
Einhaltung des Jugendschutzgesetzes	

	Thema	Ergebins	Wer	Wann	√
	Aushang des Jugendschutzgesetzes erfolgt				
	Aushang Altersbeschränkung erfolgt				
	Alterskontrolle gewährleistet				
	Einlasskontrolle bis Veranstaltungsende gewährleistet				
	Gesamtes Personal eingewiesen				
	Jugendschutzgesetz findet beim Ausschank Beachtung				
	Jugendschutz wird auch bei eigenen Helfern beachtet				
	Es ist gewährleistet, dass Jugendliche unter 18 Jahren die Veranstaltung um 24:00 Uhr verlassen				

Abgeschlossen:	Bemerkungen:

Checkliste 66 Schankerlaubnis, Sperrzeit

Schankerlaubnis, Sperrzeit

Beginn:

Stand:

Verantwortlich: Stellvertretung:

Beantragung Schankerlaubnis, Sperrzeitverkürzung, ...

	Thema	Ergebnis	Wer	Wann	√
	Schankerlaubnis beantragen				
	Sperrzeitverkürzung beantragen				
	Umleitungen und Straßensperrungen beantragen				
	GEMA benachrichtigen				

Abgeschlossen: Bemerkungen:

Checkliste 67 Verkaufsstände

Verkaufsstände					Beginn: Stand:
Verantwortlich:	Stellvertretung:				
Hygienemaßnahmen bei Verkaufsständen					
	Thema	Ergebnis	Wer	Wann	√
	Aufstellung fern von Staub, Gerüchen und Tieren gewährleistet				
	Überdachung vorhanden				
	Wände an der Seite und hinten angebracht				
	Schutz vor Husten von Kunden gewährleistet				
	Schutz vor Schmutz gewährleistet				
	Kühlmöglichkeiten für verderbliche Lebensmittel vorhanden				
	Überwachung und Dokumentation Kühlkette sichergestellt				
	Dichter Verschluss der Abfallbehälter gewährleistet				
	Handwaschgelegenheit vorhanden				
	Reinigungsmöglichkeit für Geschirr und Gerätschaften vorhanden				
	Strikte Trennung von sauberem und schmutzigem Geschirr möglich				
	Schankanlagenverordnung beachtet				
Abgeschlossen:	Bemerkungen:				

Checkliste 68 Personalhygiene

Personalhygiene		Beginn: Stand:			
Verantwortlich:		Stellvertretung:			
Hygienemaßnahmen beim Verarbeiten von Lebensmitteln					
	Thema	Ergebnis	Wer	Wann	√
	Helfer sind gesund				
	Saubere Arbeitskleidung vorhanden				
	Trennung von Arbeits- und Straßenkleidung gewährleistet				
	Geeignete Kopfbedeckung vorhanden				
	Regelmäßiges Händewaschen gewährleistet				
	Ablegen von Armbanduhr und Armschmuck sichergestellt				
	Gesundheitszeugnis für die Helfer ggf. vorhanden				
	Unterrichtung, Einweisung und Sensibilisierung aller Helfer erfolgt				
	Überwachung und Dokumentation Kühlkette sichergestellt				
	Kontrollpunkte festgelegt				
	Überwachung und Dokumentation der Kontrollen sichergestellt				
Abgeschlossen:		Bemerkungen:			

Checkliste 69 Umgang mit Lebensmitteln

Umgang mit Lebensmitteln		Beginn: Stand:			
Verantwortlich:		Stellvertretung:			
Ergreifen von Hygienemaßnahmen im Umgang mit Lebensmitteln					
	Thema	Ergebnis	Wer	Wann	√
	Einwandfreie hygienische Bedingungen vorhanden				
	Geeignete Behältnisse verfügbar				
	Trennung von Roh- und Fertigware gewährleistet				
	Saubere, unbeschädigte und leicht zu reinigende Gerätschaften und Arbeitsflächen vorhanden				
	Helfer über Gefahren von Husten oder Niesen unterrichtet				
	Keine Roheianteile in fertigen Speisen vorhanden				
	Kein Anfassen fertiger Speisen mit bloßer Hand notwendig				
	Unverzügliches Beseitigen von Speiseresten gewährleistet				
	Rauchen im Bereich der Lebensmittel-verarbeitung verboten				
	Helfer über Hygienemaßnahmen unterrichtet				
Abgeschlossen:		Bemerkungen:			

Checkliste 70 Finanzen und Steuern

Finanzen und Steuern		Beginn: Stand:			
Verantwortlich:		Stellvertretung:			
Beachten finanzieller und steuerlicher Gesichtspunkte					
	Thema	Ergebnis	Wer	Wann	√
	Steuergrenzen beachtet				
	Vollständige Aufzeichnung von Einnahmen und Ausgaben gewährleistet				
	Für jede Einnahme und jede Ausgabe ist ein Beleg vorhanden				
	Alle eingegangenen Rechnungen sind bezahlt				
	Alle Forderungen sind ausgeglichen				
	Steuererklärung ist vorbereitet				
	Steuerklärung abgeschlossen				
Abgeschlossen:		Bemerkungen:			

7.4.8 *Muster*

Checkliste …:

	Beginn: Stand:
Verantwortlich:	Stellvertretung:

	Thema	Ergebnis	Wer	Wann	√

Abgeschlossen:	Bemerkungen:

7.5 Formblätter

Neben Checklisten stellen Formblätter für das Eventmanagement eine weitere Unterstützung in der Planung und Realisierung von Events dar. Der Aufbau der Formblätter ist unterschiedlich, jedoch eng angelehnt an die Checklisten.

Im Kopf und Fuß sind jeweils die benötigten Informationen (Verantwortlichkeiten, Bearbeitungsstände) definiert.

7.5.1 Nutzwertanalyse

Nutzwertanalyse							
Verantwortlich: Stellvertretung:				Beginn: Stand:			
Alternativen Kriterium	G						
		B	Z	B	Z	B	Z
Summe der Bewertungszahlen							
Auswahl							
Abgeschlossen:	Bemerkungen:						

7.5.2 *Morphologische Kasten*

Morphologischer Kasten					
Verantwortlich: Stellvertretung:			Beginn: Stand:		
Teilproblem Komponente					
Abgeschlossen:	Bemerkungen:				

7.5.3 Telefonliste/Alarmrufliste

Telefonliste / Alarmrufliste				Stand:	
Verantwortlich:			Stellvertretung:		
Liste Ansprechpartner					
	Thema	Name	Tel. Nr.	Zweite Tel. Nr.	√
	Feuerwehr				
	Notarzt				
	Polizei				
	Projektleiter				
	Vertretung				
	Sicherheit				
	Schließdienst				
	Security				
	Mechanik				
	Elektrik				
	Verkehr				
	Ordnung				
	Umwelt				
	Pressereferent				
	Gastronomie				
	Speisen				
	Getränke				
	Programm				
	Notfallnummer (z. B. Vorstand)				

7.5.4 First-Aid-Pläne für Notfallmaßnahmen

First-Aid-Pläne für Notfallmaßnahmen		
Verantwortlich: Stellvertretung:		Stand:
Ereignis	**Plan**	**Maßnahmen**
Abgeschlossen:	Bemerkungen:	

7.5.5 Organigramm

Organigramm	**Stand:**

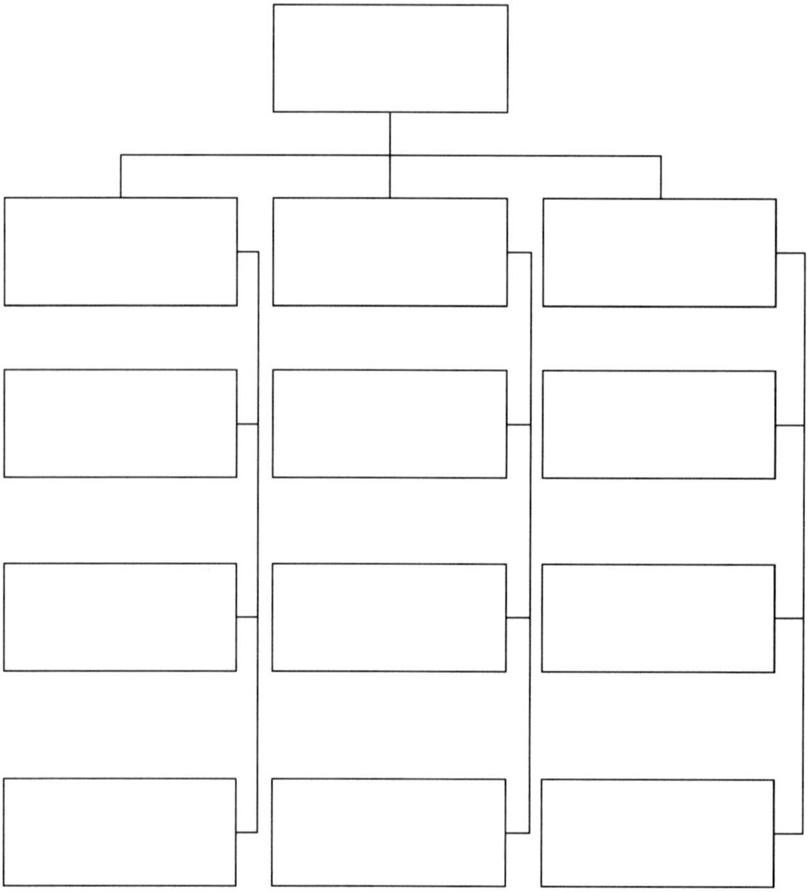

Kapitel 8
Beispiele

Die folgenden exemplarischen Events sollen in Form von Fallstudien einen Anhaltspunkt für Inhalte, Planung und Aufwände von konkreten Veranstaltungen geben. Dabei wurde im Allgemeinen eine Zusammenfassung von mehreren Events gemacht, um die jeweils typische Situation herauszuarbeiten.

Der Bogen reicht von öffentlichen Veranstaltungen bis hin zu eher firmeninternen Events wie einem Messestand. Das Spektrum deckt in Größe und Schwerpunkt die wichtigsten Typen von Events im beruflichen, öffentlichen und privaten Bereich ab.

Tab. 8.1 Anwendungsbereiche der Beispiele

Beispiel	Anwendungsbereiche
Firmentraining	Seminar, interne und externe Schulungen, Tagung, Verkaufsförderung
Tag der offenen Tür	Tag der offenen Tür, für Industrie, Behörde, Hochschule, Schule, Besichtigung
Messebeteiligung	Messebeteiligung, Beteiligung an Ausstellungen
Road Show	Produkt-Präsentation, Syn-Events
Exkursion	Exkursion, Incentive, Vereins- oder Betriebsausflug, Abschlussveranstaltung
Tagung	Seminar, Tagung, Kundenseminar, Workshop, Entwicklertreffen, Strategiesitzung
Jubiläum	Jubiläumsfeier in Vereinsjubiläum oder Firma, Ehrung, Sportfest, Vereinsfest, privates Fest
Feier/Kundenevent	Firmenfeier, private Feier, Hochzeit, Ehrung
Party	Zielgruppenorientierte Events (Kunden, VIP, Mitarbeiter), Party (privat, kommerziell, politisch)
Outdoor-Veranstaltung	Outdoortraining (Teambildung, Managertraining), Camp, Zeltlager, Teambildung, Incentive
City Events	Veranstaltungen in Städten, auf (öffentlichen) Plätzen
Tournee	Tournee, Tourneesponsoring, Eventmarketing
Sitzung	Öffentliche Veranstaltung, Teamsitzung, Versammlung, kommunale Veranstaltung, Parlament
Vortrag	Präsentation, Vortrag, Vorlesung, e-learning

U. Holzbaur et al., *Eventmanagement*,
DOI 10.1007/978-3-642-12428-0_8, © Springer-Verlag Berlin Heidelberg 2010

8.1 Firmenseminar

Schulungen reichen von der einfachen Unterweisung einer Gruppe von Kollegen bis hin zu Firmenseminaren für externe Kunden. Schulungen dienen nicht nur der Wissensvermittlung sondern auch der Gewinnung und Bindung von Mitarbeitern, Partnern, Kunden und Lieferanten.

Das in diesem Beispiel beschriebene Firmenseminar bezieht sich auf ein Schulungsangebot eines Unternehmens der Softwareindustrie. Das Schulungsangebot gilt hier ausschließlich für eigene Softwareprodukte und wird in firmeneigenen Schulungsräumen durch eigene Mitarbeiter durchgeführt.

Die hier beschriebenen Planungs- und Durchführungsaktivitäten können allerdings auch auf Schulungsangebote in anderen Bereichen übertragen und als Denk- und Entscheidungshilfe genutzt werden. Der Eventcharakter des hier beschriebenen Firmenseminars liegt hauptsächlich in der qualitativ hochwertigen Umsetzung und Durchführung des Seminars. Da Schulungen auch von anderen Unternehmen bzw. Dienstleistern angeboten werden können, ist es für den Anbieter unverzichtbar das Seminar als Event zu betrachten bzw. zu gestalten, um den Ansprüchen der Schulungsteilnehmer nach Professionalität und Qualität gerecht zu werden.

8.1.1 Initialisierung

Als Primärziel dieser Art von Firmenseminaren steht natürlich die Umsatzgenerierung für das Unternehmen im Vordergrund. Ein weiteres, nicht weniger wichtiges Ziel, ist die Vermittlung der notwendigen Kenntnisse an die Teilnehmer, um ein erfolgreiches Arbeiten mit den komplexen Softwareprodukten zu ermöglichen und hiermit den späteren Supportaufwand zu minimieren. Im Weiteren steigern solche Angebote – v. a. im Softwarebereich – den Bekanntheitsgrad des Unternehmens und der Softwareprodukte, und sie können zum anderen für die Kaufentscheidung der Kunden maßgebend sein.

Folgende Vorgaben sollten für die Planung der Schulung beachtet werden:

- Wöchentlich wiederkehrendes Schulungsangebot.
- Dauer: 2 Tage Grundkurs + 1 Tag Erweiterungskurs (getrennt oder zusammen buchbar).
- Ort: firmeneigener Schulungsraum.
- Dozent: Produktmanager bzw. erfahrener Techniker des jeweiligen Softwareproduktes mit guten didaktischen Fähigkeiten.
- Maximal 6 Teilnehmer.
- Zielgruppe: Softwareentwickler mit definierten Vorkenntnissen.
- Lehrmethoden: Methodenmix aus computergestütztem Training und Workshop (kein reiner Lehrvortrag).
- Kostendeckung: Eigenfinanzierung.

Die Initialisierung und Entscheidung eines Firmenseminars geschieht durch Mitarbeiter der Führungsebene, der jeweiligen Produktlinie und des Produktmanagers bzw. Dozenten. Die Initialisierung beginnt mindestens 1/2 bis 3/4 Jahre vor dem ersten Schulungstermin.

8.1.2 Start

Innerhalb der Startphase wird zum einen das Projektteam festgelegt und zum anderen mit der Planung der einzelnen definierten Aufgabenbereiche begonnen.

Das Projektteam setzt sich wie folgt zusammen:

- Projektleiter
  Der Produktmanager des jeweiligen Softwareproduktes ist Leiter des gesamten Projektes und erster Ansprechpartner für die einzelnen Teammitglieder. Er ist auch maßgeblich an der inhaltlichen Strukturierung des Firmenseminars beteiligt und für die Erstellung einer Kosten-Nutzen-Analyse bzw. die Preisfindung (in Abstimmung mit dem Vertrieb) verantwortlich.
- Auftragsbearbeitung
  Der jeweilige Mitarbeiter aus der Auftragsbearbeitung ist hauptsächlich verantwortlich für die gesamte Anmeldeorganisation, die Terminierung der Seminare (in Absprache mit dem Dozenten), die Unterbringung und Versorgung der Schulungsteilnehmer und den Versand der benötigten Seminarinformationen (z. B. Anfahrtsskizze, Seminarunterlagen usw.).
- Dozent
  Dem Dozenten obliegt die Hauptverantwortung in der inhaltlichen Strukturierung und der Durchführung des Firmenseminars. Im weiteren ist er für die zeitliche Gliederung des Seminars und die Teilnehmerunterlagen verantwortlich.
- Systemadministrator
  Der Systemadministrator trägt die Verantwortung für die gesamte Geräteausstattung und Seminartechnik.
- Service/Bewirtung/Sonstiges
  Dieser Mitarbeiter ist hauptsächlich mit der Vorbereitung (z. B. Ausgabe der Seminarunterlagen, Kugelschreiber, Namensschilder usw.) und der Nachbereitung (z. B. Aufräumen, Abbauen usw.) des Seminarraums, dem Pausenservice, der Organisation der externen Bewirtung (Mittagessen) und Springeraufgaben betraut.
- Marketing
  Um das Seminarangebot entsprechend zu publizieren, müssen v. a. in der Anfangsphase des Trainingsangebotes Kommunikationsmaßnahmen geplant und umgesetzt werden. Die Mitarbeiter des Marketing sind hierbei die Hauptverantwortlichen und stimmen die einzelnen Aktionen eng mit dem Produktmanager/Projektleiter ab.

Die Gesamtplanung des Firmenseminars wird in die folgenden Aufgabengebiete unterteilt:

- Seminardauer
  Die Gesamtdauer eines Firmenseminars richtet sich vor allem nach dem zu vermittelnden Stoffumfang. Um eine wiederholte Anreise der Teilnehmer zu vermeiden, muss der Erweiterungskurs unmittelbar nach dem Grundkurs am folgenden Tag angeboten werden. Bei der Festlegung der einzelnen Schulungstermine müssen auch die so genannten zielgruppenspezifischen Terminfallen (Montagvormittage und Freitagnachmittage) beachtet werden. Außerdem muss beachtet werden, ob Messen, Kongresse o. ä. an den geplanten Schulungsterminen stattfinden.
- Örtlichkeiten/Seminartechnik
  Die Seminarteilnehmer stellen sehr hohe Erwartungen an die Ausgestaltung des Seminarraums und die gesamte Umgebung. Im Weiteren kann über eine professionelle Gestaltung der Arbeitsumgebung für die Teilnehmer ein professionelles Image des Unternehmens vermittelt werden. Die Seminarteilnehmer müssen sich in den Örtlichkeiten wohl fühlen damit ein konzentriertes und entspanntes Arbeiten ermöglicht werden kann. Hierzu gehören u. a. funktionelle und ruhige Seminarräume die frei von jedem Außenlärm sind, komfortable und bequeme Seminareinrichtung, geeignete Frischluftzufuhr, saubere sanitäre Einrichtungen und Umgebung, geeignete Pausenzonen (aufgeteilt in Raucher- und Nichtraucherzonen) und evtl. Kundenterminals mit Internetzugang. Neben den Örtlichkeiten spielt natürlich auch eine funktionierende Seminartechnik eine entscheidende Rolle für den Erfolg eines Seminars. Folgendes Equipment sollte mindestens vorhanden sein: Schulungsrechner für alle Teilnehmer, Dozentenrechner, Projektionsleinwand, Beamer, Flipcharts, Magnettafeln, Pinnwände, Trainertisch.
- Bewirtung
  Unter diesen Punkt fällt u. a. die Versorgung der Teilnehmer mit Seminargetränken (Säfte, Wasser, Cola usw.), der Pausenservice (Kaffee, Tee, Obst usw.) sowie das Mittag- und evtl. Abendessen. Getränke und der sonstige Pausenservice müssen in ausreichender Zahl und zu den einzelnen Pausen rechtzeitig zur Verfügung stehen. Im Weiteren muss geplant werden, wo das Mittag- evtl. Abendessen eingenommen werden kann. Die umliegenden Gaststätten müssen auf Angebot (z. B. auch vegetarisch) und Service geprüft werden und es sollte für die Schulungsteilnehmer in den Pausen möglich sein, ihr Essen bereits auszuwählen, um spätere Verzögerungen und eine nicht geplante Verlängerung der Mittagszeit zu vermeiden. Im Normalfall sollte die Mittagspause 1,5 h nicht überschreiten.
- Anmeldeorganisation/Unterbringung
  Innerhalb der Anmeldeorganisation muss sowohl das Einladungsverfahren und der Versand der Anmeldeinformationen als auch der Versand der Anmeldebestätigungen und Seminarunterlagen geplant werden.

  - Die Seminareinladungen sollten mindestens folgende Informationen enthalten: Schulungstermine, Ort, Inhalts- und Zielbeschreibungen, notwendige

Vorkenntnisse, anfallende Kosten und Namen des Dozenten. Die Einladungen bzw. Seminarankündigungen können zusammen mit den jeweiligen Anmeldeformularen entweder einem ausgewählten Personenkreis direkt zugestellt werden und/oder über andere Medien (z. B. Internet, Fachzeitschriften usw.) publiziert werden. Hier ist natürlich auch ein Online Informations- und Buchungssystem über das Internet denkbar.

  - Nach einer erfolgten Anmeldung ist der Versand einer Anmeldebestätigung notwendig. Zum einen für den Teilnehmer als Termin- und Auftragsbestätigung, zum anderen können dem Teilnehmer somit noch notwendige Zusatzinformationen wie z. B. Anfahrtskizzen und Kleidungsempfehlungen übersendet werden.
  - Ein bis zwei Wochen vor dem eigentlichen Seminar erhalten die Teilnehmer dann die Schulungsunterlagen, den genauen Zeitplan des Seminars und ggf. noch weiterführende Informationen. Bereits während des Anmeldeverfahrens sollte mit den einzelnen Teilnehmern abgesprochen werden, ob eine Hotelbuchung vorzunehmen ist oder ob dies durch den Teilnehmer selbst geschieht. Bei der Auswahl der Unterbringung sollte natürlich auch auf den erforderlichen Komfort und die Lage des Hotels Rücksicht genommen werden.

- Seminarplanung/-durchführung
  Dieser Bereich umfasst die zeitliche und inhaltliche Planung und Durchführung des Seminars. Bei der zeitlichen Planung sollten v. a. folgende Punkte berücksichtigt werden: Einbau von genügend Pausen, Start des Seminars am ersten Tag nicht vor 10:00 Uhr (Anreise von Schulungsteilnehmern am gleichen Tag), Arbeitsdauer je Seminartag sollte 6 bis 7 Stunden nicht überschreiten, genügend Zeit für Fragen und deren Beantwortung einplanen, am letzten Seminartag noch Abreisetermine der Teilnehmer beachten. Das gesamte Seminar sollte inhaltlich gut strukturiert und logisch aufgebaut sein, so dass die Seminarinhalte in einzelnen Blöcken gefolgt von Pausen abgearbeitet werden können. Im Weiteren sollte der Einsatz von geeigneten Hilfs- und Präsentationsmitteln auf die Veranstaltung abgestimmt werden und somit ein für die Teilnehmer abwechslungsreiches Seminar geschaffen werden. Die Teilnehmerunterlagen müss exakt auf den Ablauf der Schulung abgestimmt werden und genügend Platz für einträge der Seminarteilnehmer enthalten. Diese Unterlagen sind meist das einzige, worauf die Teilnehmer nach dem Seminar zurückgreifen können. Abschließend müssen in diesem Bereich noch die Seminarbewertung ausgearbeitet werden, um die zukünftigen Veranstaltungen stets auf die Teilnehmeranforderungen anpassen zu können.
- Marketing/Vertrieb
  Dieser Bereich ist verantwortlich für die Planung von geeigneten Marketing- bzw. Vertriebsmaßnahmen, um den Kunden das Seminarangebot nahe zu bringen. Es müssen geeignete Marketingkonzepte wie z. B. Inbox-Marketing, Werbemaßnahmen über entsprechende Medien und geeignete Vertriebskonzepte wie z. B. Zusammenfassung von Produkt- und Schulungsangeboten oder Sonderaktionen ausgearbeitet werden. In diesem Bereich erfolgt ebenfalls in Abstimmung mit dem Projektleiter die Preisfindung für die einzelnen Schulungsangebote.

8.1.3 Vorbereitung

Innerhalb der Vorbereitungsphase werden die oben definierten Aufgabenbereiche an die verantwortlichen Teammitglieder verteilt. Die Teammitglieder führen die ihnen übertragenen Aufgaben entweder selbst aus oder delegieren diese entsprechend weiter. Verantwortlicher bleibt aber immer das jeweilige Teammitglied.

Die Eventplanung erfolgt an dieser Stelle stichwortartig und nach den einzelnen Aufgabenbereichen untergliedert.

- Seminardauer und Terminierung
  - 2-tägiger Grundkurs + 1-tägiger Erweiterungskurs (getrennt buchbar).
  - Wöchentlich jeweils Dienstag bis Donnerstag.
  - Dienstag 10:00–17:30 Uhr, Mittwoch 08:30–17:30 Uhr, Donnerstag 09:30–17:30 Uhr (da dieser Tag getrennt gebucht werden kann).
  - Berücksichtigung von Fachmessen (z. B. CeBit, Systems), keine Schulungstermine während dieser Zeit.
- Örtlichkeiten und Seminartechnik
  - Auswahl eines geeigneten Raumes im Firmengebäude, der ausschließlich als Seminarraum genutzt werden soll.
  - Aufgrund der Größe des vorhandenen Seminarraums wird die Teilnehmerzahl auf maximal 6 Teilnehmer festgelegt.
  - Da der Schulungsraum nicht durch Tageslicht beleuchtet werden kann, muss Kunstlicht nach Maßgaben der DIN-Norm verwendet werden.
  - Schaffung eines geeigneten Klimas über Frischluftzufuhr und Klimaanlage. Expertenrat eines Klimatechnikers einholen.
  - Lärm- und Störgeräusche eliminieren.
  - Auswahl und Beschaffung von geeigneten Seminarmöbeln.
  - Auswahl und Beschaffung der benötigten Seminartechnik (Projek-tionsleinwand, Beamer, Flipcharts, Tafel, Magnettafel, Trainertisch).
  - Auswahl und Beschaffung der benötigten EDV-Einrichtung. Um auch externe Firmenseminare/Consultings durchführen zu können, werden tragbare Computer (Laptops) und ein Funk-LAN beschafft.
  - Einrichtung von geeigneten Rücksetzmöglichkeiten für die Software der Rechner, damit nach jedem Seminar das System des Rechners in den Urzustand zurückgesetzt werden kann.
  - Auswahl der Pausenzone und Ausstattung mit Bistrotischen und Barhockern.
- Bewirtung
  - Pausenservice inklusive Seminargetränke, Süßigkeiten und Obst.
  - Auswahl von geeigneten Restaurants in der Nähe des Veranstaltungsortes und Beschaffung des Essenangebotes (z. B. Mittagsmenü, Karte).
  - Kostenübernahme durch den Veranstalter.

- Anmeldeorganisation und Unterbringung
  - Vorbereitung der Seminareinladungen, Anmeldeunterlagen und Anmeldebestätigungen ggf. auch online über das Internet.
  - Versenden der Seminareinladungen an potentielle Teilnehmer.
  - Auswahl von geeigneten Hotels in der Nähe des Veranstaltungsortes und Beschaffung von Prospekten bzw. Online-Informationen.
  - Teilnehmer können entweder selbst ein Hotel buchen oder lassen die Unterbringung durch den Veranstalter regeln.
  - Kostenübernahme für die Unterbringung durch die Teilnehmer selbst.
- Inhaltliche, zeitliche Seminarplanung
  - Festlegung der Seminarinhalte und -ziele. Diese werden zusammen mit den Seminarvoraussetzungen publiziert bzw. den potentiellen Teilnehmern mit dem Einladungsschreiben übermittelt.
  - Erstellung der Seminarunterlagen und der Seminarbewertungsbögen.
  - Übergabe der Seminarplanung an den Verantwortlichen für den Pausenservice, damit zu den einzelnen Pausen die Bewirtung der Seminarteilnehmer gewährleistet ist.
- Marketing/Vertrieb
  - Verteilung des Seminarangebotes über Inbox-Marketing (Seminarleitfäden werden den Produktverpackungen beigelegt).
  - Schulungsangebot (Termine und Inhalte) wird über das Internet und über Fachzeitschriften publiziert.
  - Sonderaktionen während der Anlaufphase des Seminarangebotes (z. B. Softwareprodukt wird zusammen mit einem Seminar zu einem verbilligten Preis angeboten).

Die Vorbereitungsphase wird mit dem Meilenstein „point-of-no-return" abgeschlossen. Dieser Punkt ist erreicht, sobald die ersten Einladungen verschickt wurden bzw. die ersten vertriebs- und marketingtechnischen Maßnahmen gestartet wurden. Ab diesem Zeitpunkt ist ein Planungsstopp mit erheblichen Kosten und auch Imageverlust verbunden.

8.1.4 Vorlauf

Der Startschuss zum Firmenseminar erfolgt ein bis zwei Tage vor dem ersten Seminartag. Ab diesem Zeitpunkt, werden sämtliche Örtlichkeiten wie z. B. Seminarraum, Pausenzone und Toiletten auf Vollständigkeit in Bezug auf deren Ausstattung und auf Sauberkeit hin überprüft. Ebenfalls muss innerhalb der Vorlaufphase das gesamte technische Equipment auf Funktionsfähigkeit überprüft werden.

Die Auftragsbearbeitung überprüft nochmals alle eingegangenen Anmeldungen und die Hotelreservierungen auf Vollständigkeit und tritt ggf. nochmals mit den Teilnehmern in Verbindung.

Obgleich der erste Seminartag erst um 10:00 Uhr beginnt, sollten bereits bis 08:00 Uhr die letzten Vorbereitungen abgeschlossen sein und der Seminarleiter ab dieser Zeit zur Verfügung stehen, da manche Teilnehmer bereits früher anreisen können.

8.1.5 Event

In dieser Phase entscheidet sich nun, ob die gesamte Planung und die Vorbereitungen erfolgreich durchgeführt worden sind. Der geplante Ablauf wird wie folgt durchgeführt:

- Begrüßung der einzelnen Seminarteilnehmer und Bekanntmachen mit den Örtlichkeiten durch den Seminarleiter/Dozenten.
- Beginn des Seminars und Abarbeitung der einzelnen Programmpunkte inklusive Pausen, Bewirtung und ggf. Rahmenprogramm.
- Ausgabe der Seminarbewertungsbögen und Zertifikate und offizielle Beendigung der Veranstaltung.
- Persönliche Verabschiedung jedes einzelnen Teilnehmers durch den Seminarleiter/Dozenten.

Trotz intensiver Planung und Vorbereitung des Events kann es natürlich auch in dieser Phase zu Störungen im geplanten Ablauf kommen. Nachfolgend einige mögliche Störfaktoren und Punkte, die beachtet werden sollten:

- Verfügbarkeit des Verantwortlichen für die Seminartechnik für die Dauer der gesamten Veranstaltung, um mögliche technische Probleme umgehend lösen zu können.
- Verfügbarkeit des Verantwortlichen für die Anmeldeorganisation und Unterbringung, um mögliche Fragen der Schulungsteilnehmer bzgl. dieses Aufgabenbereiches noch während des Seminars klären zu können.

8.1.6 Nachlauf

Die Nachlaufphase beschränkt sich auf den Abbau des Equipments und das Reinigen des Seminarraumes und der anderen Örtlichkeiten. Im Weiteren werden die Schulungsrechner an den Systemadministrator übergeben, um den Urzustand der Systeme wiederherzustellen.

8.1.7 Nachbereitung

Die Nachbereitungsphase erfolgt im gesamten Projektteam und dient zur Qualitätskontrolle und dem endgültigen Abschluss des Seminars. Diese Phase umfasst die folgenden Punkte:

- Auswertung der Seminarbewertungsbögen der Teilnehmer.
- Rückmeldung und Verbesserungsvorschläge der einzelnen Verantwortungsbereiche.
- Reflexion, Gründe für Erfolg bzw. Misserfolg des Seminars.
- Kostencontrolling.
- Sofern gewünscht oder von der Firma als sinnvoll erachtet, erfolgt die Zusendung von abschließenden Seminarunterlagen bzw. weiterführenden Informationen an die Schulungsteilnehmer.
- Dank an die Beteiligten.

8.2 Tag der offenen Tür

Am Tag der offenen Tür tritt ein Unternehmen in intensiven Kontakt mit seiner Umwelt – mit Mitbürgern und deren Angehörigen, aber auch mit Kunden, Lieferanten, Interessengruppen und Konkurrenten, die diese Möglichkeit nutzen. Der Tag der offenen Tür ist nicht einfach ein Besichtigungsprogramm, sondern eine wichtige und effiziente Möglichkeit, das Unternehmen gegenüber Mitarbeitern, Kunden und Stakeholdern darzustellen.

Ein Tag der offenen Tür ist eine effektive und effiziente Maßnahme der Unternehmenskommunikation. Die Organisationen öffnen nicht nur ihre Türen im Sinne einer „gläsernen Firma", sondern sie stellt sich – Ihre Organisation, Räume, Tätigkeit, Arbeitsplätze – der Öffentlichkeit dar. Implizit werden dort auch Ziele, Marken und Visionen vermittelt. Die Zusammensetzung der Besucher ist inhomogen: Mitarbeiter und deren Angehörige, Kapitalgeber und Eigentümer, Politiker und andere Entscheider, Kunden und Lieferanten, Schüler und Stundenten, Anwohner und viele andere Interessierte. Unter den Besuchern können aber auch Personen sein, die dem Unternehmen nicht so positiv gesonnen sind und auf eine Störung des Events oder auf wichtige Informationen aus sind.

Wir betrachten einen Tag der offenen Tür für ein Unternehmen mit ca. 400 Mitarbeitern. Für eine Schule oder Hochschule gelten etwa dieselben Prinzipien, allerdings ist hier der Kostenrahmen im Allgemeinen enger, so dass weniger an Caterer vergeben wird. Die Verpflegung in eigener Regie erfordert aber eine genaue Beachtung der lebensmittelrechtlichen Vorschriften (siehe das Kapitel Rahmenbedingungen).

Was für den Tag der offenen Tür mit seiner allgemeinen (undifferenzierten) Besucherstruktur gilt, kann auch für Besuche und Exkursionen eingesetzt werden. Solche Besuche können aus Sicht des Unternehmens und der Besucher (siehe das Beispiel Exkursion) durchaus ein wichtiges Event sein. Möglichkeiten sind:

- Exkursionen von Schulen und Hochschulen, Verbänden und Vereinen,
- Besuche von Delegationen aus Verwaltung, Politik, Wirtschaft und Wissenschaft.

8.2.1 Initialisierung

Etwa 1 Jahr vorher wird mit der Konzeption und Planung des Tages der offenen Tür begonnen. Die Konzeption beginnt mit der Einbindung in die Unternehmensstrategie und der Stakeholderanalyse.

Vor jeder Konzeption eines Tags der offenen Tür steht als erstes die Überlegung an, ob sich ein solches Event als Kommunikationsinstrument überhaupt eignet. Viel mehr als bei den weiteren betrachteten Events, die sich an eine klare – meist durch Einladung oder Kartenverkauf definierte Zielgruppe richten, spielt die Stakeholderanalyse beim Tag der offenen Tür eine wichtige Rolle als strategischer Erfolgsfaktor. Wer einen Tag der offenen Tür veranstaltet, muss wissen, warum er dies tut und für wen er den Aufwand betreibt. Wer zum Tag der offenen Tür kommt, erwartet, etwas zu erleben und dabei Informationen zu bekommen – zum Unternehmen, zu seinen Produkten und Marken, aber auch zu den Menschen, die dahinter stehen.

Wer ist an meinem Unternehmen interessiert bzw. wen kann ich ins Unternehmen einladen, um durch das Erleben, den Blick hinter die Kulissen einen bleibenden Eindruck zu verschaffen. Wichtig ist auch: Wer sind meine Anspruchsgruppen neben der eigentlichen Zielgruppe? Welche Ansprache/Aktionen muss ich für sie wählen und organisieren? Welche Ziele stehen hier im Vordergrund?

Mögliche konkrete Ziele dieser Veranstaltung können dann sein:

- Steigerung der Bekanntheit und des Images des Unternehmens durch Darstellung nach außen, gegenüber Bevölkerung (Anwohner, Mitbürger, Schulen, potentielle Arbeitnehmer) und Geschäftspartnern. Letztendlich sollen alle Stakeholder angesprochen werden und die Shareholder einen positiven Eindruck von der Ertragsfähigkeit bekommen.
- Mitarbeitermotivation durch Kennenlernen des gesamten Betriebs, durch Präsentation des gesamten Arbeitsplatzes, durch Öffnung für die Familie und Bekannte und durch Einbindung in das Event (Motto: „Wir bei …“). Steigerung der Attraktivität der Arbeitsplätze.
- Bindung aktueller und potentieller Kunden durch Öffnung des Unternehmens, Einladung und Betreuung (emotional), durch die vermittelte Transparenz (gläsernes Unternehmen, Informationsfunktion) und durch das mit dem Tag der offenen Tür vermittelte Image.

Die Konzeption ergibt an unserem Beispiel folgende Eckdaten:

- erwartet werden ca. 5.000 Besucher,
- tagsüber Rundgang durch alle Unternehmensteile und Verpflegung der Besucher,
- Abendveranstaltung (19:00 Uhr) mit Kapelle, Tanzband und Disco,
- Kosten ca. 50–100.000 €,
- Termin vor den Sommerferien, damit möglichst wenige im Urlaub sind.

Die Initialisierung und Entscheidung geschieht durch den Firmeninhaber bzw. Geschäftsführer.

8.2.2 Start

Für die Vorbereitung des Events wird ein Projektteam gebildet, das die Vorbereitung neben seinen eigentlichen Aufgaben übernimmt. Dieses Team Plant:

- Termin, Meilensteine,
- betriebliche Vorbereitung, Räume, Touren, Personal, Führungen,
- Zahl, Personenkreis, Einladungen,
- Festzelt, Musik, Verpflegung,
- Logistik, Anfahrt, Parkplätze.

8.2.3 Vorbereitung

Die sukzessive Verfeinerung des Plans geschieht anhand einer action item list vor allem in den folgenden Bereichen:

- Anfahrt (Anfahrtskizze, Parkplätze, ÖPNV) inklusive der Information der Anwohner über den Tag der offenen Tür (mit Einladung) und möglicherweise auftauchende Probleme (mit Angabe eines Ansprechpartners).
- Besichtigungsprogramm mit Stationen, Rundgang und Führungen. Dabei muss die Organisation das Event aus verschiedenen Blickrichtungen durchspielen:
  - Aus der Sicht eines Besuchers, der den Tag der offenen Tür anhand des im Programm und durch Ausschilderung empfohlenen Rundgangs erlebt.
  - Aus der Sicht eines Besuchers, der sich einzelne Punkte auswählt und bestimmte Stationen überspringt.
  - Aus der Sicht eines Besuchers, der später kommt und so die Begrüßung nicht mit bekommt.
  - Aus der Sicht der Standbesetzungen (Schichten).
- Einladung, Pressearbeit und Flugblattverteilung mit Programm und Anfahrtshinweisen. Gegebenenfalls Rückmeldekarten für geladene Gäste. Steuerung der Besucher (insbesondere geladene Gäste und VIPs, Begrüßung, Pressearbeit, Führungen).
- Verpflegung und Fest im extra dafür eingerichteten Bereich (z. B. mit Programm, Catering, Heizung).

8.2.4 Vorlauf

Der Vorlauf für den Tag der offenen Tür zieht sich über ca. eine Woche und beinhaltet den gesamten Aufbau, Vorbereitung der Räume und der Infrastruktur.

Eine genaue Planung ist notwendig, um den operativen Betrieb nicht zu behindern. Eventuell werden für Aufbau und Lagerung getrennte Räume zugewiesen, aus denen dann die vorbereiteten Geräte und Mobiliar schnell aufgebaut werden können.

Einige wichtige Punkte, die spätestens am Tag vor dem Event fertig sein müssen:

- Beschilderung (Zufahrt und Parkplatz), Parkplatzeinweiser, Wegweiser,
- Namensschilder und Ausgabeplatz für Namensschilder vorbereiten,
- Garderobe (mit Nummern und Bügel) und Bedienung,
- Plakate, Poster, Informationsmaterial,
- Toilettenbeschilderung,
- Ort für Geschenke, Blumenvasen, Personal für Geschenkerfassung,
- Namensliste mit Tischnummern + großer Tischplan,
- Beschallung prüfen,
- Tische und Stühle,
- Fahrer für Fahrdienst, Hoteltransfer.

Wichtig ist auch eine detaillierte Planung für den Morgen vor dem Event. (Vorbereitung, heiße Vorlaufphase).

8.2.5 Event

Der Tag der offenen Tür beginnt mit der Türöffnung. Vorher sind alle Schilder (Anfahrt, Eingänge, Hinweise zu Besichtigungen, Essen, Toiletten, Treffpunkte, Ausgang) angebracht und die Mitarbeiter stehen auf ihren Plätzen bereit (für Begrüßung, Information, Einweisung, Erklärungen, Ausgabe von Bons, Prospekten).

Die folgenden Punkte sind am Tag der offenen Tür wichtig:

- Begrüßung der Gäste auch schon vor der Eröffnung, d. h. spätestens ab dem Zeitpunkt des Einlasses, wenn dieser früher liegt, und über den gesamten Tag.
- Individuelle Begrüßung ankommender Gäste über die gesamte Zeit (Informationsmaterial, Bons, Begrüßungsgeschenk, Erfassung der Gäste).
- Deutlicher und eindrucksvoller Start des Events Tag der offenen Tür (offizielle Eröffnung durch ein Grußwort der Geschäftsleitung).
- Rechtzeitige Bekanntgabe und möglichst deutlicher Start einzelner Programmpunkte (Einzel-Events), damit auch Besucher, die gerade in anderen Teilen sind, dies mitbekommen. Rechtzeitige Information der Betreuer von Führungen und VIPs über die Events.
- Schlusswort und offizielle Beendigung des Events mit hinreichend langem Nachlauf (bei einem Tag der offenen Tür von 10 bis 18 Uhr läuft die Besucherzahl von 10 bis etwa 13 Uhr langsam hoch, danach läuft die zweite Welle bis 17 Uhr hoch und nimmt erst nach dem offiziellen Ende ab).
- Verabschiedung der Gäste über die gesamte Zeit (Mitgeben von Informationsmaterial oder Geschenk, Einholen von Rückkopplungen durch Gespräch oder Fragezettel, Erfassen oder Verstärken von Kontakten, freundliche Verabschiedung).

Die folgende Graphik zeigt einen möglichen Verlauf der Besucherzahl an einem Tag der offenen Tür und die Aktivitäten zur Begrüßung und Verabschiedung individueller Besucher im Vergleich zu den offiziellen Terminen.

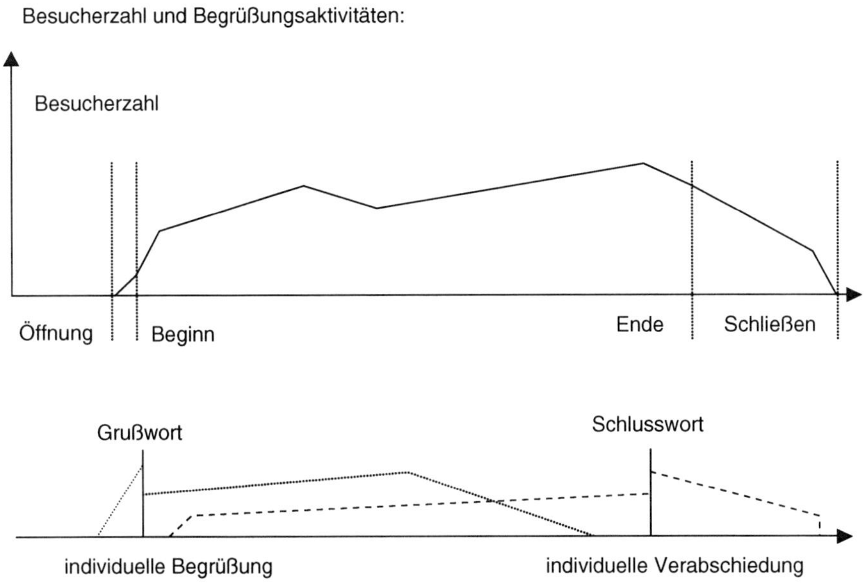

Abb. 8.1 Zeitlicher Verlauf der Besucherzahl

8.2.6 *Nachlauf*

Der Nachlauf umfasst den Abbau und die Einholung von Rückmeldungen (Besucher, Gäste, Mitarbeiter, Anwohner).

8.2.7 *Nachbereitung*

Die Nachbereitung umfasst die Auswertung von Rückmeldungen, die Auswertung und weitere Verarbeitung von Kontakten (erfasste Adressen, gesammelte Fragebogen oder Visitenkarten) und deren Umsetzung in konkrete Aktionen. Die Bewertung des Erfolgs durch einen Vergleich von erhaltenen Anfragen kann sich über Jahre ziehen, da sich die Wirkung von Information und Image erst dann zeigt, wenn beim Kunden ein Bedarf entsteht. Deshalb ist zur Beurteilung eine Befragung bei den neuen Kunden wichtig (Extremfall: ein 10-jähriger Besucher wird vielleicht in 10 Jahren Kunde oder bewirbt sich in 15 Jahren als Mitarbeiter).

Der finanzielle Abschluss muss zum einen die Ausgaben und Einnahmen für die Buchhaltung erfassen, es sollte aber auch eine Zusammenstellung der Kosten (Personal, Material) erfolgen.

8.3 Messebeteiligung

Messebeteiligungen sind für viele Unternehmen eine ständig wiederkehrende Aufgabe, bei der es gilt, durch eine gute Vorbereitung die in der Regel kurze Messedauer optimal zu nutzen, um möglichst viele Besucher des Messestandes positiv anzusprechen. Damit ist sowohl das Projekt- als aus das Eventkonzept besonders wichtig.

Wenn die Planung nicht für einen reibungslosen Ablauf sorgt, oder der Messestand und das am Stand Gebotene keine Beachtung findet, war viel Arbeit, Zeit und Geld falsch investiert.

Betrachtet wird die Messebeteiligung auf der Internorga in Hamburg am Beispiel der Brauerei Beck & Co. Die Internorga ist eine Fachmesse für Hotellerie, Gastronomie, Gemeinschaftsverpflegung, Bäckereien und Konditoreien. Sie findet jährlich an 6 Ausstellungstagen im März statt. Weitere Informationen sind unter www.hamburg-messe.de abrufbar.

8.3.1 Initialisierung

Als Entscheidungsgrundlage für die Brauerei Beck & Co bzgl. einer Messebeteiligung dienen die Erfahrungen und Bewertungen der jeweils gerade abgelaufenen Internorga sowie anstehende Themen und Inhalte, die über eine Messe kommuniziert werden können. Sinnvoll ist daher eine Bewertung zeitnah, d. h. innerhalb von ca. 1–2 Monaten nach Messeende. Bewertet werden quantitative Faktoren wie Anzahl Besucher bzw. Anzahl Gespräche sowie qualitative Faktoren über die Eindrücke der Standbesatzung, die sich im Wesentlichen aus den für Norddeutschland zuständigen Außendienstmitarbeitern der Brauerei zusammensetzt. Bei einer positiven Bewertung erfolgt die Entscheidung für eine erneute Teilnahme ca. 10 Monate vor der nächsten Messe.

8.3.1.1 Zielsetzung

Die Zielsetzung einer Messebeteiligung kann sein:

- Kundeninformation und -motivation,
- Neukundengewinnung,
- Erfahrungsaustausch,
- Marken-/Unternehmenspräsentation,
- Information von Shareholdern und Stakeholdern,
- Mitarbeitergewinnung.

In diesem Fall standen aus Sicht der Brauerei die Kunden (aus den Bereichen Gastronomie und Getränkefachgroßhandel) im Vordergrund, d. h. die Hauptziele waren:

Kundeninformation und -motivation sowie Präsentation von neuen Gastronomiewerbemitteln (Außenwerbung und Gläser).

8.3.1.2 Konzeption

Bei der Konzeption eines Messeauftritts sind folgende Faktoren zu beachten:

- Ziele (qualitativ und quantitativ),
- interne Rahmenbedingungen (Unternehmen),
- externe Rahmenbedingungen (Messe),
- Budget und Timing.

Am Beispiel der Messe Internorga waren die Rahmenbedingungen wie folgt:

- Erwartet werden auf der Internorga insgesamt ca. 110.000 Fachbesucher.
- Die Beteiligung von Beck & Co erfolgt mit einem 200 qm großen Messestand der Marke BECK'S sowie einer Standbesatzung mit zwischen 14 und 26 Mitarbeitern der Brauerei.
- Neben der Standbesetzung arbeiten 7 Hostessen im Getränkeservice, eine Hostess am Empfangscounter, 3 Zapfer hinter der Theke und 2 Spüler in einem Nebenraum.

Die Kunden werden direkt über persönlich verteilte Einladungen in Verbindung mit Freikarten bzw. Ermäßigungskarten eingeladen.

Auf dem Stand werden Biere der Marken BECK'S und HAAKE-BECK sowie Mineralwasser angeboten. Speisen werden nicht angeboten.

Fachgespräche werden über Gesprächsprotokolle festgehalten und nachverfolgt. Neben den Fachgesprächen können über Diakästen, Monitore und Vitrinen aktuelle Themen visualisiert werden.

Zusätzlich besteht die Möglichkeit, den Messeauftritt zu kommunizieren über Anzeigen im Messekatalog, in Fachmagazinen, über Plakate im Umfeld oder auf dem Messegelände etc.

Neben dem reinen Messeauftritt können begleitende Aktivitäten erfolgen über organisierte Fachvorträge, Abendveranstaltungen etc.

Die Hauptkosten setzen sich zusammen aus: Transport, Auf- und Abbau des Standes, Logistik vor Ort, Umlage der lfd. Kosten des Standes für Instandhaltung und Abschreibung, Mietkosten der Standfläche (ca. 115–135 €/qm) zzgl. Nebenkosten, Personalkosten, Hotelkosten Standbesatzung, Hostessen etc.

8.3.1.3 Initialisierung und Entscheidung

Die Entscheidungsvorlage wird durch den Messeverantwortlichen der Brauerei erarbeitet und eingebracht.

Die Entscheidung fällt durch die für Deutschland zuständigen Vertriebs- sowie Marketingverantwortlichen.

8.3.2 *Start*

Das Projektteam besteht aus dem Messeverantwortlichen sowie jeweils 1–2 Teilnehmern aus den Bereichen Vertrieb, Marketing und PR.

Folgende zeitliche Rahmenbedingungen sind bei der anschließenden Planung im Projektteam zu beachten:

- Der Termin der Messe steht fest (jeweils März des Jahres).
- Meilensteine sind:
  - Buchung der Hotelzimmer: 1 Jahr vor der Messe,
  - Buchungsschluss für die Standfläche: 9 Monate vor der Messe,
  - Druck und persönliche Verteilung der Einladungen: 3 Monate vor der Messe.
- Der Messebauer muss ca. 3 bis 6 Monate vor Messebeginn beauftragt werden.
- Die Standbesetzung inkl. Bedarf an Hotelzimmern, Eintrittskarten bzw. Parkausweisen, Einladungen, Frei- bzw. Ermäßigungskarten wird bis ca. 4 Monate vor der Messe abgefragt.
- Die Auswahl der Promotion Agentur erfolgt 3–6 Monate, das persönliche Casting der Hostessen ca. 1–2 Monate vor der Internorga.
- Sonstige Leistungen der Messegesellschaft werden in der Regel 3–4 Monate vor der Veranstaltung geordert (wie z. B. Strom, Wasser, Parkplätze, Lagerflächen, Standreinigung, Nachtwache etc).
- Ca. 2–3 Wochen vor Messebeginn wird ein umfassendes Informationsschreiben an alle Teilnehmer verschickt mit Infos zu Standplatzierung, Ausstellungszeiten, Stand-Telefon/Fax, Standleiter, Standbesatzung, An- und Abreisemöglichkeiten, Spesenrichtlinien, Namensschilder, Ausstellerausweisen, Besuchsberichten, Hotelreservierung und Informations-Material auf dem Stand.

8.3.3 *Vorbereitung*

8.3.3.1 Besprechungstermine

An regelmäßigen Meetings des Projektteams wird der aktuelle Status besprochen und die weitere Vorgehensweise festgelegt:

- Optimierungsbedarf aus dem Feedback früherer Messebeteiligungen.
- Notwendige Optimierungen des Messestandes (bzgl. aktueller Markengestaltung) Mögliche Themen, die vorgestellt werden sollen (z. B. neue Gastronomie -Werbematerialien, Gläser etc.)?
- Mögliche Showeinlagen, Ehrengäste?
- Mögliche Maßnahmen zur Kostenoptimierung?
- Status der Ausschreibung bzgl. Messebau und Hostessen?

8.3.3.2 Aufgabenverteilung

Den möglichen Themen sowie Timings werden Verantwortliche zugeordnet, die Machbarkeiten, Kosten, Schnittstellen etc. erarbeiten.

8.3.3.3 Eventplanung

Die Planung hängt vom Programm ab. Sofern „nur“ individuelle Kundengespräche stattfinden, besteht der Event an sich aus einer Standbesprechung vor „doors open“, d. h. die Besetzung inkl. Service wird zu Spielregeln und Themen täglich vor Messebeginn informiert.

Das Programm besteht aus Gesprächen zwischen Mitarbeitern der Brauerei sowie Kunden und Gästen. Der Service besteht aus dem Bierangebot der Brauerei.

Highlights auf dem Messestand können eingestreut werden, wie z. B. die Einbindung eines Graffiti-Künstlers (der Markensymbole sprayt), der Auftritt eines Prominenten (z. B. ein Fahrer des von BECK'S gesponsorten Jaguar Formel 1 Teams) oder aus Promotion Teams, die Give-aways verteilen.

8.3.3.4 Point of no return

Dieser Zeitpunkt ist nach der schriftlichen Standbuchung erreicht. (Eine Absage kann ggf. noch möglich sein, ist dann jedoch mit hohen Kosten verbunden). Nach Verteilung der Einladungen an Kunden ist eine Absage nicht ratsam und mit einem Imageverlust verbunden.

8.3.4 Vorlauf

Die wichtigsten Punkte im Vorlauf sind:

- Ca. 1–2 Monate vor Messe wird der Messestand auf Vollständigkeit überprüft und zum Transport vorbereitet.
- Ca. 1 Woche vor Messestart beginnt der Messebauer mit dem Aufbau des Standes.
- Am Vorabend des ersten Messetages werden die Hostessen eingewiesen, die Bekleidung verteilt, der Messestand und das Zubehör auf Vollständigkeit überprüft.
- Morgens vor Messeöffnung sind folgende Punkte zu überprüfen bzw. durchzuführen:
- Sauberkeit und Ordnung des Standes, Zugang und Sicht:
  - Optimale Getränkequalität der ausgeschenkten Biere (Temperatur, Schaum, Geschmack etc.).

  - Standbesprechung mit den Mitarbeitern (Standbesetzung) sowie mit den Hostessen mit Information über Spielregeln (Verlassen des Standes, Ausfüllen von Gesprächsberichten, aktuelle Themen etc.).
- Zum Starttermin (Öffnung der Messe) ist sichergestellt:
  - Standbesatzung und Hostessen sind am Stand und eingewiesen.
  - Die Unterlagen sind einsatzbereit.

8.3.5 Event

8.3.5.1 Begrüßung

Über den Counter am Eingang zum Messestand bzw. durch die Standbesatzung werden Kunden und Gäste begrüßt und dem gewünschten Ansprechpartner zugeführt.

8.3.5.2 Programm

Der Stand wird jeweils um 10 Uhr geöffnet und um 18 Uhr geschlossen (letztes Bier wird ausgeschenkt). Dazwischen finden die Kundengespräche statt und werden über Besuchsberichte dokumentiert. Die Besuchsberichte werden beim Verlassen des Standes abgegeben.

8.3.6 Nachlauf

Nach Beendigung des Messeauftrittes erfolgt:

- der Abbau des Messestandes,
- die Auswertung und Verteilung der Besuchsberichte an die Außendienstmitarbeiter.

8.3.7 Nachbereitung

Während der Messenachbereitung bzw. Entscheidungsvorbereitung für einen weiteren Messeauftritt werden folgende Schritte durchlaufen:

- Einlagerung des Messestandes, Feststellung von Schäden, ggf. Reparatur,
- Kostencontrolling, d. h. Abgleich der Soll-/Ist-Kosten inkl. einer Analyse der Abweichungen,
- Auswertung der Berichte und der qualitativen Meinungen zum Messeauftritt als Grundlage für die Entscheidung für nächstes Jahr,
- Abarbeitung der Besuchsberichte durch die Außendienstmitarbeiter,
- Entscheidung über erneute Teilnahme (Kosten/Nutzen-Betrachtung).

8.4 Road Show

Eine Road Show dient Unternehmen dazu, sich einen erhöhten Bekanntheitsgrad zu verschaffen. Die Veranstaltung erhält ihren Eventcharakter dadurch, dass Experten aus unterschiedlichen Branchen eine gemeinsame Informationsveranstaltung durchführen. Es handelt sich um ein klassisches Syn-Event, bei dem sich die beteiligten Unternehmen präsentieren und potentielle Käufer akquirieren können.

8.4.1 Initialisierung

Die Initialisierung beginnt während eines Brainstormings, in dem potentielle zukünftige Marketingaktionen und Events gefunden werden sollen. Die Teilnehmer kommen aus den Abteilungen Vertrieb, Marketing und Produktentwicklung.

Die konzeptionelle Erarbeitung brachte die folgenden Ergebnisse:

- Informationstour durch mehrere Städte je 1 Tag.
- Gemeinsamer Auftritt mit Partnern, wodurch Synergien erzeugt werden.
- Informationsveranstaltung, die dem Besucher Fachwissen vermittelt.
- Kosten sollen gedeckt sein.
- Ca. 50 Besucher pro Show.

Die Ziele, die mit dem Event erreicht werden sollen sind die Generierung neuer Interessenten für das eigene Produkt zum einen und ein Kompetenzbeweis gegenüber dem Publikum zum anderen.

Danach erfolgt die Auswahl potentieller Partner. In diesem Fall bieten sich Hersteller von Echtzeitbetriebssystemen und Prozessoren an. Die Initialisierung ist abgeschlossen, wenn sich Partner für die Idee interessieren und sich bei dieser Show beteiligen wollen.

8.4.2 Start

Mit der Festlegung des Projektteams beginnt die Startphase.

- Projektteam
  Das Projektteam setzt sich aus Marketing- und Vertriebsbeauftragten der beteiligten Unternehmen zusammen. Die Projektleitung liegt beim inszenierenden Unternehmen.
- Planung
  Die Termine sollen so gelegt werden, dass sie nicht in die Haupturlaubszeit fallen. Bevorzugt werden Dienstag, Mittwoch und Donnerstag, da die Bereitschaft Seminare am Wochenanfang und -ende zu besuchen nicht sehr hoch ist.

Veranstaltungsorte sollten so gewählt werden, dass sie geographisch gleichmäßig verteilt und somit für alle Interessenten ohne große Reisewege erreicht werden können.

Die Räumlichkeiten sollten für eine Schulungsveranstaltung geeignet sein. Das benötigte Equipment muss definiert werden. Als Gastronomie bieten sich Hotels oder Kongresszentren an.

Die Tagesabläufe müssen geplant werden – für Vorträge, Diskussionsforen und für Pausen mit Gesprächen im kleinen Kreis muss genügend Zeit eingeplant werden.

8.4.3 Vorbereitung

Jedes Teilprojektteam bereitet seine Aufgaben vor. Im Speziellen sind dies Fachvorträge. Die Terminplanung und Feinplanung sollte bei der Projektleitung erfolgen.

Die Fachvorträge müssen ausgewählt und aufeinander abgestimmt werden. Daraus resultiert eine Agenda, die auch den Einladungen beigelegt wird; Veranstaltungsorte auswählen und reservieren geschieht parallel dazu.

Wenn der fachliche Schwerpunkt feststeht, kann das Marketing die Zielgruppen auswählen und Einladungen schreiben. Hierfür stehen die Firmendatenbanken aller Unternehmen zur Verfügung.

Sobald die ersten Einladungen an die Zielgruppen verschickt wurden gibt es kein Zurück mehr (Point of no Return). Eine Absage des Events würde nachhaltig keinen positiven Eindruck hinterlassen. Zu diesem Zeitpunkt müssen auch die Veranstaltungsorte reserviert sein.

8.4.4 Vorlauf

Die Vorlaufzeit bei einer Road Show ist verhältnismäßig kurz.

8.4.4.1 Startschuss

Die Veranstaltung beginnt um 9 Uhr. Vorzugsweise sollte der Aufbau des Equipments am Abend vor dem Events stattfinden, spätestens allerdings um 6 Uhr sollten die Aufbauarbeiten beginnen.

8.4.4.2 Aktivitäten

Alles was mit Catering zu tun hat, ist an die Partner der Veranstaltungsorte abgegeben. Das Projektteam konzentriert sich auf die Umsetzung der Planung.

- Beschilderungen anbringen,
- Equipment aufstellen (PC, Beamer, Verstärkeranlage, Mikro, …),
- persönliche Namensschilder aufstellen,
- Plakate anbringen,
- Catering überwachen.

8.4.4.3 Doors open

Aufgrund dessen, dass viele Besucher früher anreisen, sollte ab 8 Uhr alles bereitstehen, inkl. Begrüßungsdrink bzw. Kaffee.

8.4.5 Event

Folgend wird der Ablauf des Events beschrieben.

8.4.5.1 Begrüßung

Erfolgt durch den Moderator, der auch durch das weitere Programm führt. Die Programmpunkte werden nochmals erläutert und durchlaufen:

- Präsentation des Prozessorherstellers,
- Präsentation des Echtzeitbetriebssystemherstellers,
- Präsentation des Herstellers der Entwicklungstools,
- Mittagessen,
- Softwarepräsentation,
- Diskussion.

8.4.5.2 Pausen

Während den Pausen beginnt die Hauptaktivität der Vertriebsmitarbeiter. Sie sollten in der Zeit möglichst viele persönliche Kontakte aufbauen und die Bedürfnisse der Teilnehmer erkennen und qualifizieren.

8.4.5.3 Beendigung und Verabschiedung

Der Moderator beendet die Diskussion, so dass ein rechtzeitiger Abbau und die Abreise zum nächsten Veranstaltungsort gesichert ist. Den Teilnehmern wird zugesagt, dass alle Informationen, die an diesem Tag verbreitet wurden, noch auf dem Postweg nachgereicht werden.

8.4.6 Abbau

Checklisten helfen dabei, dass keine Teile der Ausrüstung verloren gehen. Es folgt der koordinierte Abbau. Zur Unterstützung ist Personal vorhanden, das den Abbau und den Transport des Equipments sicherstellt.

8.4.7 Nachbereitung

Bei der Road Show hat der Nachlauf einen mindestens genauso hohen Stellenwert wie das Event selbst.

8.4.7.1 Aufarbeiten der Anfragen

Der Abschluss der Road Show ist das Ende der Veranstaltung. Allerdings wird durch das Ende der Veranstaltung die eigentliche Aufgabe, also die Generierung von Umsatz erst jetzt angestoßen.

Jeder Vertriebsmitarbeiter macht sich während seiner Gespräche Notizen, die später in eine Datenbank umgesetzt werden. Dadurch erhält jeder Vertriebsmitarbeiter automatisch einen Hinweis, welchen Kunden er noch welche Information schuldig ist.

- Interessenten mit gewünschten Informationsbedarf abdecken,
- Angebote auf konkrete Anfragen erstellen, Akquise vertiefen.

Weitere Aktionen, die daraus resultieren, sind:

- Informationen versenden,
- Statistiken erstellen,
- Kosten-/Nutzen-Vergleich starten.

8.4.7.2 Abschluss

Jede einzelne Veranstaltung und die gesamte Tour werden durch das Team beurteilt. Dazu werden die Rückmeldungen der Kunden der Road Show und die eingegangenen Anfragen ausgewertet. Auch die Rückmeldung der Referenten und ihrer Firmen sowie der eigenen Mitarbeiter sind zu beachten.

Abschließende Pressearbeit (Lokalpresse, Fachpresse) ist notwendig, die Auswertung der Presseresonanz liefert weitere Indikatoren.

Außerdem muss die Veranstaltung buchhalterisch abgeschlossen werden.

8.5 Exkursion

Eine Exkursion oder ein Betriebsausflug – richtig geplant und eingesetzt – wird zum Event, das der Corporate Identity und der Kommunikation innerhalb des Unternehmens mehr dient als bunte Fassaden. Näheres Kennen lernen über den Betriebsalltag hinaus, Mitarbeitermotivation und Teambildung sind sicherlich nicht die einzigen und vielleicht auch nicht die vorrangigen Ziele einer Exkursion, können jedoch ein derartiges Event zusätzlich kennzeichnen (vgl. auch Outdoor-Veranstaltung).

Eine Mitarbeiterexkursion zur Wissensvermittlung kann auch Bestandteil eines Betriebsausflugs sein. Hier wird Geschäftliches und Privates in vorzüglicher Weise miteinander kombiniert. Einen besonderen Anreiz zur Teilnahme an der Exkursion bieten auch Besichtigungen zu denen der „Otto-Normal-Verbraucher" keinen Zutritt bekommt, bzw. sich dieser nicht leisten kann. Dies kann beispielsweise die Teilnahme an einer ungewöhnlichen Ausbildungsmaßnahme (z. B. Flugsimulator) oder ein Blick „hinter die Kulissen" eines Unternehmens (Industriebetrieb, Location) sein. Denkbar sind auch Exkursionen oder Reisen als Incentive für eine ausgewählte Gruppe von Mitarbeitern (z. B. die besten zehn oder eine besonders erfolgreiche Abteilung).

Besondere Charakteristika, die eine Exkursion von anderen Events unterscheiden, sind:

- Aufenthalte an fremden Orten mit teilweise geringen direkten Einflussmöglichkeiten,
- mehrmaliger Ortswechsel,
- Transportmittelwechsel (Bus, Bahn, Fahrrad, ...),
- beliebige Kombination an lokalen Angeboten (es bestehen zahlreiche Möglichkeiten).

Die folgenden Ausführungen zeigen die Planung einer Exkursion, die im Rahmen eines zweitägigen Betriebsausflugs stattfindet.

8.5.1 Initialisierung

Initiiert wird die Exkursion bzw. der Betriebsausflug in erster Linie durch das Management bzw. im Umfeld des Managements (kurze Entscheidungswege) durch die beauftragten Personen. Der erste Planungsschritt ist das Erstellen eines Grobkonzepts, das folgende Punkte beinhaltet bzw. berücksichtigt:

- Planung Zeitraum,
- Umfang und Anzahl Tage,
- Termin unter Berücksichtigung von:
  - Urlaubszeiten der Mitarbeiter,
  - Zeiten mit großem Arbeitsanfall,
  - erwarteten großen Aufträgen und anderen Aufgaben,

- externe Vorgaben,
- Grobkonzept (Exkursion, Geselligkeit),
- Budget (grober Rahmen).

Der Termin muss mindestens ein halbes Jahr, besser ein ganzes Jahr vorher bekannt gegeben und im Firmenterminkalender geblockt werden. Damit wird sichergestellt, dass jeder die Möglichkeit hat, teilzunehmen. Ansonsten schlägt die Veranstaltung, die auch zur Motivation der Mitarbeiter beitragen soll, für manche schnell in Demotivation über.

8.5.2 *Start*

Nachdem der Zeitrahmen abgesteckt ist, geht es in die detaillierte Planung über. Es werden:

- Vorschläge zu möglichen Zielen gesammelt,
- Interessen abgeklärt,
- Anfragen an Reisebüros, Reiseveranstalter, Busunternehmen und Fremdenverkehrsämter gestellt,
- mögliche Programme (z. B. Tagesprogramm) durch Kombination der Angebote zusammengestellt.

8.5.3 *Vorbereitung*

Sobald die Auswahl an Angeboten ausreichend ist, teilt sich die weitere Planung und Vorbereitung in vier Bereiche, die selbstverständlich nicht unabhängig voneinander sind:

- Programm,
- Unterkunft,
- Anmeldung und Mitarbeiterinformation,
- Notfallplan, Erreichbarkeit.

8.5.3.1 Programm

Bei der Planung des Programms muss auf die Inhomogenität der Gruppe geachtet werden. Ist die Gruppe homogen und klein, ist es leichter gemeinsame Interessen zu finden. Hier können dann speziellere Punkte ins Programm aufgenommen werden, beispielsweise eine Raftingtour. Bei inhomogenen Gruppen können allgemeinere Ziele (Besichtigungen, Kulturelles) passender sein.

Wichtig ist zudem, dass eine im Gegensatz zum Betriebsalltag zwanglosere Atmosphäre erreicht wird. Dies kann nur durch die richtige Auswahl und Mischung der Programmpunkte erreicht werden.

Um bei der Programmplanung möglichst sicher zu gehen, ist es sinnvoll, durch vorsichtige Anfrage bei den so genannten Opinion-Leadern (Meinungsführer) die Standpunkte zu verschiedenen in Betracht gezogenen Zielen abzuklären. Ansonsten besteht die Gefahr, dass durch Stimmungsmache viele Mitarbeiter nicht teilnehmen bzw. die Exkursion/der Ausflug von vorneherein als schlecht abgestempelt wird.

Je nach Auswahl der Programmpunkte, ist die Anmeldung mehrere Monate im Voraus notwendig.

Folgende Fragen sollten bei der Planung bezüglich des Punktes Beförderungsmittel geklärt werden:

- Welche Entfernung soll das Ziel maximal haben? Niemand will die Hälfte der Zeit beispielsweise im Bus verbringen.
- Wie lange soll der Aufenthalt vor Ort sein?
- Welche Transportmittel kommen in Frage (Flugzeug, Bus, Taxi, Schiff, Fähre, Kutsche, Bahn, Straßenbahn, …)? Auch ein Wechsel des Transportmittels kann die Attraktivität des Ausflugs steigern.
- Wie sind die Entfernungen zwischen den einzelnen Zielen?
- Welcher Service ist unterwegs erwünscht (z. B. Getränke an Bord, WC)?

8.5.3.2 Unterkunft

Bei mehrtägigen Exkursionen wird eine Übernachtungsmöglichkeit benötigt. Bei der Auswahl der Unterkunft sind folgende Punkte zu beachten:

- Die Unterkunft sollte angemessen sein. Eine billige Absteige ist genauso fehl am Platz wie ein Nobelhotel. Bei Ersterem heißt es schnell: „Bei den Mitarbeitern wird mal wieder gespart", bei Letzterem kommt schnell die Aussage auf, dass Geld „zum Fenster hinaus geworfen wird".
- Auch die Lage und das Umfeld des Hotels tragen wesentlich zum Wohlbefinden der Teilnehmer bei. Es ist ein Unterschied, ob das Hotel im Grünen, in Strandnähe oder im geräuschreichen Industriepark steht. Citynähe ist für eventuelle abendliche Unternehmungen sinnvoll.
- In Betracht gezogen werden sollte, je nach Fülle des Programms, dass die Mitarbeiter gegebenenfalls Einrichtungen wie Sauna, Fitness-Raum oder Swimmingpool nutzen möchten.
- Um einen Reinfall zu vermeiden, bietet es sich u. U. an, das ausgewählte Hotel im Vorfeld zu besuchen, dort zu essen, zu übernachten und ggf. die Schulungsräume zu besichtigen. Werbeprospekte zeigen oftmals nur die schönsten Seiten.

8.5.3.3 Anmeldung und Mitarbeiterinformation

Sobald das Programm steht und die Unterkunft vorreserviert ist, werden die Mitarbeiter informiert. Ein Anmeldeschreiben wird erstellt und verteilt. Der Rücklauf wird verfolgt. Folgende Informationen sollten im Anmeldeschreiben enthalten sein:

- Termin,
- Abfahrtszeit,
- Uhrzeit der Rückkehr,
- Einstiegsstellen,
- Anschriften (Hotel, Programmpunkte),
- Infos zum Programm,
- Rückmeldefrist,
- Teilnahmebeitrag,
- welche Kosten das Unternehmen übernimmt (z. B. Bargetränke),
- ggf. Kleiderordnung (leger oder Anzugspflicht).

8.5.3.4 Notfallplan, Erreichbarkeit

Auch während eines Betriebsausflug stellt die Erreichbarkeit bestimmter Mitarbeiter, Manager oder des Geschäftsführers einen wichtigen Punkt dar. Oftmals muss diese für kurzfristige Entscheidungen gewährleistet sein. Im Zeitalter des Mobiltelefons ist dies leicht erreichbar. Jedoch sollte eine Person, die beispielsweise die Telefonzentrale besetzt, die Wichtigkeit abschätzen und einen Anruf oder eine Information nur in dringenden Fällen weiterleiten. Diese Person muss im Vorfeld ausreichend informiert sein, um die richtigen Eskalationsschritte zu veranlassen. Wenn alle Mitarbeiter am Ausflug teilnehmen, besteht die Möglichkeit über eine externe Telefonzentrale (Agentur) die Anrufe entgegen nehmen zu lassen.

8.5.4 Vorlauf

In den Tagen und Stunden vor dem Ausflug werden die einzelnen Programmpunkte nochmals mit den Anbietern abgesprochen um sicherzustellen, dass es keine offenen Fragen mehr gibt. Des Weiteren wird der Telefondienst eingewiesen und beispielsweise Getränke und Imbiss für die Busfahrt bestellt und besorgt.

8.5.5 Event

Bei einer guten Planung kann die Exkursion von allen genossen werden. Wichtig ist, dass der Ausflugsverantwortliche als Ansprechperson für z. B. Hotelangestellte oder besuchte Firmen zur Verfügung steht.

Als Andenken an den Ausflug kann ein kleines Giveaway (wenn auf dem Programm beispielsweise ein Golfschnupperkurs steht, ein Golfball mit Firmenlogo) verteilt werden.

8.5.6 *Nachlauf*

Nach der Rückkehr werden die mitgenommenen Utensilien verräumt.

8.5.7 *Nachbereitung*

Bestandteile der Nachbereitung sind:

- Rechnungen bezahlen,
- Bildernachbestellung,
- Feedback einholen.

8.6 Tagung

Tagungen sind der Pulsschlag der „scientific community". Auch Unternehmen können für ihre Forschung und Entwicklung auf wissenschaftliche Tagungen angewiesen sein, die sie unter Umständen auch selbst organisieren. Die Tagung kann auch der gemeinsamen Strategiefindung oder dem Informationsaustausch zwischen einzelnen Bereichen dienen. Die hier betrachteten Prinzipien können für Workshops und Sitzungen angewandt werden.

Eine Tagung kann sein:

- intern (Firma, Abteilung, Verband),
- beschränkt (eingeladene Kunden, gemeinsame Erarbeitung eines Managementsystems im Konvoi, Standardisierung),
- offen (mit beschränktem „call for papers" oder offenem Kreis von Vortragenden und Auswahl durch Programmausschuss).

Die Tagung ist typischerweise größer als die hier betrachteten Schulungen oder Firmenpräsentation. Sie zeichnet sich dadurch aus, dass mehrere Personen aktiv beitragen.

Wir betrachten als Beispiel einen kleinen wissenschaftlichen Workshop: Der Verein Studium und Praxis der Universität Ulm veranstaltet für seine Mitglieder einen Workshop, der dem fachlichen und persönlichen Erfahrungsaustausch dient. Damit wird die Kommunikation zwischen Hochschule und Unternehmen gefördert. Der Workshop kann als Prototyp für Tagungen mit starker Aktivierung der Teilnehmer gesehen werden.

8.6.1 Initialisierung

Der erste Workshop entstand aus der Grundidee, Absolventen und Studenten zusammenzubringen. Unter dem Motto „Was erwartet Studenten im Unternehmen, Was erwarten Unternehmen vom Studenten" referierten Absolventen aus der Praxis. Am Ende der Workshops wurde jeweils direkt der Wunsch geäußert, im Folgejahr einen weiteren zu veranstalten. Trotz dieser Kette ist jeder Workshop ein eigenständiges Ereignis.

Die Initialisierung ist noch nicht dadurch erreicht, dass jeder sagt „wir sollten wieder". Notwendig ist, dass ein bis drei Aktive sich zusammentun und die Planung in die Hand nehmen. Die Konzeption erfolgt durch diese Gruppe in Abstimmung mit dem Vorstand.

8.6.2 Start

Der Start des Projektes ist der Zeitpunkt, wenn der Vorstand sich bereit erklärt, den Workshop zu veranstalten und das Projektteam diese Aufgabe übernimmt. Dies muss etwa ein Jahr vor dem Workshop stattfinden.

Wenn das Projektteam aus zwei Personen besteht, kann in den inhaltlichen (Themen, Vorträge) und den organisatorischen (Raum, Anmeldung) Bereich getrennt werden. Ansonsten kann der Organisator für Aushänge und ähnliches an der Hochschule auf engagierte Studenten zurückgreifen.

In der Startphase werden der Termin und das grobe Thema des Workshops festgelegt. Der Ort wird von der Region her bestimmt (also auf ca. 100 km genau, um die Bedingungen der An- und Abreise festlegen zu können).

In einer Vorinformation werden Vorstandsmitglieder und engagierte Vereinsmitglieder befragt, ob sie gegen Ort und Termin prinzipielle Einwände haben. So wird eine Kollision mit wichtigen anderen Terminen von Verein und Hochschule vermieden. Eine Blitzumfrage per Email erlaubt eine Einschätzung der Akzeptanz von Termin und Thema.

Wenn dies in Ordnung ist, wird der geplante Tagungsort nachgefragt und vorreserviert. Als Tagungsorte kommen Häuser infrage, die für Seminare im Hochschulbereich ausgerüstet sind (Seminarhäuser der Hochschulen oder Sportverbände, Kloster, Seminarhotels).

Der Organisator legt nach den örtlichen Möglichkeiten und Gegebenheiten folgendes fest:

- Anzahl Teilnehmer, Anzahl Einzel-/Doppelzimmer.
- Dauer, Beginn und Ende (insbesondere die Länge des Workshops ist im Zusammengang mit dem Termin festzulegen: die Anreise muss sich lohnen, ohne dass der Workshop Längen bekommt).

- Verpflegung (Vollpension, Begrüßungskaffee: insbesondere die Verpflegung bei Anreise und Abreise ist kritisch zu planen, da immer Teilnehmer später kommen oder bereits vor dem Mittagessen abreisen).
- Motto und Titel des Workshops (damit wird auch die Zielgruppe gesteuert. Flexibilität ist erforderlich, damit Interessenten ihr Thema mit unterbringen können).
- Anzahl der Vorträge und Vortragsblocks (Sektionen).
- Weitere Veranstaltungen. Gerade die Veranstaltungen, die dem Ort und dem Motto des Workshops angepasst sind, geben dem Workshop das individuelle Gesicht und den Erinnerungswert. Beispiele sind:
  - Exkursionen zur lokalen Wirtschaft und Geologie (Weinberg, Firma, Bergwerk, Museumsbahn, ...),
  - Besichtigungen zur Geschichte und Kultur (Kloster, Burgen, Industriegeschichte, ...),
  - Vorträge, die bestimmte Bereiche (Spiele, Zauberei, Kochen, ...) mit dem Motto (Ökologie, Modelle, Globalisierung, ...) verbinden,
  - Vorträge, in denen die regionale Geologie, Natur, Geschichte, Kultur und Wirtschaft in ihrem Zusammenhang erläutert werden.

Ergebnis der Startphase ist das Programm des Workshops mit einem groben Ablauf und ein Einladungsschreiben mit der Beschreibung der wichtigsten Highlights.

Aus den Kosten von Übernachtung/Stornierung, Verpflegung, Seminarräumen und Exkursionen können die fixen und teilnehmerproportionalen Kosten berechnet werden. Darauf basierend wird mit dem Vorstand besprochen, welche Kosten der Verein übernimmt, und welchen Zuschuss der Verein für die studentischen Teilnehmer übernimmt. Damit stehen die Kosten für die Teilnehmer fest.

8.6.3 Vorbereitung

Die Einladung wird per Email und Vereinszeitschrift verteilt und an der Hochschule ausgehängt.

Aufgrund der Anmeldungen werden Sektionen gebildet, Sektionsleiter gesucht, eventuell Teilnehmer für ergänzende Vorträge gezielt angesprochen. Ferner werden Anreisen auch mit Fahrgemeinschaften organisiert.

Je nach Vorgaben von Gastgeber und Verein ist die Entscheidung zur Durchführung des Workshops oder zur Stornierung zu treffen.

Die Vortragsmanuskripte gehen zum angekündigten Zeitpunkt ein bzw. müssen angemahnt werden. Je nachdem, wann die Vortragszusammenfassungen publiziert werden sollen, ist die Abgabe der Vorträge zu planen.

Folgende Grundprinzipien für die organisatorische Abwicklung der Erstellung eines Tagungsbands sind denkbar:

Tab. 8.2 Organisation Tagungsband

Sammlung der Beiträge	Ausgabe des Bandes	Vorteil	Nachteil
Vorher	Vorher (per Post)	Gute Vorbereitung	Sehr viel Vorlauf Abweichungen
Vorher	Zum Workshop	Material zum Vortrag	Abweichungen wenig Spontaneität
Beim Workshop	Beim Workshop	Relativ aktuell Material verfügbar	Hoher Aufwand Infrastruktur
Beim Workshop	Später (per Post)	Relativ aktuell sicher	Änderungen nicht berücksichtigt
Nachher	Später (per Post)	Aktuelle Änderungen	Lange Verzögerung

8.6.4 *Vorlauf*

Eine Woche vorher ist eine Rücksprache mit dem Gastgeber wegen der genauen Zahl der Übernachtungen, Seminarräume und Essen notwendig.

Der Organisator sollte einige Stunden vor dem offiziellen Beginn vor Ort sein, um letzte Absprachen zu treffen, finanzielle und organisatorische Regelungen abzusprechen und Räume vorzubereiten. In dieser Zeit ist sicherzustellen, dass der Organisator oder sein Vertreter vor Ort telefonisch erreichbar ist.

8.6.5 *Event*

Mit der Begrüßung der Teilnehmer und der Eintragung in die Teilnehmerliste beginnt der Workshop. Der Eröffnungsvortrag stimmt die Teilnehmer in das Thema des Workshops ein.

Die Programmpunkte werden wie geplant durchgeführt. Für wetterabhängige Programmpunkte ist ein Ersatz oder eine alternative Terminplanung (Vorziehen von Vorträgen) möglich.

Die offizielle Beendigung des Workshops sollte vor dem Abschiedskaffee liegen, damit noch möglichst alle Teilnehmer da sind und sich nicht der Teilnehmerkreis nach und nach verliert. Bei der Beendigung kann auch auf noch offene Punkte (Rechnungen, Abgabe von Gerät, Abgabe von Manuskripten) hingewiesen werden.

Zur Verabschiedung der Teilnehmer und zur Danksagung an die Gastgeber und Organisatoren sollte auch noch ein Vorstandsmitglied anwesend sein.

8.6.6 *Nachlauf*

Abbau und Rückgabe von Geräten, Verpackung und Abtransport eigener Geräte und die Abrechnung mit Gastgebern, Referenten und allen, die sonstige Auslagen hatten, schließt den Workshop ab.

8.6.7 Nachbereitung

Der Organisator rechnet mit den Gastgebern (Endabrechnung Übernachtung, Tagungsräume, Geräte, Essen), Referenten (Reisekosten, Honorare), Teilnehmern (Übernachtung, Tagungsgebühr, Material, Verpflegung) und weiteren Kostenstellen (Transport, Events, Material) und anschließend mit dem Träger (Verein, Hochschule) ab.

Die Information der Presse (Lokalpresse, Fachpresse) und der Bericht für die Vereins- bzw. Hochschulzeitung müssen jeweils zielgruppenspezifisch erstellt werden.

Wenn zum Abschluss die Publikation eines Tagungsbandes gehört, kann sich dies durchaus noch über längere Zeit ziehen und sollte als eigenes Projekt geplant werden.

8.7 Jubiläum

Jubiläen sind nicht immer private Veranstaltungen. Das 10-jährige Bestehen der Firma interessiert die Öffentlichkeit ebenso wie der 60-ste Geburtstag des Unternehmers. Die in diesem Beispiel beschriebene Planung und Organisation eines Vereinsjubiläums lässt sich auf die zuvor genannten Punkte nahezu eins zu eins übernehmen. Ähnlich gelagerte Veranstaltungen sind auch Mitarbeiterjubiläen oder private Jubiläen (siehe auch Beispiel Feier/Kundenevent).

Bestandteil einer Jubiläumsfeier kann unter Umständen eine besondere Party sein (siehe auch Beispiel Party).

8.7.1 Initialisierung

Das Jubiläum bietet dem Verein und den Sponsoren die Möglichkeit der Imagepflege. Die Durchführung des Festes bringt viel Arbeit mit sich und kostet enorm Zeit, jedoch wirkt dieses „Zusammen etwas erreichen" auch motivationsfördernd. Zum einen haben alle Spaß daran, gemeinsam etwas zu planen und durchzuführen, zum anderen vermittelt es den Eindruck: „Bei uns ist was los".

Die Konzeption des Festes umfasst:

- Dauer: 3 Tage mit je ca. 700 Besuchern,
- Ort: Stadthalle,
- Ablauf:
  - Tag (Freitag): Unterhaltungsabend mit Musik (Stimmungskapelle),
  - Tag (Samstag): Festabend mit Auftritten und Darbietungen,
  - Tag (Sonntag): Festumzug, Ausklang, Spielstraße für Kinder.

Initiiert wird das Fest durch die Vorstandschaft bzw. Beiratsmitglieder. Evtl. kann eine grundsätzliche Entscheidung auch in einer Hauptversammlung gefällt werden. Die Initialisierung beginnt mindestens 1,5 bis 2 Jahre vorher.

8.7.2 *Start*

Das Projektteam besteht vorläufig aus Vorstand und Beirat. Weitere engagierte Mitglieder werden später mit ins Boot geholt.

Bei der Terminplanung wird vor allem auf die Verfügbarkeit des Veranstaltungsortes sowie auf bereits feststehende, oftmals traditionelle und publikumswirksame Veranstaltungen der näheren Umgebung Rücksicht genommen.

Die Anzahl der zu erwartenden Besucher wird aufgrund von Erfahrungswerten geschätzt, wobei die Anzahl der geladenen Gäste (Ehrengäste, andere befreundete Gruppen, …) mit in die Planung einfließt.

Die Planung der Logistik beschränkt sich weitgehend auf die Bereiche Verpflegung, sowie Bestuhlung und Dekoration, da mit der Wahl der Örtlichkeit „Stadthalle" andere Bereiche weitgehend vorgegeben sind.

Vorverhandlungen mit in Frage kommenden Musikgruppen/Bands werden schon im Vorfeld geführt, da das Ergebnis dieser Gespräche zwangsläufig das geplante Programm stark beeinflusst.

Wenn die Örtlichkeiten gebucht und die gewünschten Musikgruppen/Bands verpflichtet sind, gehen die Planungen in die konkrete Vorbereitungsphase über.

8.7.3 *Vorbereitung*

In der Aufgabenverteilung werden einzelne Verantwortungsbereiche definiert und Personen zugewiesen. Hier wird das Vorbereitungsteam sukzessive erweitert. Die Detailplanung kann beginnen.

Die Eventplanung konzentriert sich auf die folgenden Punkte:

- Werbung/Marketing/Presse,
- Einladen der Ehrengäste und befreundeter Gruppen,
- Planung Verpflegung, Vorbestellung Waren,
- Planung Logistik, Erstellen eines Arbeitsplanes für die Mitglieder.

Der Zeitpunkt, an dem es kein Zurück mehr gibt, ist erreicht, sobald der Veranstaltungsort fest gebucht und die gewünschten Akteure (Bands) vertraglich verpflichtet sind. Ab diesem Zeitpunkt ist ein Planungsstopp mit erheblichen Kosten verbunden. Des Weiteren wäre ein Absagen der Veranstaltung mit einem erheblichen Imageverlust verbunden.

8.7.4 *Vorlauf*

Wenige Tage vor Veranstaltungsbeginn wird mit dem Herrichten der notwendigen Materialien (Dekoration, …) begonnen. Dies hängt davon ab, wann im Vorfeld die letzte Veranstaltung am Veranstaltungsort ist.

Die Infrastruktur in der Stadthalle ist weitgehend vorhanden. Der Aufbau konzentriert sich daher auf Bestuhlung, Dekoration, Hinweisschilder, Preisschilder usw.

Am ersten Veranstaltungstag werden am Nachmittag Lebensmittel und Getränke angeliefert.

Saalöffnung am Freitag und Samstag ist jeweils um 18:00 Uhr, am Sonntag um 09:00 Uhr.

8.7.5 Event

Die Begrüßung übernimmt der Vorsitzende, der dann an einen Conferencier abgibt.

Das Programm ist folgendermaßen geplant:

- Freitag: Unterhaltung durch eine Stimmungskapelle,
- Samstag: Festabend mit Darbietungen befreundeter Gruppen und Unterhaltungsmusik,
- Sonntag: Frühschoppen, Festumzug, Spielstraße für Kinder, Festausklang mit Musik.

8.7.6 Nachlauf

Am späten Sonntag und am Montagvormittag wird abgestuhlt, gereinigt und das benötigte Dekorationsmaterial usw. verräumt.

8.7.7 Nachbereitung

Bei einer Nachbesprechung wird auf das Fest zurückgeblickt und erläutert, warum das Fest ein Erfolg/Misserfolg war.

Der Kassierer rechnet das Fest ab und bereitet die Steuererklärung vor.

8.8 Feier/Kundenevent

Auch für Firmenfeiern und private Feste ist das Konzept des Eventmanagements anwendbar. Der Rahmen ist übersichtlich, aber im Allgemeinen auch nicht vernachlässigbar, wenn ein Unternehmen mehr als 100 Gäste für einen Abend einlädt.

Die folgende Darstellung gilt sowohl für eine Firmenfeier als auch für eine private Feier (siehe Tabelle), ist also für jegliche Art kleiner Jubiläen und Feiern im öffentlichen, beruflichen und privaten Bereich anwendbar.

Tab. 8.3 Beispiele für Arten und Größenordnungen für Feiern und Kundenevents

Art	Größenordnung (Anzahl Gäste/Teilnehmer)
Firmenfeier	50–500
Kundenevent	20–200
Hochzeitsfeier	50–200
Ehrung	10–50

8.8.1 Initialisierung

Nach der gemeinsamen Entscheidung, müssen die Vorgaben geklärt werden.

Folgende Punkte sind in der Initialisierung wichtig:

- Grobe Terminvorstellung (Jahreszeit, externe Vorgaben, Urlaubszeit), wenn dies nicht durch Art der Feier (siehe Jubiläum) festgelegt ist.
- Grobe Vorstellung von Rahmen und Größenordnung.

8.8.2 Start

In der Startphase ist die Abstimmung mit den wichtigsten Beteiligten notwendig.

- Kosten kalkulieren und Finanzen klären,
- beteiligte Personen festlegen (Festredner, Ehrengäste),
- Termine festlegen,
- Räume reservieren,
- vorläufige Gästeliste aufstellen.

8.8.3 Vorbereitung

Folgende Punkte sind bei der Vorbereitung zu erledigen:

- Konzeption des Ablaufs in einzelne Teile,
- Gästeliste und Einladungslisten (für die einzelnen Teile) aufstellen,
- Termin und Räumlichkeiten für die Feier festlegen und reservieren,
- Musiker oder Band für Feier engagieren, Fahrzeuge organisieren,
- Einladungen und Anzeigen gestalten, Druck klären (evtl. mehrere Einladungen), Probeabzüge korrigieren,

- Einladungen und Anzeigen verschicken oder persönlich abgeben. Rückmeldung anfordern und einholen,
- Anfahrt und Übernachtung klären, Wegbeschreibung und Übernachtungsliste verschicken, Hotelzimmer und Übernachtung für Gäste organisieren,
- Plätze festlegen (Getränke, Begrüßung, Garderobe, Geschenke) und Ablauf durchspielen,
- Personen aussuchen, die für Organisatorisches am Tag der Feier zuständig sind und Listen (Gäste, Geschenke, Anrufe) führen,
- Ablauf der Feier planen: Zeiten mit Pufferzeiten planen (Fahrten, Essen),
- Programmhefte gestalten, Termine weitergeben,
- Tisch- und Menükarten gestalten, Tischeinteilung vornehmen,
- Essen, Torten, Gebäck und Getränke organisieren,
- Tischschmuck und Sträuße beim Floristen bestellen,
- Termine bestätigen,
- Eventelemente einplanen (Auftritt von Personen, die humorvoll berichten, Zauberer, Tanzeinlagen, Besichtigung).

8.8.4 Vorlauf

Kurz vor dem Termin sollten die folgenden Punkte (mehrmals) überprüft werden:

- Dokumente vorhanden, gültig und vollständig (insbesondere bei Hochzeit, Jubiläen, Ernennungen),
- alle relevanten Personen informiert und anwesend,
- Räume in Ordnung.

8.8.5 Event

Es ist wichtig, dass das Event soweit vorbereitet ist, dass Jubilar und Ehrengäste das Fest selbst genießen können, ohne sich um operative Details kümmern zu müssen.

8.8.6 Nachlauf

Sofort im Nachlauf sind durch vorher ausgewählte Personen einige Aktionen zu erledigen:

- Anwesenheitsliste rechtzeitig ausfüllen, komplettieren,
- Abrechnung mit Gastronomie, Musik, Eventveranstalter,
- Aufräumen und Räume beim Verlassen prüfen.

8.8.7 Nachbereitung

Die Nachbereitung umfasst

- Zusammenstellung der Gästeliste und Geschenkliste,
- Danksagungen,
- Zusammenstellung der Rechnungen und Kosten.

8.9 Party

Ob Wahl-, Vereins-, Mitarbeiter- oder Kundenparty, eine derartige Veranstaltung ist nicht so einfach geplant wie eine Party zuhause in den eigenen vier Wänden. Aber wenn eine Organisation damit junge Leute ansprechen will oder mit der Party etwas Geld in die Vereinskasse kommen soll, braucht es mehr.

Diese Möglichkeit, Personen erlebnisorientiert anzusprechen, wurde im Kapitel Grundlagen diskutiert. Sie wird heute von Unternehmen, Kommunen, Parteien und Vereinen genutzt, um junge Menschen anzusprechen. Je nach Zielsetzung (Mitarbeiterwerbung, Kundenwerbung, Gewaltprävention, Umweltsensibilisierung) sind dabei entsprechende Randbedingungen an Form und Inhalt der Party, an Programmpunkte und Logistik zu beachten.

Die folgenden Ausführungen zeigen die Planung und Organisation einer Beachparty mit etwa 1.000 Gästen. Die Erfahrungen aus diesem Event können für viele Arten von Partys als Musterbeispiel dienen, egal ob diese privater, kommerzieller oder politischer Natur sind.

8.9.1 Initialisierung

Wie eingangs angeführt, nutzen bspw. Vereine oftmals die Möglichkeit über die Durchführung von Rockveranstaltungen mit Cover-Bands ihre Kasse aufzubessern. Das Angebot an dieser Art von Veranstaltung ist daher sehr groß. Eine Veranstaltung dieser Art lässt sich nur schwer von den anderen gleichartigen abheben. Die Mitglieder eines jungen Chores suchten daher nach etwas Besonderem. Eine Brainstorming-Sitzung mit allen Mitgliedern brachte die zündende Idee, eine Beachparty durchzuführen. Seither wird diese jährlich durchgeführt.

Folgende Ziele werden verfolgt:

- Motivation der Mitglieder: Gemeinsam über die bisherigen Aktivitäten hinaus etwas Besonderes auf die Beine stellen (Spaß haben im Team, Prestige).
- Mitgliederwerbung (im Unterbewusstsein): Eindruck „es macht Spaß dabei zu sein“ wird vermittelt.
- Finanzieller Erfolg zur Finanzierung der laufenden Kosten.

Die Eckpunkte der Veranstaltung werden im Grobkonzept festgehalten:

- Abendveranstaltung,
- Veranstaltungsort: große Maschinenhalle, Platz für 1.300 Personen,
- tonnenweise Sand, Pools, Cocktails, Hitze, Beach-Sound, passende Dekoration, passende Darbietungen.

Zum Grobkonzept gehört auch eine Planung der Ausgaben und Einnahmen. Die Tabelle zeigt einige wesentliche Positionen in ihrer Größenordnung:

Tab. 8.4 Beispiel für die finanzielle Größenordnung einer Party

Finanzen	Größenordnung:	
	200 Personen	1.000 Personen
Einnahmen:		
Eintritt	1.200 €	6.000 €
Sponsoring	600 €	2.000 €
Speisen- und Getränkeverkauf (netto)	800 €	4.000 €
Ausgaben:		
Hallenmiete, Einrichtung	300 €	1.000 €
Werbemittel, Eintrittskarten	300 €	2.500 €
Dekoration	300 €	1.000 €
Genehmigungen, Versicherungen, Gema	200 €	600 €
Licht- und Ton (inkl. DJ)	500 €	2.000 €
Tanzeinlagen	800 €	1.500 €
Security-Dienst	0 €	1.000 €

Initiiert wird die Party jeweils ein knappes Jahr vorher durch den Vorstand.

8.9.2 Start

Das Projektteam besteht im Vorfeld aus der Vorstandschaft.

Der erste Planungspunkt ist die Terminfestlegung. Die Verfügbarkeit der Maschinenhalle muss gesichert sein. Des Weiteren sollte die Anzahl der Konkurrenzveranstaltungen (=Veranstaltungen für Personen zwischen 16 und 40 Jahren) im näheren Einzugsgebiet gering sein. Damit sind die Voraussetzungen gegeben, um in die Vorbereitungsphase einzutreten.

8.9.3 Vorbereitung

Die Vorbereitungsphase beginnt ca. 6 Monate vor dem Event. Hier gilt es, rechtzeitig ein Sponsoringkonzept zu entwerfen und Sponsoren zu finden. Es bieten sich zum einen Sportgeschäfte oder Fitness-Einrichtungen an, die den Flair „Beach“ für sich vermarkten können. Zum anderen können auch Lieferanten (z. B. Getränkelieferanten) als Sponsoringpartner auftreten. Da die Beachparty eine lokale Veranstaltung ist, wird auf potentielle Sponsoren aus der näheren Umgebung zugegangen.

Ein weiterer Punkt, der bereits einige Monate vorher erledigt werden muss, besteht im Engagieren möglicher Tanzgruppen (z. B. Verpflichtung einer Samba-Tanzgruppe), die für reichlich Stimmung sorgen sollen.

8.9.3.1 Aufgabenverteilung

Nachdem die Eckpunkte der Veranstaltung gesetzt sind, geht es in die detaillierte Vorbereitung. Diese beginnt 3 Monate vor der Veranstaltung. Jetzt wird das Projektteam um engagierte Vereinsmitglieder erweitert, die verschiedenen Zuständigkeiten und Bereiche definiert und die Verantwortung auf die einzelnen Personen übertragen.

Im Rahmen verschiedener Teamsitzungen können alle Beteiligten ihre Meinung äußern und Vorschläge aktiv einbringen.

8.9.3.2 Eventplanung

Im Folgenden sind die einzelnen Planungsbereiche aufgeführt:

- Werbekonzept festlegen (6 Zeitungsanzeigen, 300 Plakate, 7.000 Flyer, Einzugsgebiet 30 km, Internet),
- Werbung durchführen: Streuung der Plakate und Flyer (in Eigenleistung durch die Mitglieder),
- zusätzlich Infopool im Internet (www.waikiki-beach-party.de),
- Budgetplanung, Kalkulation,
- Planung und Durchführung Vorverkauf,
- Schankerlaubnis + Sperrzeitverkürzung beantragen,
- Komplettvergabe des Essens,
- Bestellung Getränke (Verkauf in Eigenregie),
- Organisation von Licht- und Soundtechnik,
- Verpflichtung eines DJ,
- Festlegung des Ablaufs,
- Erstellung Arbeitsplan für Anlauf-, Aktiv- und Nachlaufphase,
- Abschließen einer Haftpflichtversicherung,
- Kontakt zu Hilfsorganisationen wie Feuerwehr und Rettungsdienst.

Die Planung der Logistik bei der Beachparty ist im Gegensatz zu der oben genannten Stadthallen-Veranstaltung sehr aufwendig und konzentriert sich auf folgende Punkte:

- Beschaffung und Aufbau Theken, Bars, Bühne und Umkleidemöglichkeit für die Akteure,
- Installation Wasser und Strom,
- Installation Sanitäre Einrichtungen (WC-Wagen),
- Heranschaffen und Verteilung von 100 Tonnen Sand,
- Dekoration (hat einen hohen Stellenwert bei einer derartigen Veranstaltung: Betonwände mit gelbem Stoff verkleiden, Palmen, ...),

- Anlieferung der Getränke,
- Heizen der Halle.

Mit Engagieren verschiedener Tanzgruppen bzw. Beginn des Vorverkaufs kann ein Absagen der Veranstaltung teuer werden.

Getränke, Halle und Musik könnten relativ kurzfristig und ohne große finanzielle Belastung abbestellt werden, da für diese Punkte Personen aus dem Bekanntenkreis der Mitglieder engagiert werden.

8.9.4 *Vorlauf*

Eine Woche vorher wird die Maschinenhalle leergeräumt.

Die Aktivitäten haben folgende Schwerpunkte:

- Aufbau Logistik,
- Dekoration,
- Anlieferung Getränke und Ausschankutensilien,
- Aufbau Licht- und Soundtechnik,
- Sicherheitsüberprüfung (Check).

8.9.5 *Event*

Mit dem Eintreten in die beheizte, vollständig dekorierte und hell beleuchtete Halle beginnt für den Besucher das Party-Feeling a la Hawaii. Sand, Cocktail-Bars, mehrere kleine Warmwasserpools und passender Beach-Sound verwandeln die Maschinenhalle in eine Oase der Erholung und Entspannung bei viel Spaß und guter Laune. Der DJ heizt die Besucher kräftig ein.

Ab 21:00 Uhr gibt es zwischendurch verschiedene kleine Programmpunkte wie z. B. der Auftritt einer original Sambatanzgruppe mit brasilianischen Tänzerinnen und Tänzern. Die Veranstaltung endet um 3:00 Uhr.

8.9.6 *Nachlauf*

An den Folgetagen wird die komplette Dekoration abgebaut und verräumt.

8.9.7 *Nachbereitung*

Nachlauf und Nachbereitung werden im Rahmen eines Helferfests mit Diashow gemacht.

8.10 Outdoor-Veranstaltung

Mit dem Begriff Outdoor-Veranstaltung wird ein weites Feld an Events beschrieben. Das Spektrum umfasst:

- Outdoortraining für Manager im Klettergarten,
- Teambildungsaktivitäten im Rahmen von Projekten oder Abteilungen,
- Abenteuerveranstaltungen als Incentives,
- Sommercamp für Jugendliche.

Die wesentlichen Merkmale und Ziele derartiger Veranstaltungen sind ähnlich:

- Durchführung in der Natur,
- keine Höchstleistungen, sondern sich der Aufgabe als Team stellen,
- gegenseitiges näheres Kennenlernen, Teambildung, Steigerung des Zusammengehörigkeitsgefühls,
- Stärkung der Persönlichkeit, Schaffung von Selbstvertrauen und Vertrauen in andere, Kommunikationsfähigkeit,
- Motivationssteigerung,
- Abenteuer,
- Weiterbildung, Lernerfolg, Erlebnispädagogik,
- Erinnerung an gemeinsam erlebte besondere Tage.

Bei Sommercamps für Jugendliche stehen die sinnvolle Freizeitgestaltung, Abenteuer und Spaß im Vordergrund. Für Unternehmen kommen noch folgende Punkte hinzu.

- Gemeinsames Entwickeln von Lösungsstrategien für zuerst nicht als lösbar erscheinende Probleme durch experimentelles Lernen.
- Lernen, kommende Veränderungen nicht als Bedrohung sondern als Herausforderung wahrzunehmen.
- Übertragung in den betrieblichen Alltag.

Ob nun also ein Unternehmen die Teamfähigkeit seiner Führungscrew verbessern möchte oder eine Jugendorganisation den Mitgliedern eine besondere Attraktion bieten will, die Kriterien, Randbedingungen und Vorgehensweise bei der Durchführung sind jeweils ähnlich gelagert und werden im Folgenden am Beispiel des Freizeitcamps für Jugendliche aufgezeigt.

8.10.1 Initialisierung

Initialisiert wird das zehn Tage dauernde Camp von der Jugendabteilung des Vereins (im Beispiel des Jugendrotkreuzes). Das Camp hat sich über die Jahre von einer internen zu einer für alle interessierten Kinder und Jugendlichen im Alter von acht bis vierzehn Jahren offenen Freizeitveranstaltung entwickelt. Insgesamt nehmen am Lager jeweils ca. 100 Kinder und Jugendliche teil. Die Betreuung geschieht ehrenamtlich zum einen durch Vereinsmitglieder zum anderen auch durch befreundete Personen, die genauso wie die Teilnehmer zehn Tage lang Abenteuer, Spaß und Teamgeist in freier Natur erleben wollen. Verpflegt werden die Teilnehmer am Lagerplatz.

Das Camp wird jeweils ein Dreivierteljahr vorher durch die Campleitung initiiert.

8.10.2 Start

Zum Projektteam gehört die komplette Stamm-Betreuermannschaft. Projektleiter (=Campleitung) sind die von dieser Mannschaft (in Absprache mit der Vorstandschaft) gewählten Personen.

8.10.2.1 Planung

Die wichtigsten Planungspunkte im Vorfeld sind:

- Terminplanung: Auswahl eines Termins während der Sommerferien. (Check, ob Lagerplatz frei!).
- Klärung, wer als Betreuer teilnimmt.
- Planung eines Vorbereitungswochenendes für die Betreuer.
- Kostenkalkulation.

8.10.3 Vorbereitung

Zum Start der Vorbereitungsphase findet ein Vorbereitungswochenende statt. Hier wird das Lager weitgehend detailliert vorgeplant. Des Weiteren wird durch ein solches Treffen der Zusammenhalt im Betreuerteam gestärkt.

In der Grobplanung werden Zuständigkeiten verteilt: Logistik, Essen, Programm. Die Erfahrungen der Betreuer mit den jeweiligen Bereichen werden berücksichtigt. Die darauf folgende Detailplanung geschieht weitgehend getrennt nach den genannten Bereichen, wobei zwischendurch jeweils die Schnittstellen besprochen werden.

Die detaillierte Eventplanung enthält folgende Punkte:

- Programm: Festlegung des Tagesablaufs und Vorbereiten der Spiele.
- Sensibilisierung aller Betreuer hinsichtlich Aufsichtspflicht, möglicher Gefahren, Verhalten bei Nässe, Hygiene, …
- Logistik: Organisation von Zelten, technischer Ausrüstung, …
- Essen: Erstellung von Verpflegungsplan und Einkaufslisten.
- Erstellung und Versand des Anmeldeschreibens.
- Ankündigung in lokaler Presse.
- Kostenkalkulation.
- Absprache Forstamt bzgl. Holz für die Lagerfeuer.

Mit dem Versand des Anmeldeschreibens an die Teilnehmer ist der Zeitpunkt erreicht, an dem das Lager nur noch schwerlich abgesagt werden kann.

8.10.4 Vorlauf

Eine Woche vorher wird mit dem Herrichten und Besorgen der benötigten Materialien begonnen:

- Verladen des kompletten Materials,
- Transport zum Zeltplatz,
- Aufbau der Zeltstadt und Einrichten der Zelte.

8.10.5 Event

Die Teilnehmer reisen gemeinsam mit dem Fahrrad an. Am Treffpunkt beginnt offiziell das Camp. Ab diesem Zeitpunkt übernehmen die Betreuer die Verantwortung für die Kinder und Jugendlichen.

Feste Programmbestandteile sind: verschiedene Spiele (z. B. Olympiade), Basteln, Workshops, Ausflüge, Lagerfeuer, Nachtwanderung, täglich erscheinende Lagerzeitung mit allen News rund ums Lager, Elternbesuchstag, Aktionstage, … und Rückreise, wiederum mit dem Fahrrad.

8.10.6 Nachlauf

Am Rückreisetag wird das Camp komplett abgebaut (12 Schlafzelte und 8 Logistik-Zelte mit je 20 bis 50 qm Grundfläche), das Material gereinigt und an den Folgetagen verräumt.

Während der Rückfahrt bekommt jeder Teilnehmer die Möglichkeit einen Fragebogen auszufüllen, auf dem er die Freizeit im Ganzen und auch die einzelnen Programmpunkte beurteilen kann.

8.10.7 Nachbereitung

Die Betreuer treffen sich einige Wochen nach Beendigung des Lagers zum Rückblick: Auswertung der Fragebögen, Reflexion, Manöverkritik.

Im Spätherbst findet für alle Teilnehmer ein Nachtreffen mit Diashow bei Kaffee und Kuchen statt.

8.11 City-Events

Stadtfeste und Feste in der Innenstadt gehören zum festen Bestandteil des öffentlichen Lebens einer Stadt und prägen vor allem deren kulturelles Image. Stadtfeste tragen sowohl zur Erhöhung der Attraktivität der Stadt als auch zur Steigerung der Identifikation der Bürger mit dieser bei, und werden deshalb heutzutage oft von Kommunen strategisch eingesetzt, um diese Ziele zu erreichen. Auch der Einzelhandel und seine Vereinigungen nutzen den strategischen Vorteil der Innenstadtlage für Veranstaltungen im öffentlichen Raum.

Stadtfeste stehen oft unter einem bestimmten Motto und reichen von Wochenmärkten über verkaufsoffene Sonntage bis hin zu Faschingsumzügen oder Weinfesten.

Ort des Geschehens ist meist die Innenstadt, bei der es sich um eine öffentliche Fläche handelt. Dies hat zur Folge, dass die Ansprüche verschiedenster Gruppen in der Eventplanung berücksichtigt werden müssen. Dazu gehören neben den Anwohnern, die Gastronomie und der Einzelhandel. Fühlen sich Einzelhandel oder Gastronomie durch Verkaufsstände des Veranstalters durch Konkurrenzdruck bedroht, sind Konflikte vorprogrammiert.

Im folgenden Beispiel wird das Stadtfest einer mittelgroßen Stadt mit 60.000 Einwohnern beschrieben, das aus traditionellen Gründen jährlich mit ähnlichem Rahmenprogramm über 3 Tage stattfindet. Bei diesem Stadtfest handelt es sich um ein kommerzielles Event mit offenem Publikumsverkehr.

8.11.1 Initialisierung

Der Vorlauf eines Stadtfests umfasst mehr als ein Jahr, mit der detaillierten Planung sollte mindestens sechs Monate vor dem Event begonnen werden. Innerhalb der Initialisierungsphase wird eine Grobkonzeption für das Stadtfest erarbeitet, die für die nachfolgenden Jahre ebenfalls Gültigkeit haben soll.

Die Kommunen verfolgen mit der Durchführung von Stadtfesten eine Strategie, wobei folgende Ziele erreicht werden sollen:

- Assoziierung besonderer Erlebnisse mit der Stadt, Aufbau bzw. Steigerung eines positiven Images der Stadt,
- Steigerung der Identifikation der Bewohner mit ihrer Stadt, Bindung der Bewohner an die Stadt,
- Anlocken von Touristen und Auswärtigen durch die Veranstaltung, positive Differenzierung des Veranstaltungsangebotes der Stadt von anderen Städten,
- Generierung von Publikumsverkehr und Umsatz für Gastronomie und Geschäfte in der Innenstadt.

Diese Grobkonzeption enthält folgende Eckdaten:

- Termin: jährlich wiederkehrendes Event zum gleichen Zeitpunkt,
- Dauer: 3 Tage (Freitag-Sonntag),
- Ort: Innenstadt,

- tagsüber: Rahmenprogramm soll durch Vereine der Stadt auf verschiedenen Bühnen gestaltet werden: Tanzgruppen, Musikkapellen etc.,
- Abendprogramm: Musik (Lautsprecher oder Live-Musik),
- Verkaufsstände der lokalen Gastronomie oder Vereine sorgen für das leibliche Wohl der Gäste,
- lokale Sponsoren dienen zur Refinanzierung,
- Zielgruppe: Bürger, Touristen, aber auch Auswärtige,
- Träger: Stadt, Sponsoren, Geschäftsleute.

8.11.2 Start

Da es sich bei einem Stadtfest um ein sehr komplexes Projekt mit wiederkehrendem Charakter handelt, wird zuerst ein Projektteam gegründet, das sich bestenfalls jedes Jahr um die gleichen Aufgabenbereiche kümmert. Daraufhin werden Termine/Meilensteine festgelegt, Zeitpläne angefertigt, Arbeitspakete erstellt und innerhalb des Projektteams vergeben.

Folgende Arbeitspakete, die sämtliche Aufgaben zur Planung und Durchführung des Events beinhalten, werden unter den Projektmitgliedern aufgeteilt:

- Location,
- Rahmenprogramm,
- Catering,
- Logistik,
- Sicherheit,
- Technik,
- Promotion.

8.11.3 Vorbereitung

In der Vorbereitungsphase werden alle notwendigen Maßnahmen zur Vorbereitung des Events ausgeführt:

- Location: Das Arbeitspaket beinhaltet unter anderem die Aufteilung der Fläche. Dies betrifft den Aufbau von Verkaufsständen, Bühnen und Zelten. Zum einen muss beachtet werden, dass Anwohner nicht durch Anlieferungen und Lärm belästigt werden. Zum anderen müssen Eingänge von Einzelhandelsgeschäften frei bleiben und dürfen nicht von Verkaufsständen blockiert werden. Der Entwurf eines Flächenplans kann zur Erleichterung dieser Aufgabe beitragen. Ein weiterer Aspekt betrifft die Beantragung von Genehmigungen, die für das Stattfinden des Events notwendig sind (Schank-, Sondernutzungserlaubnis, Sperrzeitverkürzung).
- Rahmenprogramm: Für das Rahmenprogramm müssen Vereine oder Künstler kontaktiert und beauftragt werden. Die Programmpunkte müssen aufeinander abgestimmt und das Ablaufprogramm festgelegt werden.

- Catering: Die Planung des Caterings umfasst die Vergabe der Cateringrechte an die lokale Gastronomie und Vereine, sowie die Organisation eines Geschirr-Mobils. Ein weiterer Punkt der ebenfalls dem Catering zugeordnet werden kann, ist die Platzvergabe für den Aufbau der Verkaufsstände.
- Logistik: Die Logistik umfasst Tätigkeiten wie die Müllentsorgung, die Infrastruktur und Ausschilderungen. Dazu müssen u. a. ebenfalls Angebote eingeholt und Aufträge vergeben werden.
- Sicherheit: Zur Sicherheit der Besucher müssen ausreichende Vorkehrungen getroffen werden. Dazu gehören: Brandschutz, Notfalldienste, Bewachungsdienste und Einrichtung von Sperrzonen. Der Abschluss von Versicherung lässt sich ebenfalls dem Punkt „Sicherheit" zuordnen.
- Technik: Die Stromversorgung muss gewährleistet werden. Ton- und Lichtanlagen müssen angemietet werden.
- Promotion: Maßnahmen, die zur Bekanntmachung des Events dienen müssen festgelegt und organisiert werden.

8.11.4 Vorlauf

Zum Vorlauf eines Stadtfestes gehören Tätigkeiten, die vor allem die Infrastruktur und die Logistik betreffen. Da es sich bei der Location des Stadtfestes um eine öffentliche Fläche handelt, kann der Aufbau von Verkaufsständen und sanitären Anlagen nur kurzfristig erfolgen. Im Folgenden werden die wichtigsten Tätigkeiten im Vorlauf aufgelistet:

- Beschilderungen (Wegweiser, Parkplätze, Toiletten etc.),
- Einrichtung Shuttle-Bushaltestellen,
- Aufbau der sanitären Anlagen,
- Aufbau der Verkaufsstände,
- Aufbau der Bühnen,
- Aufbau der Zelte,
- Sperrzonen einrichten,
- Installation Wasser und Strom,
- Anbringen der Dekoration.

8.11.5 Event

Folgende Punkte müssen während des Events unbedingt beachtet werden, damit ein reibungsloser Ablauf gewährleistet werden kann:

- Gewährleistung der Sauberkeit der Toiletten über den ganzen Zeitraum,
- Gewährleistung der Sicherheit, Ruhe und Ordnung,
- Bewachung von Gütern (bspw. Tonanlagen) über die Nacht und am frühen Morgen,

- Sicherung der Zu- und Abfahrtswege (Fluchtwege müssen freigehalten werden),
- Einhaltung des Jugendschutzes,
- Einhaltung der Sperrzeit,
- Vermeidung der Lärmbelästigung innerhalb der Sperrzeit.

8.11.6 Nachlauf

Der Nachlauf umfasst den Abbau von Verkaufsständen, Bühnen, sanitären Anlagen, Wegweisern, die Entsorgung des Mülls, die Bezahlung der Künstler und des Personals, sowie das Sammeln von Zeitungsberichten.

8.11.7 Nachbereitung

Bei der Nachbereitung eines Stadtfestes werden Zeitungsberichte ausgewertet, Lob und Beschwerden gegenübergestellt und daraus Verbesserungsvorschläge für das nächste Jahr abgeleitet und festgehalten. Darüber hinaus müssen Künstler und Personal ausbezahlt werden.

8.12 Tournee

Eine Musik-Open-Air-Tournee in großen (Fußball-) Stadien durch ganz Deutschland mit bis zu 100.000 Zuschauern bei einer Veranstaltung kann als Prototyp des Events betrachtet werden. Die Zielsetzungen der Beteiligten an einer derartig umfangreichen Veranstaltungsreihe können völlig unterschiedlich sein: Der Künstler, der Veranstalter und der Caterer wollen zunächst Geld verdienen. Für den Künstler können zusätzlich Ziele wie die Vermarktung der aktuellen CD im Vordergrund stehen. Sponsoringpartner oder Medienpartner wollen das Image ihres Produktes oder Unternehmens positiv entwickeln. Die Städte, in denen die Veranstaltung stattfindet, wollen ihr Kulturprogramm bereichern.

Als Beispiel für eine Tournee soll die durch die Premium-Biermarke BECK'S gesponsorte Marius Müller Westernhagen Tournee des Jahres 1999 betrachtet werden. Dieses Beispiel soll/kann bei vielen Fragestellungen rund um das Thema Eventmarketing nützliche Hilfestellungen geben.

Eine derartig umfangreiche Musiktournee besteht aus dem Gesamtevent sowie aus einzelnen Events (den einzelnen Konzerten), so dass die Planung zweistufig abläuft:

- Tourneeplanung insgesamt,
- Eventplanung des einzelnen Konzertes.

8.12.1 Initialisierung

Der Biermarkt in Deutschland ist gekennzeichnet durch einen sinkenden pro-Kopf-Verbrauch trotz stark steigender Werbeausgaben. Durch die Kommunikationsflut wird es immer schwerer und teurer Kunden über klassische Medien effizient zu erreichen. Musiksponsoring als Instrument des Eventmarketing kann dazu dienen, die relevante Zielgruppe auf neue und differenzierte Weise anzusprechen.

8.12.1.1 Zielsetzung

Die Marke BECK'S soll im emotionalen Umfeld der Open-Air-Konzerte für die Konzertbesucher positiv erlebbar gemacht werden.

Durch den Ausschank bei den Konzerten sollen Produktkontakte mit bestehenden und neuen Verwendern erfolgen. Die Produktkontakte müssen in höchster Qualität erfolgen. Dies bedeutet:

- Gut gekühltes Bier wird.
- aus hochwertigem gebrandeten (d. h. mit einer deutlich wahrnehmbaren Markengestaltung versehenem) Ausschankequipment.
- mit Tourbechern (klare Kunststoff-Mehrwegbecher mit Marken- und Tourlogo) ausgeschenkt.
- Der Ausschank soll zusätzlich über ein neu entwickeltes Konzept mit so genannten Rucksackzapfanlagen mobil und damit mit hoher Serviceorientierung umgesetzt werden.

Bei den Konzerten sollen nützliche „Give-aways" der Biermarke verteilt werden, die der Besucher nach Hause mitnimmt.

Die Zielgruppe soll im Rahmen der Tournee vernetzt über integrierte Kommunikation mit klassischer Werbung und POS (Point of Sale) Aktionen im Handel und der Gastronomie angesprochen werden.

Begleitet werden soll das Sponsoring durch PR-Maßnahmen und Kundenbindungsprogramme.

8.12.1.2 Konzeption

Die Tournee wurde geplant für den Zeitraum Mai bis Juni 1999 mit 8 Konzerten in 7 Fußballstadien sowie einer Trabrennbahn (Hamburg) mit jeweils zwischen 50.000 und 100.000 Zuschauern, d. h. insgesamt ca. 550.000 Zuschauern. Schließlich wurden es 11 Konzerte mit ca. 700.000 Besuchern.

Die Werbekampagne der Tournee wurde unter dem Motto „BECK'S präsentiert Westernhagen LIVE 1999" über einen TV-Spot (30 sec), lokale Funk-Spots und eine Print-Kampagne umgesetzt. Thema der Kampagne war u. a. der Gewinn eines Treffens mit Herrn Westernhagen. Der hohe Werbedruck für die Tournee wurde über eine Zusammenarbeit mit SAT1, VIVA, privaten Funksendern und der Bildzeitung erzielt.

Begleitet wurde das Sponsoring über eine nationale Handelspromotion sowie über regionale Gastronomiepromotion. Über die Handelspromotion (in SB-Warenhäusern, Supermärkten etc.) wurden Westernhagen CDs direkt in den Märkten vor Ort verlost sowie als Hauptgewinne Treffen mit Herrn Westernhagen ausgeschrieben.

Kunden der Brauerei sowie Gäste aus den Bereichen Politik, Wirtschaft, Kultur und Wissenschaft wurden gemeinsam mit SAT1 zum Konzert eingeladen. Beinhaltet in der Einladung waren Plätze auf der VIP-Tribüne sowie eine Party vor und nach dem Konzert im VIP-Zelt einschließlich einer durchgängigen gastronomischen Versorgung.

Das Sponsoring wurde auf der Homepage der Biermarke integriert.

Als PR-Maßnahme diente unter anderem eine Brauerei-Besichtigung von Herrn Westernhagen mit Pressebeteiligung.

Der Markenauftritt auf den Konzerten sollte nicht zu massiv, (um keine negativen Eindrücke beim Besucher zu erzeugen) sondern kreativ und qualitativ hochwertig sein. Dazu wurden Elemente wie ein Marken-Feuerwerk nach dem Konzert sowie gebrandete Blinkis (Mini-Taschenlampen) entwickelt.

8.12.1.3 Initialisierung und Entscheidung

Basis der Entscheidung für das Sponsoring durch die Brauerei waren – neben Gesprächen mit Herrn Westernhagen selbst – das Sponsoringangebot vom Management von Herrn Westernhagen sowie die damit zusammenhängenden direkten Kosten und der zu erzielende Nutzen. Weiterhin war die Kalkulation der Nebenkosten (der so genannte zweite EURO) wichtig, um des Sponsoring möglichst effektiv auszunutzen (über Kundeneinladungen, Give-aways etc.) Ein weiterer entscheidender Faktor war die Frage der Umsetzbarkeit – vor allem der Bierausschankrechte vor Ort – auf dem notwendigem hohen Qualitätsniveau.

Auf Basis dieser Einschätzungen aus den Fachbereichen Marketing, Vertrieb und PR entschied sich das Management der Brauerei ca. 1 Jahr vor dem Tourstart für das Sponsoring und legte die Ziele, Timings und Budgets fest.

Der Sponsoringvertrag wurde unterzeichnet. Sehr wichtig ist in diesem Zusammenhang die Klärung von Haftungs- bzw. Versicherungsfragen. (Was passiert, wen die Tournee kurzfristig abgesagt wird? Wer trägt die bereits entstandenen Vorlaufkosten etc.?)

8.12.2 Start der Tourneeplanung

Das Projektteam bestand aus Mitarbeitern der Bereiche Vertrieb, Marketing und PR. Die Projektleitung lag beim Marketing Manager. Die Zuständigkeit wurde aufgeteilt schwerpunktmäßig nach marketingorientierten Themen (Kommunikation, POS-Aktivitäten, Kundeneinladungen) und vertrieblichen Themen (Ausschank vor Ort, VIP-Catering).

8.12.2.1 Konzeption

Die unter „Konzeption“ genannten Elemente wurden in der Verantwortung zugeordnet und mit einem Timing versehen. Folgende Hauptpunkte waren zu erarbeiten:

- Festlegung des Slogans und des Key Visuals bzw. Tourlogos des Sponsorings in Abstimmung mit Herrn Westernhagen.
- Produktion der TV-, Funk- und Print-Kampagne.
- Erarbeitung und Umsetzung der Handels- und Gastronomiepromotion.
- Produktion von Merchandising-Artikel (CD, T-Shirts, Caps etc.) zum Verkauf und als Geschenk für die VIP-Gäste.
- Produktion der Blinkis (Mini-Taschenlampen) als Give-away auf den Konzerten.
- Erarbeitung der Internet-Maßnahmen.
- Erarbeitung der Kriterien für Einladungen (d. h. wer soll eingeladen werden?) aus den Unternehmensbereichen (z. B. Vertrieb, Marketing, PR und Geschäftsleitung) jeweils für die einzuladenden Kategorien (z. B. Kunden, Geschäftspartner, öffentliche Meinungsmacher aus Politik, Wirtschaft und Kultur, Presseleute, bekannte Stars etc.).
- Erarbeitung der VIP-Einladungen, VIP-Geschenke sowie Umsetzung der Einladungen.
- Auswahl und Gestaltung des VIP-Zeltes.
- Auswahl VIP-Catering im VIP-Zelt sowie auf der VIP-Tribüne.
- Markendarstellung beim Konzert (Feuerwerk, Riesenflaschen, Banner, Fahnen, BECK’S Bekleidung für Publikums-Caterer etc.).
- Produktion und Einsatz Tourbecher für den Getränkeausschank in Zusammenarbeit mit einem Dienstleister.
- Umsetzung der Ausschankrechte in den Stadien.
- Zusammenarbeit mit Publikums-Caterer zur Versorgung der Konzertbesucher.
- Zusammenarbeit mit Getränke-Fachgroßhändlern zur Versorgung der Ausschankeinheiten in den Besucher- und VIP-Bereiche mit den Produkten der Brauerei (Fass- und Flaschenbier).
- Logistikplanung (für Ausschankequipment, VIP-Zelt, Merchandisingmaterial, Werbematerialien etc.) inkl. ggf. notwendiger Sondergenehmigungen, Abstimmung der Planung mit der Logistik der Produktion (d. h. Bühne, Musik- und Tonanlage von Westernhagen).
- Personalplanung: Einsatz eigener Mitarbeiter, Einsatz von Agenturen für die Bereiche Tourkontakt zur Produktion und Umsetzung Markenauftritt, VIP-Catering, Handling VIP-Zelt, VIP-Hostessen, Transport und Handling Ausschankequipment, Live Band für das VIP-Zelt etc.

- Vertragliche Bindung mit den o. g. Akteuren, Partnern, Dienstleistern etc.
- Sonstige Aktivitäten: Bindung zur Band von Herrn Westernhagen und zur Produktion über ein gemeinsames „Bergfest", Planung eines Abschlussfestes für alle Beteiligten etc.
- Budgetplanung, Controlling.

8.12.2.2 Klärung der Versicherungs- bzw. Haftungsfragen

Relevant kann beispielsweise sein:

- Tourneeausfall,
- Personenschäden,
- Sachschäden.

8.12.2.3 Detailplanung

Die Aufgabenverteilung erfolgt über die Definition und Zuordnung der verschiedenen Zuständigkeiten. Anschließend beginnt die Entwicklung der Maßnahmen mit Entscheidungsmeetings im Projektteam bzw. durch die Projektleitung und der anschließenden Umsetzung:

- Ausschankequipmentplanung (Anzahl und Art des Equipments).
- Warenplanung (Fass- und Flaschenbier) für Konzertbesucher und VIP-Gäste inkl. Kühllogistik.
- Planung der Werbematerialien.
- Einsatz der Tourbecher.
- Einsatz der Rucksackzapfanlagen.
- Logistik für das Serviceteam (d. h. Brauereimitarbeiter, die die Umsetzung vor Ort begleiten) inkl. Transport mit Nightliner (Schlafbusse), Übernachtung, Verpflegung, Waschmöglichkeiten etc.
- Logistikplanung inkl. Einholung von Sondergenehmigungen für LKW (Wochenendfahrten etc.), Parkplätze am Konzertort etc.
- Aufbau, Dekoration, Abbau, Transport VIP-Zelt inkl. VIP-Band, Installation Technik, Dekoration, sanitäre Einrichtungen, Einrichtung und Ausschilderung von VIP-Parkplätzen und VIP-Sitzplätzen.
- Planung der VIP-Einladungen mit Kunden, Gästen aus Politik, Kultur etc. (Abstimmung mit Vertrieb der Brauerei) inkl. Inhalte der Einladungen (Einladungskarte, Rückmeldung, CD mit Begrüßungstext von Herrn Westernhagen, Ausweise, Informationen zum Konzert, Anfahrtsskizze etc.).
- Umsetzung POS-Aktionen (Entwicklung Promotion, Auswahl der Outlets (SB-Warenhäuser, Supermärkte), Umsetzung, Nachbereitung d. h. Ziehung der Gewinner, Einladung der Gewinner etc.).
- Betreuung der Gewinner der Handelspromotion beim Treffen mit Herrn Westernhagen.

- Messung der Zufriedenheit der Konzertbesucher, der Wahrnehmung der Biermarke beim Konzert sowie der Passung von Künstler und Sponsor über eine Verbraucherbefragung beim Konzert einschl. telefonischer Nachbefragung ca. 4 Wochen nach dem Konzert.
- Dokumentation der Aktivitäten über Videoteams.

8.12.2.4 Point of no return

Mit der Unterschrift unter dem Sponsoringvertrag ist in der Regel dieser Meilenstein erreicht. Anschließend wird der Öffentlichkeit die Zusammenarbeit über eine Pressekonferenz präsentiert. Ein anschließender Ausstieg aus dieser Zusammenarbeit ist mit einem Imageverlust verbunden. Im Vertrag können jedoch gewisse Ausstiegsklauseln vereinbart werden (Tournee wird abgesagt, vereinbarte Leistungen werden nicht eingehalten etc.).

8.12.3 Vorlauf des einzelnen Konzertes

8.12.3.1 Aktivitäten

Nach der Planung und dem Beginn der Tournee ist jedes Konzert für sich eine umfangreiche Aktion:

- Verladen der Elemente (Equipment, Ware, Werbemittel etc.) bei der Brauerei bzw. bei den Agenturen und Dienstleistern.
- Transport zum Veranstaltungsgelände.
- Aufbau und Dekoration VIP-Zelt (inkl. Klimaanlage), Bereitstellung VIP-Geschenke, Aufbau VIP-Catering.
- Aufbau Ausschankequipment im Besucherbereich sowie Bestückung des Ausschankequipments mit Fassbier unter Einhaltung der Kühlkette, d. h. Bestückung aus Kühlaufliegern, die direkt von der Brauerei zum Veranstaltungsgelände gefahren wurden.
- Bestückung Ausschankequipment mit Tourbechern, Preistafeln etc.
- Schulung der Servicekräfte des Caterers im Publikumsbereich bzgl. Schanktechnik und Ausschankqualität.
- Informationsveranstaltung inkl. Rundgang vor Ort für alle Einlader der Brauerei (Wo finde ich was, welche Kundenfragen sind wie zu beantworten etc.).
- Bereitstellung Blinkis für Besucher über Verteilerteams am Einlass.
- Bereitstellung Feuerwerk.
- Aufbau Markendarstellung am Konzertort (Fahnen, Banner, Riesenflaschen etc.).
- Bereitstellung, Beschilderung VIP-Parkplätze inkl. Anfahrtswege und VIP-Tribünenplätze mit separatem Eingang für die VIPs.

- Sicherheitscheck (Ausleuchtung der Gehwege bei Nacht etc.).
- Funktionscheck (Biertemperatur im Publikums- und im VIP-Bereich), Beschilderung für VIP-Gäste etc.

8.12.3.2 doors open

Mit der Öffnung der Tore für die Besucher und die VIPs beginnt die heiße Phase des Events. Fehler in der Vorbereitung können oftmals nicht mehr korrigiert werden. Folgende Aktivitäten starten:

- Verteilung der Blinkis für Konzertbesucher am Einlass.
- Beginn Bier-Ausschank für Konzertbesucher (Publikumsausschank) durch den Publikumscaterer.
- Betreuung der VIP-Gäste am Eingang des VIP-Zeltes durch Hostessen bzw. Einlader der Brauerei.
- Freihalten der VIP-Park- und Sitzplätze über Security Mitarbeiter.

8.12.4 Event

Nachdem die Türen geöffnet sind durchläuft das Event an sich die verschiedenen Phasen:

- Im VIP-Zelt beginnt die Party vor dem Konzert.
- Die eingeladenen VIPs (Kunden etc.) werden mit Musik sowie Speisen und Getränken versorgt. Sich einstimmen auf das Event, „sehen" und „gesehen werden", Gespräche führen, andere Gäste kennen lernen etc. sind die Ziele dieser Phase.
- Die Betreuung erfolgt persönlich durch die Einlader im VIP-Zelt.
- Die Versorgung startet mit gekühlten Getränken und einem leichtem Buffet im VIP-Zelt.
- Die Hintergrundmusik kommt vom Band, über Einspielungen werden die Vorgruppen auf Monitoren gezeigt.
- 30 min vor Konzertbeginn werden die VIPs auf die Sitzplätze begleitet.
- Anschließend erfolgt der Start des Programmhöhepunkts, des Westernhagen-Konzertes.
- Während des Zeitraumes zwischen „doors-open" und Konzertende erfolgt eine Überwachung des Ausschankequipments zur Sicherstellung der Versorgung der Besucher mit gekühltem Bier.
- Die VIP-Gäste werden auf den Sitzplätzen über Rucksackzapfanlagen während des Konzertes versorgt.
- Nach Konzertende startet das Feuerwerk.
- Danach werden die VIPs zurück in das VIP-Zelt begleitet.

- Eine LIVE-Band die „Cover Songs“ spielt beginnt im VIP-Zelt und animiert zum Tanzen bzw. sorgt für Stimmung.
- Speisen und Getränke für VIP-Gäste werden gereicht (bzw. über ein Buffet mit Selbstbedienung bereitgestellt).
- Kundengespräche finden statt, „Sehen und gesehen werden“.
- Interviews mit Prominenten werden durchgeführt.
- Ggf. erscheint Herr Westernhagen, evtl. auch seine Band im VIP-Zelt.
- Einlagen durch Promotionsteams werden eingeschoben, die Fotos der Gäste machen und kostenlos Zigaretten verteilen.
- Die Veranstaltung im VIP-Zelt ist open-end, d. h. die Gäste entscheiden, wie lange die Party geht.
- Beim Verlassen des Zeltes werden den Gästen die VIP-Geschenke überreicht (Geschenktüte mit CD, Cap etc.).
- Ein Taxistand ist eingerichtet.

8.12.5 Nachlauf

Der Nachlauf beginnt, nachdem die Besucher das Stadion verlassen haben bzw. die VIP-Gäste das VIP-Zelt. Sofern Folgekonzerte stattfinden, wiederholen sich nun die Phasen Vorlauf, „doors open“, Event und Nachlauf.

8.12.5.1 Abbau

Am Abend bzw. in der Nacht nach Konzertende sind folgende Aktivitäten abzuarbeiten:

- Abbau des Equipments der LIVE Band im VIP-Zelt (Bühne, Licht, Ton).
- Abbau des Cateringequipments bzw. Entsorgung der restlichen Speisen und Getränke im VIP-Zelt.
- Abbau VIP-Zelt inkl. Infrastruktur (Stromaggregate, Wasser etc.).
- Warenrückholung durch Getränkefachgroßhändler (inkl. Abrechnung zwischen Fachgroßhändler und Publikumscaterer).
- Becherrückholung durch Dienstleister (inkl. Abrechnung zwischen Dienstleister und Publikumscaterer) aus dem Ausschankequipment.
- Abbau und Verladung Ausschankequipment im Publikumsbereich.

8.12.5.2 Transport und Aufbau

Meist am folgenden Tag erfolgt:

- Transport Equipment und Personal zum nächsten Konzert,
- Wiederaufbau bei Folgekonzerten.

8.12.6 Nachbereitung der gesamten Tournee

Die Nachbereitung nach dem letzten Konzert sieht für die Beteiligten unterschiedlich aus. Für den Künstler sind erreichte quantitative Zahlen (verkaufte Tickets und damit Einnahmen) sowie qualitative Werte (Konzertkritiken in den Medien etc.) wichtig. Für Veranstalter und Caterer stehen wirtschaftliche Faktoren im Vordergrund. Jedoch werden auch in diesem Bereich qualitative Kriterien bewertet: Wie war die Besucherzufriedenheit mit der Organisation bzw. der Gastronomie, konnten Unfälle verhindert werden, wie professionell war An- und Abreise organisiert etc.?

Das erreichte Ergebnis wurde ausgewertet und mit den ursprünglichen Zielen vergleichen.

8.12.6.1 Ergebnis aus Sicht des Sponsors

Folgendes Ergebnis (auszugsweise) wurde erreicht:

- Media: ca. 500 Fernsehsports, 3.600 Radiospots, 6 Printanzeigen.
- Ca. 45.000 Direktkontakte (Telefonanrufe durch das über die Medienkampagne initiierte Gewinnspiel).
- Ca. 52.000 Zugriffe auf den Westernhagen-Bereich der Homepage.
- 6 Gewinner der Aktion „meet and greet“.
- 1 Marken-Feuerwerk nach jedem Konzertende.
- Ca. 700.000 verteilte Blinkis.
- Ca. 3.000 VIP-Gäste sowie 3.000 verteilte VIP-Geschenktüten.
- Positive Ergebnisse der Eventbefragung: Das Sponsoring wurde in hohem Maße wahrgenommen, die Stimmigkeit Sponsor und Künstler war gut.
- Insgesamt wurden knapp 700.000 Zuschauer bei den Konzerten erreicht, d. h. durchschnittlich ca. 63.000 je Konzert und damit deutlich mehr als ursprünglich erwartet.
- Weit über 1 Mio. Produktkontakte in Tourbechern wurden erzielt (Einsatz von ca. 40 mit Fässern beladende Kühlauflieger, 170 Ausschankwagen, 1.600 Ausschankstände und 600 Rucksackläufer).
- Die POS Handelspromotion wurde in 3.000 Outlets (Märkten) mit ca. 30.000 Gewinnspielteilnehmer durchgeführt.

8.12.6.2 Aktionen

Zeitgleich zu dieser Auswertung wurden folgende Aktivitäten durchgeführt:

- Abschlussparty für alle Helfer und Beteiligten,
- Nachkalkulation der Kosten, Abgleich mit den Plankosten,
- Nachbesprechung mit allen Beteiligten solange die Eindrücke noch aktuell waren und Abfrage der Optimierungsmöglichkeiten,

- Abgleich der angestrebten Ziele mit den erreichten Ergebnissen,
- Dokumentation der Ergebnisse (über einen internen Auswertungsbericht sowie für den externen Gebrauch vorgesehene Videodokumentationen).

8.13 Sitzung

Ein Event kann auch dort sinnvoll sein, wo viele Beteiligte etwas beitragen, so dass es keine „Besucher“ sondern – im Idealfall – nur Beteiligte gibt.

Die Einbindung und Aktivierung ihrer Mitarbeiter, Bürger oder Mitglieder ist für Firmen, Kommunen und Vereine extrem wichtig.

Regelmäßige Sitzungen (vom Elternbeirat über die Betriebsversammlung bis zum Europaparlament) haben zwei Probleme:

- Sind sie zu straff geführt, fühlen sich die Teilnehmer gegängelt.
- Sind sie zu locker geführt, wird sehr viel Zeit verbraucht, die von den Teilnehmern als unnütz vertan empfunden wird.

Der Effekt ist meist derselbe: Die Teilnehmer bleiben weg oder sind physisch anwesend, aber mit anderem beschäftigt.

Wenn von den Eingeladenen nur ein kleiner Promillesatz kommt und von den Anwesenden nur ein kleiner Prozentsatz aktiv ist, fehlt der Veranstaltung nicht nur das Wissen, sondern auch die Akzeptanz. Die Planung der Veranstaltung muss also zwei Ziele verfolgen, die beide durch den Eventcharakter unterstützt werden:

- Die Eingeladenen durch ein attraktives Angebot und das Versprechen auf effiziente und effektive Arbeit zum Kommen zu bewegen.
- Durch Aktivierung der Teilnehmer zu einem positiven Event und zu effizienten Ergebnissen zu kommen.

Wenn in einer dreistündigen Veranstaltung 100 Personen teilnehmen, so entspricht dies bei jeweils 1/2 h An- bzw. Abreise einem Aufwand von 400 h, 50 vollen Arbeitstagen oder ca. 20.000 € Personalkosten.

Die Organisation eines Agenda-Parlaments ist hier als eine typische Aufgabe des öffentlichen nichtkommerziellen Bereichs angeführt.

Das Agenda-Parlament dient der Bürgerbeteiligung im Rahmen der lokalen Agenda 21 und der Fortführung des Prozesses der Lokalen Agenda. Aufgrund der Zielsetzung Bürgerbeteiligung ist eine Aktivierung der Teilnehmer ein wichtiger Punkt. Deshalb muss darauf geachtet werden, dass jedes Agenda-Parlament eine unverwechselbare Note und ein Alleinstellungsmerkmal bekommt. Dies durch ein einfaches „kulturelles Add-on“ in Form einer Theaterdarstellung zu erreichen, stieß aber bei den Teilnehmern auf Kritik: Die engagierten Bürgerinnen und Bürger und die Verwaltung, die sich die Zeit für das Agenda-Parlament nehmen, erwarten eine straffe und effektive Veranstaltung.

8.13.1 Initialisierung

Die Initialisierung eines Agenda-Parlaments geschieht durch eine entsprechende Gruppe (Agenda-Rat, Agenda-Büro). Dabei wird auch der Schwerpunkt festgelegt.

Die Ziele des Agenda-Parlaments müssen festgelegt werden, dabei werden die im Kapitel Einführung besprochenen Kriterien gewichtet. Dies hängt davon ab, wie viele Anträge, Entscheidungen bzw. Berichte anstehen. Durch ein Impulsreferat werden inhaltliche Schwerpunkte und Anregungen für die Diskussion und für den weiteren Prozess gegeben.

Die Initialisierung muss einen Grobtermin festlegen, der dann mit den wichtigen Teilnehmern abgesprochen wird.

8.13.2 Start

Das Team muss Termine zur Auswahl festlegen, die dann mit den wichtigen Teilnehmern abgesprochen werden. Die Termine richten sich vor allem nach der Verfügbarkeit der Räume und der Organisatoren und vor allem der Verwaltungsspitze. Die Termine für das Agenda-Parlament werden mindestens 1/2 Jahr vorher definitiv festgelegt und bekannt geben.

8.13.3 Vorbereitung

Die Zahl der Teilnehmer muss geschätzt werden. Schriftlich eingeladen werden interessierte und engagierte Bürger und Bürgerinnen des Agenda-Verteilers (ca. 200 Personen), die Bevölkerung wird über die Presse informiert und eingeladen. Einladender ist der Oberbürgermeister.

Da das Ziel die Bürgerbeteiligung ist, ist die gesamte Bürgerschaft (Parlament) Akteur und soll in die Beratung eingebunden werden.

Herausgehobene Akteure sind:

- BürgermoderatorInnnen, die durch den Tag führen.
- Agenda-Rat und Agenda-Büro, die berichten, Rechenschaft ablegen und Initiativen einbringen.
- Verwaltungsspitze, insbesondere der Oberbürgermeister und
- Gemeinderat, repräsentiert durch die Fraktionsvorsitzenden, diese nehmen zu Anträgen und zur Umsetzung der Arbeit Stellung.
- Sprecher der Agendagruppen, insbesondere soweit sie Anträge stellen.

Die Einladung muss für alle, die aktiv gebraucht werden, sehr frühzeitig erfolgen (Terminkalender). Ein Aufruf über die Presse für neue Interessenten kann frühestens eine Woche vor dem Agenda-Parlament erfolgen, da der Termin andernfalls schon wieder vergessen wird.

Etwa drei Monate vor dem Agenda-Parlament erfolgt der Aufruf an die Agenda-Gruppen (Projektgruppen), Anträge bis zum Stichtermin einzubringen. Die Menge der Anträge entscheidet darüber, ob weitere Punkte (Grundlagen, Aufrufe, Leitbild-Diskussion) in die Tagesordnung aufgenommen werden. Damit ist der Verlauf des Abends festgelegt. Die Meilensteine legen die Tagesordnung im 10-Minuten-Raster fest. Durch die Durchsprache der Anträge mit den Gruppen kann dieser Zeitplan auch sehr genau eingehalten werden. Die Anträge der Gruppen werden vorab verteilt und zusätzlich als Tischvorlage kopiert. Der Ort wird reserviert, vorher besichtigt, Bestuhlung und Sitzplätze für die oben genannten Akteure werden festgelegt.

Anhand der geschätzten Teilnehmerzahl (abhängig von Thema, Aktualität und Jahreszeit, typischerweise 80 ± 30 Personen) bestellt das Agenda-Büro Getränke (kalt) und eventuell Essen (Gebäck).

Für einen typischen Ablauf müssen außerdem die folgenden Vorbereitungen getroffen werden:

Tab. 8.5 Ablauf Agenda-Parlament und Planungsvorlauf

Zeit	Aktion	Vorbereitung
17:30	Erste Teilnehmer kommen Information der Gruppen, Kontaktbörse	Teilnehmerliste, Namensschilder Poster aufstellen (Stellwände), Informationsmaterial auslegen
18:00	Begrüßung durch Oberbürgermeister	
18:05	Impulsreferat	Referent und Infrastruktur planen
18:45	Berichte Controlling seitheriger Beschlüsse	Projektor Tischvorlagen (Action items)
19:00	Vorstellung neuer Gruppen	Anwesenheit der Gruppe
19:10	Anträge der Gruppen	Tischvorlagen
19:20	Diskussion	
19:30	Offizielles Ende	
19:30	Offene Diskussion, Einzelgespräche, Rückmeldungen	Zettel und Zettelbox
20:00	Ende	

8.13.4 Vorlauf

Am Nachmittag wird durch das Agenda-Büro mit Unterstützung der Hausmeister der Raum vorbereitet. Neben den Räumlichkeiten für die Sitzung wird Informationsmaterial für Besucher und Presse vorbereitet und ausgehängt (Poster) bzw. ausgelegt (Flyer).

8.13.5 Event

Die ersten Teilnehmer kommen bis zu 1/2 h vor dem Beginn der für die Information vorgesehenen Kontaktbörse. Die Teilnehmer werden begrüßt, tragen sich in die

Teilnehmerliste ein und beschriften ihr Namensschild. Die Teilnehmer können sich anhand von Postern und ausgelegtem Material informieren. Zum offiziellen Beginn werden die Teilnehmer in den Raum gerufen und das Agenda-Parlament läuft nun wie geplant ab (siehe oben):

- Begrüßung,
- Start,
- Programmpunkte,
- Beendigung,
- Verabschiedung mit der Bitte um Rückmeldung.

8.13.6 Nachlauf

Nach der Beendigung werden schriftliche Rückmeldungen auf den vorbereiteten Zetteln (Zettelbox am Ausgang) eingesammelt und weitere Rückmeldungen eingeholt (dies kann mit den beim Beispiel Vortrag aufgeführten Methoden geschehen).

Der Abbau erfolgt sofort. Im unmittelbaren Nachlauf werden das Protokoll und ein Presseartikel verfasst und zumindest intern verteilt.

8.13.7 Nachbereitung

Die Rückmeldungen werden inhaltlich und numerisch ausgewertet. Die Besprechung mit dem Strukturteam dient der Verbesserung von Event und Prozess. Das Protokoll wird geschrieben, im Strukturteam besprochen und verteilt. Pressemitteilungen werden verteilt, die erschienenen Presseartikel werden dokumentiert.

Die Zusammenstellung der Finanzen gegenüber der Verwaltung erfolgt durch das Agenda-Büro.

Die Umsetzung der Beschlüsse des Agenda-Parlaments ist ein Prozess, der nicht nur viel mehr Arbeit erfordert als die Planung, sondern sich auch über längere Zeit zieht, so dass auf den nächsten Parlamenten über die Umsetzung berichtet wird.

Da der Agendaprozess als Prozess geplant ist, ist jedes Agenda-Parlament ein Event in einer Kette.

8.14 Präsentation/Vortrag

Präsentationen sind Teil der täglichen Arbeit von Managern und Ingenieuren. Ein Konzept richtig rüberzubringen erfordert nicht nur die fachliche Beherrschung des Stoffs, sondern auch die kundengerechte Aufbereitung und ein Event. Hier gibt es einen fließenden Übergang zum Edutainment: Information und Wissen soll im Rahmen eines Events transportiert werden.

Auch innerhalb eines Events gibt es immer wieder Situationen, in der eine Einführung oder Begrüßung gemacht und Information weitergegeben wird. Ein Grußwort oder Festvortrag ist Teil eines Events und soll selbst Eventcharakter tragen.

Nicht zuletzt gibt es auch Events, die auf die Vermittlung von Wissen ausgerichtet sind. Im „Edutainment" soll die Erlebnisorientierung genutzt werden, um Information und Wissen zu transportieren.

Wenn ein Dozent im Laufe seines Berufslebens einige zigtausend Unterrichtsstunden oder Vorträge absolviert, kann man dann erwarten, dass jeder Vortrag ein Event wird? Ja – man kann es zu Recht: Jeder Teilnehmer, der sich eine Stunde Zeit nimmt, um eine Vorlesung oder einen Vortrag zu hören kann erwarten, dass der Vortragende sich die Mühe macht, diesen zu einem Erlebnis zu machen. Damit ist keine „fun-lecture" mit Show-Einlagen gemeint, sondern eine solide Struktur mit einer ansprechenden Gestaltung.

Auch eine Firma, die für einen Referenten oder eine Unterrichtssequenz auf CD-ROM Geld ausgibt erwartet ein Ergebnis. Der Referent bzw. Ersteller muss sich dabei klar sein, dass er immer zumindest zwei Kunden hat:

- den Zuhörer bzw. Zuschauer,
- denjenigen, der sein Honorar zahlt bzw. die CD-ROM vertreibt.

Die folgende Darstellung nach [Holzbaur/Holzbaur] gilt für die einzelne Präsentation (Fachvortrag, Festvortrag, Laudatio, Gratulation) genauso wie für eine Vorlesung oder Unterricht oder ein mit dem Ziel der Wissensvermittlung veranstaltetes Event.

8.14.1 Initialisierung

8.14.1.1 Vorüberlegungen

Je nach Art des Vortrags sind Inhalt und Zielsetzung mehr oder weniger detailliert vorgegeben. Lehrpläne legen den Inhalt grob fest, eine Auswahl und Vertiefung in interessanten Bereichen ist aber möglich. Wenn es sich um eine Veranstaltung aus mehreren Blöcken handelt, ist es wichtig, die Teile so zu planen, dass jede Einheit sinnvoll und spannend aufgebaut werden kann. So kann eine Steigerung erreicht oder ein Bogen zwischen Theorie und Anwendung gespannt werden.

Die Auswahl der Inhalte (Was soll vermittelt werden?) kann sich in dieser Phase neben den Zielen (Was soll erreicht werden?) durchaus auch an der Auswahl der Vermittlungsmethoden (Was ist auf diese Art gut zu vermitteln?) und den Möglichkeiten der Erlebnisorientierung (Was kann erlebnisorientiert vermittelt werden?) orientieren.

Dabei gibt es nicht nur eine optimale Balance zwischen Aktivierung und Wissen. Durch gezielte Auswahl und Einsatz von Erlebnisorientierung und Aktivierung kann der scheinbare Widerspruch zwischen Erlebnis und Wissen („Spaß" und „Lehre") aufgehoben und die Kurve des Lerneffekts als ganzes nach oben verschoben werden.

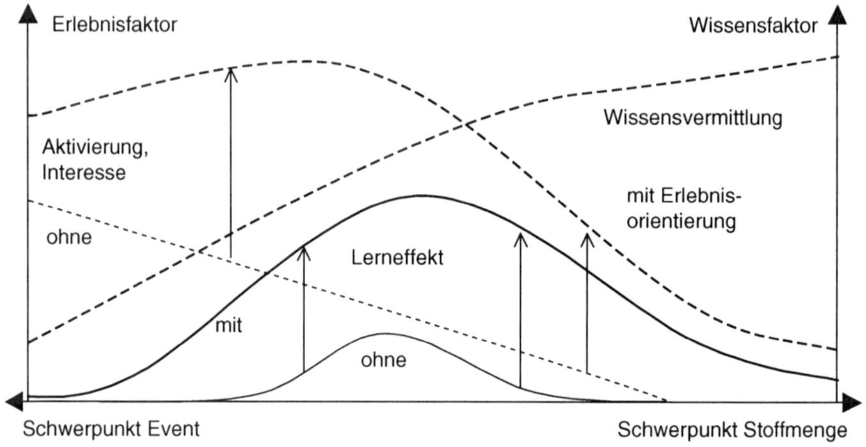

Abb. 8.2 Erhöhung des Lerneffekts durch Erlebnisorientierung

8.14.1.2 Konzeption

Die wichtigste Person bei einer Präsentation ist der Zuhörer. An ihm muss sich die Methodik, die Hilfsmittel und das Niveau orientieren.

Da die Zuhörerschaft niemals homogen aufgebaut ist, sollte das Niveau des Vortrags ansteigend aufgebaut sein, so dass am Anfang alle Zuhörer leicht folgen können und am Ende auch die Fortgeschritteneren noch etwas Neues erfahren. Die Kunst ist, dass sich dabei die jeweils andere Gruppe nicht langweilen soll.

8.14.2 Start

8.14.2.1 Zielsetzung

Die Ziele einer Präsentation lassen sich durch die folgenden drei Schlagworte charakterisieren: DOCERE – MOVERE – DELECTARE

- Docere (Lehren) steht dafür, Informationen, Wissen und Können zu vermitteln. Neben der reinen Vermittlung von Informationen, Fakten und Daten, will der Vortragende auch Verständnis vermitteln und Einsicht in Zusammenhänge geben.
- Movere (bewegen) steht für die Vermittlung von Wünschen und Zielen. Der Vortragende will etwas bewegen und richtet direkte oder indirekte Appelle an die Zuhörer.
- Delectare (Erfreuen) steht dafür, ein positives Gefühl beim Zuhörer zu wecken, ihn zu motivieren, einen guten Eindruck zu hinterlassen und Vertrauen zu schaffen. Hier haben wir am ehesten den Event-Character.

Die positive Beziehung zwischen Vortragendem und Zuhörer erhöht die Akzeptanz des Inhalts. Auch in der Lehre sollte dieser Aspekt nicht unterschätzt werden.

Aus dieser Zielsetzung ergibt sich die Positionierung des Vortrags im Zieldreieck.

Abb. 8.3 Zieldreieck verschiedener Vorträge

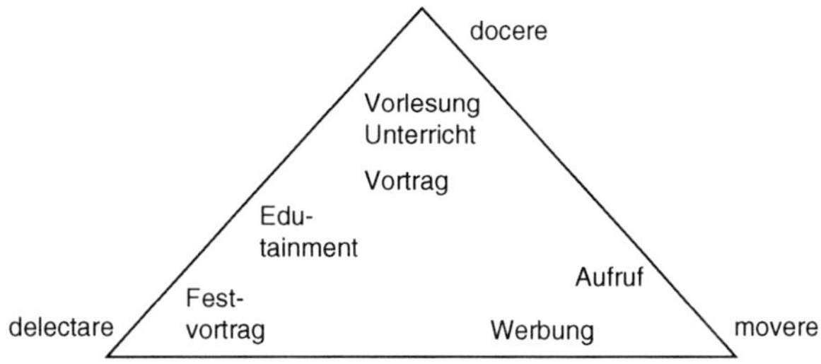

8.14.2.2 Planung

Wichtig bei der Planung eines Vortrags ist:

- Über die Ziele klar werden
  - Eigene: Was will ich erreichen? Wofür mache ich mir die Arbeit?
  - Zuhörer: Warum kommt er? Was erwartet er? Was nützt ihm?
  - Veranstalter: Warum organisiert und bezahlt er die Veranstaltung? Was erwartet er von der Veranstaltung und den Teilnehmern?
- Inhalte festlegen
  - Was muss gebracht werden?
  - Was muss beim Zuhörer im Gedächtnis bleiben/verstanden werden?
  - Zu welchen Inhalten oder Aspekten hat der Zuhörer einen Bezug?
- Aktivierende Elemente einplanen
  - Diskussion und (rhetorische) Fragen, Übungen und Übungsaufgaben,
  - Bewegung, Rollen- und Plan-Spiele, Gruppenarbeit, Aktivitäten,
  - Präsentationen der Teilnehmer.

8.14.2.3 Konzeption

Generell muss sich ein Redner klar sein, dass er einen Vortrag hält. Das klingt banal, hilft aber Fehler zu vermeiden. Die Vorbereitung besteht weder in einem gut lesbaren Manuskript (eine Schreibe ist keine Rede) noch in einer Sammlung von Folien (das ist nur eines von vielen möglichen Hilfsmitteln zur Visualisierung).

Die richtige Hierarchie ist:

1. der Vortrag: er wird von einem Menschen gehalten, die Unterstützung durch Medien und schriftliche Aufzeichnungen ist möglich,
2. der Kontakt zu den Zuhörern (Platzierung, Anrede, Körpersprache),

3. die Unterstützung, insbesondere Visualisierung durch Objekte, Folien, Multimedia-Präsentationen, Bild, Ton,
4. die Dokumentation auf Papier: für Zuhörer (Handout. Kopie der Medien), Presse und Abwesende (Publikation).

8.14.3 Vorbereitung

Aufgrund der Vorgaben wird der Vortrag inhaltlich und formal so vorbereitet, dass er unter den gegebenen Rahmenbedingungen in der vorgegebenen Zeit gehalten werden kann und das angestrebte Ergebnis erzielt wird.

8.14.3.1 Ablauf der Vorbereitung

Die folgenden Schritte sind für die Vorbereitung eines Vortrags wichtig:

- Ziele klären
  - Wozu und warum findet der Vortrag statt?
  - Wozu und warum wird der Vortrag organisiert?
  - Wozu und warum kommen die Zuhörer?
  - Wozu und warum halte ich den Vortrag?
- Ressourcen klären:
  - Zuhörer: wie viele? welche?
  - Zeitvorgaben: wann? wie lange?
  - Raum: wo? wie groß?
  - Infrastruktur: was? welche?
- Machbare Ziele festlegen:
  - Inhaltlich (Muss – Soll – Kann),
  - Effekte,
  - Erfolgskriterien.

Die konkrete Umsetzung eines Vortrags hängt von den Zielen und Randbedingungen ab. Wichtige Schritte sind:

- Gliederung mit Zeitvorgaben:
  - Gliederung auf einer Seite (DIN A4),
  - Zeitraster von 1 min (bei einem kurzen Vortrag) bis 1 h (bei einem mehrtägigen Seminar).
- Einsatz von Medien planen, Medien erstellen:
  - Tafel, Whiteboard, Flipchart, Folien, Pin-/Magnetwand, Metaplantafel,
  - Video- und Tonaufzeichnung, Präsentationswand (Computer, Video),

  - Demonstrationsobjekte, Versuche, Spiele, Objekte zum BeGREIFEN,
  - Handout für Teilnehmer.

- Ausformulierung
  - Einführung möglichst wörtlich festlegen, zumindest die Begrüßung (Liste der zu begrüßenden Personen), Zielsetzung, Vorschau und Übersicht.
  - Schluss möglichst wörtlich festlegen, mit den Elementen Zusammenfassung, Lob und Dank, Fortsetzung und Ausblick, Appell und Schlusssatz.
  - Vortragsmanuskript erstellen mit Stichworten und wichtigen Formulierungen.

- Probevorträge halten
  - Testvortrag (laut, mit Medieneinsatz und Zeitmarkierungen).
  - Probevortrag vor Publikum
    - mit Beobachter für Zeit, Formales, Medieneinsatz und Verhalten,
    - mit Beobachter für inhaltliche Fragen und Verständlichkeit,
    - mit anschließender konstruktiver Kritik.
  - Überprüfung der verwendeten Technik (audiovisuelle Hilfsmittel)

8.14.3.2 Aufbau des Vortrags

Für den Aufbau kann man sich dabei an das folgende Merkwort halten:

AIDA: ATTENTION – INTEREST – DESIRE – ACTION

Dabei muss man diese Schritte, die im Verkaufsgespräch eine feste Bedeutung haben, auf die Situation des jeweiligen Vortrags übertragen. Je nach Zielsetzung muss der Inhalt der einzelnen Schritte modifiziert werden:

- A = attention: Aufmerksamkeit erregen und eine positive Grundhaltung erzeugen (die ersten Minuten entscheiden).
- I = interest: Interesse wecken und halten, persönliche Bezüge herstellen, anschaulich beginnen.
- D = desire: Wünsche wecken: z. B. den Wunsch … das vorgestellte Produkt zu besitzen, … diese Probleme zu lösen, … das vorgestellte zu verstehen, … das beschriebene zu können, … mitzumachen.
- A = action: Aktionen bewirken. Klare Appelle loswerden. Zusammenfassende Wertungen abgeben, die beim Zuhörer im Gedächtnis bleiben und sein weiteres Verhalten beeinflussen.

8.14.4 Vorlauf

Der Vorlauf ist für den Redner wichtig, da er nicht nur Fehler vermeiden hilft, sondern auch Sicherheit gibt.

- Plätze prüfen:
  - Redner (für den Vortrag, Diskussion, eventuell Sitzplatz),
  - Zuhörer,
  - Moderator,
- Sicht auf Redner und Präsentationsbereich,
- Lichtverhältnisse,
- Medien und Zeigeinstrumente prüfen, Zweitgerät/Birnen/Batterien,
- selbst zur Ruhe kommen, körperliche und geistige Vorbereitung.

8.14.5 Event

Der Vortrag beginnt nach der Ankündigung des Redners. Bei einer zeitlichen Limitierung sollte die Uhr an einem günstigen Platz liegen. (Viele Redner haben zwar eine Uhr im Blickfeld, wissen aber nicht, wann sie angefangen haben.) Die Präsentation baut auf folgenden Punkten auf:

- Begrüßung: Sie sollte wörtlich vorbereitet sein (informieren, wer von den persönlich zu begrüßenden Personen wirklich da ist).
- Start: Sollte wörtlich vorbereitet sein (Sicherheit) aber frei vorgetragen werden.
- Einführung: Wichtig ist, die Zuhörer „abzuholen", an ihren Vorkenntnissen und Erwartungen anzuknüpfen. Die intensivste Art dazu ist, jeden Zuhörer erläutern zu lassen, was er mitbringt und erwartet, etwa in Form einer einfachen Skala oder mit einem Portfolio von Wissen/Interesse oder Theorie/Praxis.
- Programmpunkte: Einzelpunkte nach der Gliederung oder anhand von Folien/Stichworten. Beachtung der Grundregeln der Rhetorik und Psychologie.
- Beendigung: Abschluss des Vortrags (möglichst auch vorbereitet), Appell an die Zuhörer (zumindest zu Fragen und zum Applaus).
- Verabschiedung.

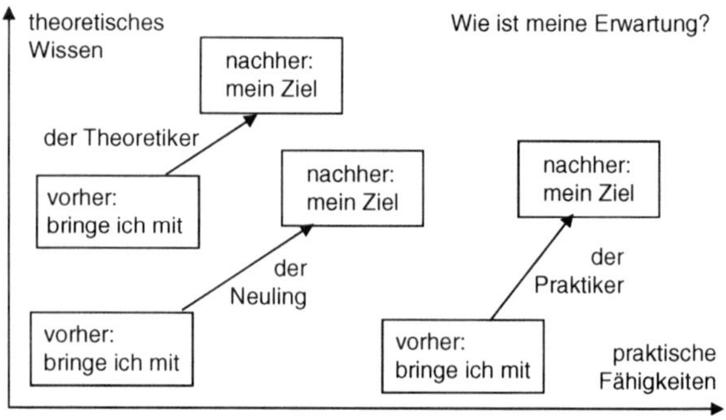

Abb. 8.4 Vorkenntnisse und Erwartung

8.14.6 Nachlauf

Nach dem Vortrag müssen Geräte abgebaut und mitgenommen werden (Schreibgerät, Zeigeinstrument, Uhr).

Eine Evaluierung des Vortrags ist mit folgenden Mitteln möglich:

- direkte Befragung, Diskussion,
- offene Antwortzettel,
- Pinnwand für Emoticons (smilies) oder Punkte (+ –). Bei Notenskalen ist die Richtung der Skala unmissverständlich klarzulegen, deshalb empfehlen sich Symbole (+++, ++, …, —, ——),
- Pinnwand oder Klammerbalken für Zufriedenheitsskala,
- Fragebogen,
- Pinwand oder Tafel für Vorher-Nachher-Vergleiche bezüglich des Wissensstands in bestimmten Bereichen.

Auch hier kann wieder mit einer einfachen Skala oder mit einem zweidimensionalen Bild gearbeitet werden. Wenn die Teilnehmer am Anfang ihre Punkte im oben dargestellten Portfolio gesetzt haben, können sie am Abschluss den neuen Stand in zwei Koordinaten kommentieren.

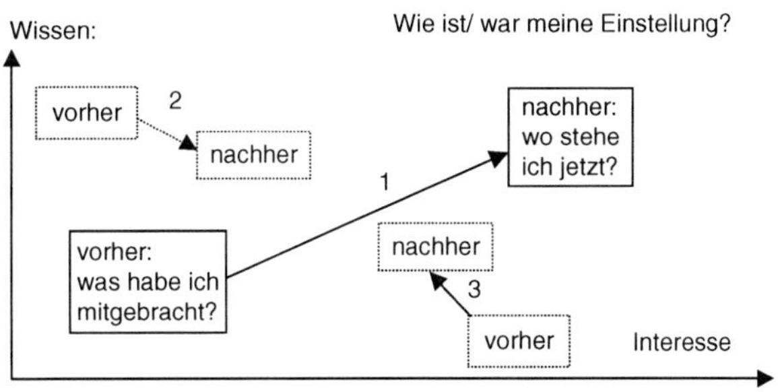

Abb. 8.5 Portfolio zur Vortragsevaluierung

Bei dieser Evaluierung ist (1), die Zunahme des Wissens, der typische Fall; aber auch (2) ist möglich, wenn Teilnehmer ihr Wissen zu hoch eingeschätzt und Lücken erkannt haben oder (3) wenn der Stoff aus Sicht des Zuhörers nun „erledigt, abgehakt" ist.

8.14.7 Nachbereitung

Die Nachbereitung von Vortrag, Fragen und Diskussion führt zu Ergänzungen im Manuskript und zu weiteren Ideen.

Zur Evaluierung gehört auch eine Erfolgskontrolle bei den Zuhörern. Dazu gehört nicht nur die oben dargestellte direkte Rückmeldung, sondern auch die mittelfristige Kontrolle, ob die Präsentation ihr Ziel aus Sicht von Präsentierendem und Auftaggeber erfüllt hat.

Literatur

ADAC e.V. (Hrsg.): Barrierefreier Tourismus für Alle. Eine Planungshilfe für Tourismus-Praktiker zur erfolgreichen Entwicklung barrierefreier Angebote. München, 2003.
Andler, N.: Tools für Projektmangement, Workshops und Consulting. Publicis, Erlangen, 2009.
Antes, W.: Projektarbeit für Profis. Ökotopia, Münster, 1997.
Attenberger, K.: Syn-Events: Erlebnisorientierung zur Markenbildung bei inhomogenen Marken mit homogenen Zielgruppen. Diplomarbeit an der Hochschule Aalen, Aalen, 2004.
Blazek, A.: Projektcontrolling. Management Service Verlag, Gauting/München, 1994.
Bremshey, P., Domning, R.: Eventmarketing – Die Marke als Inszenierung. Gabler, Wiesbaden, 2001.
Brown, M.: Erfolgreiches Projektmanagement in 7 Tagen. mvg Verlag, Landsberg, 1997.
Brückner, M., Przyklenk, A.: Event-Marketing. Ueberreuther, Wien, 1998.
Bundesministerium für Land- und Forstwirtschaft, Umwelt und Wasserwirtschaft (Österreich) (Hrsg.): Modellvorhaben „Großveranstaltungen umweltgerecht und ohne Stau“ Ökologische Verkehrsabwicklung Messe Wieselburg. Wien, 1999.
Bundesministerium für Land- und Forstwirtschaft, Umwelt und Wasserwirtschaft (Österreich) (Hrsg.): Endbericht zum Modellprojekt „Großveranstaltungen umweltgerecht und ohne Stau“. Wien, 2000.
Bundesministerium für Umwelt, Naturschutz und Rektorsicherheit (Hrsg.): Leitfaden für die umweltgerechte Organisation von Veranstaltungen. Berlin, 2008.
Cerwinka, G., Schranz, G.: Professionelle Protokollführung. Ueberreuter, Frankfurt, 1999.
Csikszentmihalyi, M.: Das Flow-Erlebnis. Klett-Cotta, Stuttgart, 1996.
Dambacher, M.: City-Events. in Handbuch Kulturmanagement. Raabe, 2005, B 4.17, S. 1–40.
De Bono, E.: The Use of Lateral Thinking. Harmondsworth, 1971.
Dettmer, H. (Hrsg.): Kochen als Beruf. Handwerk und Technik, Hamburg, 2000.
Drengner, J.: Imagewirkungen von Eventmarketing. Gabler, Wiesbaden, 2008.
Erber, S.: Eventmarketing Erlebnisstrategien für Marken. verlag moderne industrie, München, 2002.
Everke, K.F.: Planung und Organisation offizieller Veranstaltungen. Verlag W. Kohlhammer, Stuttgart, 1988.
Finanzministerium Baden-Württemberg: Das Finanzamt und die gemeinnützigen Vereine. Stuttgart, 2000.
Fircks, A. Frhr. von: Veranstaltungen perfekt organisieren. Ein Handbuch für offizielle und private Anlässe. Ravensburger, 1999.
Fischer, R., Scharp, A.: Führen ohne Auftrag – wie Sie Ihre Projekte im Team erfolgreich durchsetzen. Campus, Frankfurt, 1998 (Original: Getting it done, 1998).
Goleman, D.: Kreativität entdecken. dtv – Beck, München, 1999 (Original: The Creative Spirit, 1992).

Güllemann, D.: Veranstaltungsrecht. Vertrags- und Haftungsfragen. Luchterhand, Neuwied, 1999.
Hachtel, G., Holzbaur, U.: Management für Ingenieure. Vieweg & Teubner, Wiesbaden, 2009.
Heiserholt, M.: Events für Alle – Qualitätsstufen für barrierefreie Veranstaltungen. Thüringer Ministerium für Soziales, Familie und Gesundheit, Erfurt, 2005.
Hering, E., Dräger, W. u. a.: Handbuch Betriebswirtschaft für Ingenieure. Springer, Heidelberg, 1999.
Holzbaur, M., Holzbaur, U.: Die wissenschaftliche Arbeit. Hanser, München, 1998.
Holzbaur, U.: Management. Kiehl, Ludwigshafen, 2000.
Holzbaur, U.: Entwicklungsmanagement. Springer, Berlin, 2007.
Hopfenbeck, W.: Allgemeine Betriebswirtschafts- und Managementlehre. Verlag moderne industrie, Landsberg, 1998.
Inden, T.: Alles Event? Erfolg durch Erlebnismarketing. Verlag moderne industrie, Landsberg, 1993.
Kemper, P. (Hrsg.): Der Trend zum Event. Suhrkamp, Frankfurt/Main, 2001.
Kinnebrock, W.: Integriertes Eventmarketing. Vom Marketing-Erleben zum Erlebnismarketing. Gabler, Wiesbaden, 2003.
Königswinter, R., Keil, M.: Das Feuer großer Gruppe. Klett-Cotta, 2000.
Lasslop, I.: Effektivität und Effizienz von Marketing-Events, Wirkungstheoretische Analyse und empirische Befunde. Gabler, Wiesbaden, 2003.
Maro, F.: Mitreißende Meetings und gelungene Events. Metropolitan, Düsseldorf, 2002.
Meffert, H., Kirchgeorg, M.: Marktorientiertes Umweltmanagement. Schäffer-Poeschel, Stuttgart, 1993.
Mehrmann, E., Plaetrich, I.: Der Veranstaltungs-Manager – Organisation von betrieblichen Veranstaltungen, Messen, Ausstellung, Kongressen und Tagungen. dtv – Beck, München, 1993 und 2003.
Mehrmann, E., Wirtz, T.: Effizientes Projektmanagement – Erfolgreich Konzepte entwickeln und realisieren. ECON, München, 1996.
Ministerium ländlicher Raum Baden-Württemberg: Leitfaden für den Umgang mit Lebensmitteln auf Vereins- und Straßenfesten. Stuttgart, 1998.
Nagel, K.: Erfolg durch effizientes Arbeiten, Entscheiden, Vermitteln und Lehren. Oldenburg Verlag, München, 1992.
Nickel, O.: Eventmarketing. Grundlagen und Erfolgsbeispiele. Vahlen, München, 1998.
Nitschke, A.: Event-Marken-Fit und Kommunikationswirkung – eine Längsschnittbetrachtung am Beispiel der Sponsoren der FIFA-Fußballweltmeisterschaft 2006. Gabler, Wiesbaden, 2006.
Nufer, G.: Wirkung von Event-Marketing. Theoretische Fundierung und empirische Analyse. Deutscher Universitäts-Verlag, Wiesbaden, 2002.
Nufer, G.: Event-Marketing und -Management: Theorie und Praxis unter besonderer Berücksichtigung von Imagewirkungen. Gabler, Wiesbaden, 2007.
Olfert, K., Rahn, H.-J.: Einführung in die Betriebswirtschaft. Kiehl, Ludwigshafen, 1999.
Oltmann, I.: Projektmanagement – Zielorientiert denken, erfolgreich zusammenarbeiten. Rororo – Rowohlt, Reinbeck, 1999.
Polizeidirektion Aalen: Empfehlungen zur Durchführung von öffentlichen Musik-/Discoveranstaltungen. Aalen, 1999.
Risch, M., Kerst, A.: Eventrecht kompakt – Ein Lehr- und Praxisbuch mit Beispielen aus dem Konzert- und Kulturbetrieb. Springer, Berlin, 2009.
Salter, B., Langford-Wood, N.: Successfull Event Management in a week. Hodder & Stoughton, London, 1999.
Sauer, O., Luger, F.: Vereine und Steuern. dtv – Beck, München, 1997.
Schelle, H.: Projekte zum Erfolg führen. dtv – Beck, München, 1999.
Schlick, G.H.: Projektmanagement – Gruppenprozesse – Teamarbeit. Expert-Verlag, Renningen, 1996.
Schlieken, T., Winkelhofer, G. (Hrsg.): Unternehmenswandel mit Projektmanagement. Lexika-Verlag, Würzburg, 1997.

Specht, O.: Betriebswirtschaftslehre für Ingenieure und Informatiker. Kiehl, Ludwigshafen, 1998.

Tarlow, P.E.: Event Risk Management and Safety. Wiley, New York, 2002.

Tscheulin, D.K., Helmig, B. (Hrsg.): Branchenspezifisches Marketing. Gabler, Wiesbaden, 2001.

Tucker, M.: Professionelles Prozessmanagement in 7 Tagen. mgv, Landsberg 1999.

Verlag für die Deutsche Wirtschaft AG: Handbuch für den Vorgesetzten. Verlag Norman Rentrop, Bonn, 1999.

Zeller, M.: Die Relevanz der Gastronomie als Instrument der Markenkommunikation. Gabler, Wiesbaden, 2009.